Daniela Kölsch

Sozioökonomische Bewertung von Chemikalien

Entwicklung und Evaluation einer neuartigen und umfassenden sozioökonomischen Bewertungsmethode, basierend auf der SEEBALANCE® Methode zur Bewertung von Chemikalien unter REACh

Karlsruher Schriften zur Geographie und Geoökologie
Band 26

Institut für Geographie und Geoökologie, Karlsruher Institut für Technologie
Hrsg.: M. Meurer, D. Burger, C. Kramer, S. Norra

Eine Übersicht über alle bisher in dieser Schriftenreihe erschienenen Bände finden Sie am Ende des Buchs.

Sozioökonomische Bewertung von Chemikalien

Entwicklung und Evaluation einer neuartigen und umfassenden sozioökonomischen Bewertungsmethode, basierend auf der SEEBALANCE® Methode zur Bewertung von Chemikalien unter REACh

von
Daniela Kölsch

Dissertation, Karlsruher Institut für Technologie
Fakultät für Bauingenieur-, Geo- und Umweltwissenschaften
Referenten: Prof. Dr. Dieter Burger, PD Dr. Stefan Norra
Tag der mündlichen Prüfung: 10.11.2010

Impressum

Karlsruher Institut für Technologie (KIT)
KIT Scientific Publishing
Straße am Forum 2
D-76131 Karlsruhe
www.ksp.kit.edu

KIT – Universität des Landes Baden-Württemberg und nationales
Forschungszentrum in der Helmholtz-Gemeinschaft

KIT Scientific Publishing 2011
Print on Demand

ISSN 2190-7889
ISBN 978-3-86644-629-8

Sozioökonomische Bewertung von Chemikalien

-

Entwicklung und Evaluation einer neuartigen und umfassenden sozioökonomischen Bewertungsmethode, basierend auf der SEEBALANCE® Methode zur Bewertung von Chemikalien unter REACh

Zur Erlangung des akademischen Grades eines

DOKTORS DER NATURWISSENSCHAFTEN

von der Fakultät für

Bauingenieur-, Geo- und Umweltwissenschaften
der Karlsruher Institut für Technologie (KIT)

DISSERTATION

von

Dipl.-Ing.(FH) Daniela Kölsch

aus

Siegen

Tag der mündlichen Prüfung: 10. November 2010

Hauptreferent: Prof. Dr. Dieter Burger

Korreferent: PD Dr. Stefan Norra

Köln 2010

Eidesstattliche Erklärung

Ich versichere, dass ich die vorliegende Arbeit ohne Hilfe Dritter und ohne Benutzung anderer als der angegebenen Quellen und Hilfsmittel angefertigt und die den benutzten Quellen wörtlich oder inhaltlich entnommenen Stellen als solche kenntlich gemacht habe. Diese Arbeit hat in gleicher oder ähnlicher Form noch keiner Prüfungsbehörde vorgelegen.

Köln, den 22.08.2010
Kölsch, Daniela

Zusammenfassung

REACh, die neue EU-Verordnung zur Registrierung, Bewertung, Zulassung und Beschränkung chemischer Stoffe, soll die menschliche Gesundheit und die Umwelt schützen. Besonders besorgniserregende Substanzen (SVHC) sollen dafür unter REACh in einer sozioökonomischen Analyse (SEA) untersucht werden. Es wird geprüft, ob die sozioökonomischen Vorteile der Chemikalie die Risiken überwiegen. Falls diese Entscheidung negativ ausfällt, darf die Substanz für die zur Autorisierung anstehende Anwendung nicht weiter genutzt werden.

Die SEEBALANCE® der BASF SE ist ein mögliches Instrument zur Durchführung einer SEA (RPA & SYKE 2006a, 2006b). Das Instrument bilanziert ökologische, ökonomische und gesellschaftliche Aspekte von Produkten und Prozessen über den Lebensweg.

Obwohl die SEEBALANCE bereits wesentliche Kenngrößen einer SEA beinhaltet, werden einige Aspekte (z.B. makroökonomische Indikatoren und Normierung der Toxizität) möglicherweise nicht hinreichend adressiert. Ziel der Dissertation ist, die wesentlichen Anforderungen an eine SEA in die SEEBALANCE zu implementieren. Dafür wurden verschiedene methodische Weiterentwicklungen durchgeführt. Dazu gehören die Integration volkswirtschaftlicher Indikatoren, die Bewertung der Human- und Ökotoxizität sowie deren Normierung und die Gewichtungsfaktoren. Die Weiterentwicklungen wurden in einer Fallstudie erprobt. Aus Gründen der Vertraulichkeit darf die Fallstudie bislang nicht veröffentlicht werden.

Integration volkswirtschaftlicher Auswirkungen

Volkswirtschaftliche Auswirkungen wurden in die SEEBALANCE mit einem Indikatorenset implementiert. Dieses ist abgeleitet aus der ‚Leitlinie für Sozioökonomische Analyse' der Europäischen Chemikalienagentur. Das Indikatorenset untersucht die Auswirkungen einer Chemikalienbeschränkung auf die Volkswirtschaft. Es wurden verschiedene volkswirtschaftliche Größen aufgenommen, wie Bruttowertschöpfung, Warenexporte und die geleisteten Subventionen für ein Produkt. Mit den neuen Indikatoren gelang eine aussagekräftige Bewertung der volkswirtschaftlichen Effekte in der Fallstudie.

Bewertung der Human- und Ökotoxizität in der SEEBALANCE

Da es sich in einer SEA unter REACh immer um human- bzw. ökotoxikologisch sehr kritische Substanzen handelt, wurde innerhalb dieses Projektes die Toxizitätsbewertung der SEEBALANCE eingehender überprüft. Dafür wurde die BASF-Methode mit einer Referenzmethode (Ansatz nach CML) verglichen. Die beiden Methoden wurden nach verschiedenen Aspekten, wie Datensammlung, -analyse und -interpretation in der Fallstudie untersucht. Die BASF-Methode zeichnet sich durch die einfache Erstellung der Charakterisierungsfaktoren und die leichte Interpretation aus. Die Bewertung erfolgt aber nach Lebenswegabschnitten und bedarf einer subjektiven Gewichtung der Lebenswegschritte von Produktion, Nutzenphase und Entsorgung. Bei der CML-Methode ist die Ergebnisinterpretation ebenfalls sehr einfach. Nachteil dieser Methode ist die schlechte aktuelle Verfügbarkeit der toxischen Emissionen.

Normierung der Human- und Ökotoxizität in der SEEBALANCE

Die Gewichtung der Toxizität im Vergleich zu den übrigen Wirkkategorien der SEEBALANCE erfolgte bislang mit festgelegten Faktoren (22% für Ökotoxizität und 18% für Humantoxizität). Dies entspricht nicht dem Rechenalgorithmus der BASF-Methode und wurde explizit in einem ersten Entwurf der ‚Leitlinie für Sozioökonomische Analyse' der Europäischen Chemikalienagentur bemängelt. Alle übrigen Wirkkategorien werden ins Verhältnis zum Gesamtwert in einer definierten Region gesetzt. Dieser sogenannte Relevanzfaktor ist bislang nicht vorhanden für die Öko- und Humantoxizität. In dieser Arbeit wurden die Gesamtwerte für die Human- und Ökotoxizität in Deutschland nach der BASF-Methode errechnet. Die Gesamtwerte ergeben sich aus der Summe aller Produkte der in Deutschland produzierten und importierten Chemikalienmenge und den entsprechenden Toxizitätswerten.

In Fallbeispielen wurde gezeigt, dass die Humantoxizität nach der BASF-Methode in die Gesamtbewertung mit unterschiedlicher Wichtigkeit eingehen. Die Bandbreite der Relevanzfaktoren erstreckte sich von 1% bis 43%, je nachdem um welche toxischen Substanzen es sich handelt und welche Mengen davon in den Fallbeispielen notwendig waren.

Neuerhebung der Gewichtungsfaktoren

Es wurden ebenfalls die Gewichtungsfaktoren für die ökologischen und gesellschaftlichen Kriterien aktualisiert und für die volkswirtschaftlichen Indikatoren neu erstellt. Diese Faktoren spiegeln die Wichtigkeit der einzelnen ökologischen und sozioökonomischen Kriterien im Verhältnis untereinander wider und dienen mit den Relevanzfaktoren dazu, alle Indikatoren in ein Gesamtergebnis zusammenzufassen. Damit haben sie eine bedeutende Stellung in der SEEBALANCE-Methode.

Für die ökologischen Gesellschaftsfaktoren wurde gemeinsam mit TNS Infratest eine repräsentative Umfrage nach der Maximum Difference Scaling Methode erstellt. Für die gesellschaftlichen Kriterien wurde eine Online-Umfrage mittels der Ranking Methode durchgeführt. Die Hauptkategorien der ökologischen Kriterien wurden wie folgt bewertet:

Energie- und Ressourcenverbrauch mit je 17,1%, Fläche mit 12,3%, Toxizitätspotenzial mit 21,7%, Risiko mit 7,4% und die Emissionen mit 24,5% für Deutschland.

Mit beiden Methoden konnte eine differenzierte Bewertung der Kriterien erhoben werden.

Erprobung der Untersuchungen in einer Fallstudie mit besonders besorgniserregender Substanz

Alle methodischen Entwicklungen wurden in der Fallstudie erprobt. In dieser ging es um die Anwendung einer besonders besorgniserregenden Substanz in einem Endprodukt. Die Substanz wird im Anhang der REACh-VO aufgeführt und soll gegebenenfalls vom europäischen Markt genommen werden, falls eine SEA nicht zeigt, dass die sozioökonomischen Vorteile überwiegen.

Die Entwicklungen erwiesen sich in der praktischen Durchführung grundsätzlich als anwendbar: Die volkswirtschaftlichen Indikatoren konnten gebildet und über den Lebensweg berücksichtigt werden.

Die Human- und Ökotoxizität wurde im vorliegenden Fall bewusst einer Worst-case Betrachtung unterzogen. Die Toxizitätsbewertung nach BASF-Methode konnte angewendet werden, ebenso die Gewichtung mit den neuen Relevanzfaktoren. Die errechneten Faktoren für die Öko- und Humantoxizität sind in der Fallstudie vergleichsweise hoch. Dies war bei einem Stoff, der als SVHC klassifiziert ist, zu erwarten. Die hohe Gewichtung der Faktoren resultiert aber nicht aus dem SVHC-Stoff selbst, sondern aus den erdölbasierten Vorketten. Die SVHC-Substanz selbst trägt wegen des geringen Mengeneinsatzes und der geringen Exposition nicht bedeutend zur Relevanz bei.

Das Gesamtergebnis der Fallstudie änderte sich nicht mit den aktualisierten Gewichtungsfaktoren.

Die Belastbarkeit der Ergebnisse in der Fallstudie ist hoch. Trotz nicht ausreichend detaillierter Daten zu bestimmten Wirtschaftszweigen sind die Unterschiede zwischen den betrachteten Alternativen so groß, dass das Endergebnis valide ist.

Mit dieser Arbeit konnte ein wesentlicher Beitrag zu den definierten Zielen erbracht werden. Die an REACh angepasste SEEBALANCE ist für eine sozioökonomische Analyse unter REACh geeignet und kann mit entsprechendem Ökobilanz-Wissen in eine normale SEEBALANCE integriert werden.

Summary

REACh, the new EU regulation on Registration, Evaluation, Authorization and Restriction of Chemicals, is designed to protect human health and the environment. Substances of very high concern (SVHC) are required to be investigated for REACh in a socio-economic analysis (SEA). A SEA determines whether the socio-economic advantages outweigh the risks of a chemical. If the decision is negative, use of the substance in the application under authorization will no longer be allowed.

The SEEBALANCE® of BASF SE is one possible instrument for carrying out a socio-economic analysis (RPA & SYKE 2006a, 2006b). The tool assesses ecological, economic and social impacts over the entire life cycle of products or processes.

The dissertation aim is to implement the essential requirements of a SEA in the SEEBALANCE. Therefore various methodological enhancements have been developed and integrated into the SEEBALANCE. These include wider economic effects, assessment of human and ecotoxicity, as well as toxicity normalization and weighting factors. The developments have been tested in a case study. For confidentiality reasons the case study cannot be presented.

Integration of wider economic effects

In order to integrate wider economic impacts in the SEEBALANCE, a set of indicators were implemented. These were derived from the 'Technical Guidance Document for Socio-economic Analysis' from the European Chemicals Agency. For example, the effects of restriction of use of a specific chemical on the economy are considered. Various economic variables such as the level of gross value added, the amount of exports and the amount of subsidies paid per product were also introduced. With the new indicators, meaningful evaluations of the economic effects were achieved in the case study.

Assessment of human and ecotoxicity in the SEEBALANCE

SEAs used for REACh always involve toxic substances of very high concern. Hence, the toxicity assessment in the BASF SEEBALANCE method was examined and compared to a reference method (approach by CML). The two methods were analyzed in various aspects such as data collection, analysis and interpretation in a case study. The BASF method is characterized by simple creation of characterization factors and easy interpretation. The assessment is based on life cycle stages and requires a subjective weighting of the life cycle steps production, use and disposal. In the CML method interpretation of results is also straightforward. The main disadvantage of this method is the lack of information on toxic emissions.

Normalization of the human and ecotoxicity in the SEEBALANCE

The normalization of the toxicity is included with fixed factors in the SEEBALANCE (22% for eco toxicity and 18% for human toxicity). This fixing of factors does not correspond to the computational algorithm of the BASF system and was explicitly criticized in a first draft of the 'Technical Guidance Document for Socio-economic Analysis' by the European Chemicals Agency. All other effect categories involve comparison of impacts to the overall value in a defined region. This so-called relevance factor had not been determined previously for the human and ecotoxicity in the

BASF method. The relevance factors were therefore calculated based on the sum of all amounts of produced and imported chemicals and their corresponding toxicity values.

In various case studies it was shown that the human toxicity has a varying importance. The range extended from 1% to 43%, depending on the toxicity of the substance and the amount of usage.

Update of societal weighting factors

The societal weighting factors were updated for the environmental and social criteria and new ones were created for the wider economic effects. These weighting factors indicate the importance of the various ecological and socio-economic criteria in relation to each other and are used to aggregate (together with the relevance factor) all indicators to an overall result. Thus they have a significant effect on the results calculated by the BASF method.

For the environmental factors, a representative survey based on the Maximum Difference Scaling method was created together with TNS Infratest. The weighting factors for social and wider economic effects were determined with an online survey using the ranking method. The main categories of the environmental criteria were rated as follows (for Germany):

Energy and resource consumption, each with 17.1%, land use with 12.3%, toxicity potential with 21.7%, risk potenzial with 7.4% and emissions with 24.5% .

With both methods, a differentiated evaluation of the criteria could be established.

Testing of methodological developments in a Case Study with a substance of very high concern

All the methodological developments were tested in a case study. The case study was about an application of a substance of very high concern which is used in a widely-used end consumer product. The substance is listed in the Annex of the REACh regulation. Therefore, if a SEA does not show that the socio-economic benefits outweigh the risks, use of this substance in the European market will be prohibited.

The developments were operational during the case study. The wider economic indicators could be determined and were assessed in a life cycle manner.

The assessment of the human- and ecotoxicity was taken into account as a worst-case scenario. The assessment of the toxicity with BASF methodology could be applied. Similarly, the weighting with the new relevance factors. The calculated factors for the human- and ecotoxicity are relatively high. This could be expected for a substance that is classified as SVHC. However, the high weighting of the relevance factors does not result from the SVHC-substance itself, but from the petroleum-based prechains. The SVHC-substance itself has negligible influence because of the small amount used.

One scenario shows that the overall result of the case study does not change by using the new societal weighting factors.

The reliability of the overall evaluation results of the case study is high. Despite insufficiently detailed data on specific industrial sectors, the differences between the alternatives under consideration are large so that the final result is valid.

With this dissertation a major contribution to the defined objectives could be provided. The adapted REACh-SEEBALANCE is suitable as a

SEA under REACh and can be used with a appropriate LCA knowledge.

Résumé

REACh, le nouveau décret de l'UE sur l'enregistrement, l'évaluation, l'autorisation et la restriction des produits chimiques, a pour but de protéger la santé humaine et l'environnement.

REACh exige une Analyse Socio-économique (SEA) pour les Substances Hautement Sensibles (SVHC). Une SEA détermine si les avantages socio-économiques dominent les risques des produits chimiques. Sur une décision négative, l'utilisation des substances chimiques, préalablement soumise à autorisation, sera interdite.

La SEEBALANCE® de BASF SE est un instrument possible pour la mise en place d'une SEA (RPA & SYKE 2006a, 2006b). Cet outil permet de faire le bilan des aspects écologiques, économiques et sociaux et des procédés tout au long du cycle de vie du produit.

Le but de cette dissertation est de mettre en œuvre les exigences principales d'une SEA dans SEEBALANCE. Des améliorations méthodologiques variées ont été développées et intégrées dans SEEBALANCE: les effets économiques, l'estimation des toxicités humaine et écologique, ainsi que la normalisation de la toxicité et les facteurs pondérés. Les développements ont été testés dans une étude de cas. Pour des raisons de confidentialité, cette étude ne peut pas être présentée.

Prise en compte des conséquences économiques

Les conséquences économiques ont été implémentées dans SEEBALANCE grâce à un ensemble d'indicateurs, issus du "Document de référence d'Analyse Socio-économique" de l'Agence Européenne des Produits Chimiques. Ces indicateurs examinent les conséquences de la restriction d'utilisation d'un produit chimique sur l'économie. Plusieurs variables économiques ont été prises en compte : la valeur ajoutée brute, les exportations et la hauteur des subventions pour chaque produit. Grâce aux nouveaux indicateurs, il a été possible d'intégrer les effets économiques dans l'étude.

Évaluation des toxicités humaine et écologique dans la SEEBALANCE

Les SEA utilisées dans le cadre de REACh étudient les substances très critiques, et l'évaluation de la toxicité de SEEBALANCE sera contrôlée tout au long de ce projet. Pour ce faire, la méthode de BASF a été comparée avec une méthode de référence (approche CML). Les deux méthodes ont été étudiées sous différents aspects, comme la collecte de données, leur analyse et interprétation dans l'étude de cas.

La méthode BASF se distingue par une construction simple de facteurs caractéristiques et une interprétation facile. Mais l'évaluation repose sur les étapes du cycle de vie et demande une pondération subjective des étapes du cycle de vie de production.

Dans la méthode CML, l'interprétation des résultats est également simple. Le principal désavantage de cette méthode est le manque d'information sur les émissions toxiques.

Normalisation des toxicités humaines et écologiques dans la SEEBALANCE

La pondération de la toxicité est incluse dans SEEBALANCE, avec des facteurs fixes (22% pour la toxicité écologique et 18% pour la toxicité humaine). Ce résultat ne correspond pas à l'algorithme de la méthode BASF et a été critiqué explicitement dans la première ébauche du "Document de référence d'Analyse Socio-économique" de l'Agence Européenne des Produits Chimiques. Toutes les autres catégories d'efficacité sont définies en fonction de la comparaison des moyennes obtenues dans une région définie. Le facteur global de pertinence n'a pas été déterminé auparavant pour les toxicités humaines et écologiques dans la méthode BASF. Ce travail s'intéresse au calcul de la toxicité humaine et écologique en Allemagne selon la méthode BASF. Les valeurs finales sont la somme de toutes les quantités des substances chimiques produites et importées, et de leurs valeurs de toxicité correspondantes.

Dans plusieurs cas, il a été montré que la toxicité humaine a une importance variable. Les valeurs se répartissent de 1% à 43%, en fonction de la toxicité des substances et de la quantité utilisée.

Mise à jour des facteurs sociaux pondérés

Les facteurs pondérés ont été actualisés (pour les critères environnementaux et sociaux) et d'autres ont été créés (pour les effets économiques). Ces facteurs reflètent l'importance des critères écologiques et socio-économiques, ainsi que leur relation. Ils serviront à résumer tous les indicateurs dans un résultat global grâce au facteur de pertinence. C'est pourquoi ils ont un effet conséquent sur les résultats calculés avec la méthode SEEBALANCE.

Pour les facteurs environnementaux, une étude représentative basée sur la méthode Maximum Difference Scaling a été mise au point avec TNS Infratest. Les facteurs pondérés pour les critères sociaux et économiques ont été déterminés par une étude internet utilisant la méthode Ranking. Les catégories principales des critères environnementaux sont réparties de la façon suivante (pour l'Allemagne): 17,1% pour la consommation d'énergie, 17,1% pour la consommation de ressources, 12,3% pour l'utilisation des surfaces, 21,7% pour le potentiel de toxicité, 7,4% pour les risques et 24,5% pour les émissions.

Avec les deux méthodes, une évaluation nuancée des critères a pu être établie.

Essai de développements méthodologiques dans une étude de cas avec une substance hautement sensible

Les développements méthodologiques ont été testés dans l'étude de cas. Celle-ci concernait l'utilisation d'une substance hautement sensible dans un produit final. Cette substance est mentionnée dans l'annexe du décret REACh. Par conséquent, si la SEA ne montre pas que les bénéfices socio-économiques sont supérieurs aux risques, l'utilisation de cette substance sur le marché européen sera interdite.

Les développements se sont révélés applicables pour une mise en pratique : les indicateurs économiques ont pu être définis et respectés pendant le cycle de vie.

L'estimation des toxicités humaine et écologique a été prise en compte dans un scénario pire cas. L'estimation de la toxicité avec la méthodologie BASF peut être appliquée, de même que la pondération avec les nouveaux facteurs de pertinence. Les facteurs calculés pour les toxicités humaines et écologiques sont assez élevés. C'était prévisible pour une substance classifiée SVHC. Cependant, la pondération élevée des facteurs ne résulte pas de la substance SVHC elle-même, mais des pré-chaînes à radical pétrolier. La substance SVHC elle-même a une influence négligeable car seule une petite quantité est utilisée, et l'exposition est faible.

Le résultat général de l'étude ne change pas avec la mise à jour des facteurs pondérés.

La fiabilité du résultat de l'étude de cas est élevée. Malgré le manque de données détaillées sur certains secteurs industriels, les différences entre les alternatives considérées sont suffisamment grandes pour que le résultat final soit valide.

Ce travail fournit une contribution essentielle : la SEEBALANCE (selon REACh) convient pour une SEA (selon REACh), et peut être intégrée, avec des connaissances appropriées en bilan écologique, dans une SEEBALANCE ordinaire.

Persönliches Vorwort und Dank

Diese Arbeit entstand am Institut für Geographie und Geoökologie des Karlsruhe Institut für Technologie. Betreut wurde die Arbeit von Prof. Dr. Dieter Burger. Das Thema der Doktorarbeit stellte die BASF SE in Ludwigshafen. Das Thema schließt sich an die langjährige Weiterentwicklung der Ökoeffizienz-Methode an. Es sollte die Eignung der SEEBALANCE im Kontext einer Sozioökonomischen Analyse unter REACh untersucht werden.
Die Arbeit wurde durch die BASF SE gefördert, ihr gilt daher besonderer Dank.

Reizvoll war die Arbeit insbesondere, da sie eine äußerst brisante Frage aufwirft. Nämlich, ob die Risiken einer Chemikalie durch deren sozioökonomischen Nutzen aufgewogen werden können. Sich dieser Fragestellung zu nähern und einen praktischen, anwendbaren Beitrag zu ihrer Beantwortung zu leisten, halte ich für ambitioniert. Es gilt die Methode immer wieder kritisch zu hinterfragen und die richtigen Schlüsse zu ziehen. Dieser Herausforderung habe ich mich gerne gestellt.

Mein ausdrücklicher Dank gilt Prof. Dr. Dieter Burger, der die Betreuung dieser Arbeit während des laufenden Projektes übernommen hat und mir alle Freiheiten zur Fertigstellung gegeben hat. Ebenso möchte ich Herrn Prof. Dr. Manfred Meurer herzlich danken. Er hat mich am Anfang des Projektes betreut, nachhaltig begeistert und mich durch das Eignungsfeststellungsverfahren begleitet.

Herrn PD Dr. Dipl.-Geoökol. Stefan Norra danke ich, dass er gerne die Zweitkorrektur übernommen hat.

Der BASF SE danke ich für die exzellente Unterstützung in der Ökoeffizienz-Gruppe. Namentlich danke ich insbesondere Herrn Dr. Peter Saling, dem Gruppenleiter der Ökoeffizienz-Gruppe, für die guten Rahmenbedingungen und die Freiräume, die ich immer genossen habe. Ferne möchte ich Herrn Dr. Andreas Kicherer danken, der mich nicht nur für die Arbeit in der Ökoeffizienz-Gruppe begeistert hat, sondern mich auch viele Jahre unterstützt und motiviert hat. Für die fachliche Unterstützung und die vielen konstruktiven Diskussionen möchte ich Herrn Dr. Björn Dietrich und Frau Dr. Marianna Pierobon danken. Beide haben mich immer kritisch reflektiert und mit mir nach den richtigen Entscheidungen gesucht. Insbesondere möchte ich auch Brigitte Achatz und Katrin Frühwirth danken, die nicht aufgegeben haben, mich auf klare und präzise Formulierungen in meiner Arbeit hinzuweisen. Auch den Kollegen, die mir bei den Fragen zu Toxikologie und Ökotoxikologie oder volkswirtschaftlichen Fragen Rede und Antwort gestanden haben, möchte ich danken.

Außerdem möchte ich den vielen Praktikanten danken, die hervorragende Zuarbeit für das Datenmanagement geleistet haben, insbesondere Dominik Rüede, Georg Schöner, Jasmin Jabs, Sebastian Tränkle und Sonja Schwarzl. Auch Kyra Seibert, die mit ihrer Arbeit eine erste Probe zur Eignung der SEEBALANCE für eine SEA gemacht hat, vielen Dank für die kritischen und interessanten Diskussionen.

Ganz besonderer Dank gilt auch den Doktorandenkreisen, in denen ich meine Arbeit auf Augenhöhe mit anderen Doktoranden reflektieren konnte. Hier ist das Doktorandennetzwerk (DNW e.V.) und die Ökobilanzwerkstatt zu nennen. Dieser Gedankenaustausch hat mich meine Arbeit immer wieder von einer anderen Perspektive sehen lassen.

Darüber hinaus danke ich meiner Familie und meinen Freunden, die mich all die Jahre unterstützt haben und dafür gesorgt haben, dass ich den Blick für das Wesentliche behalte.

Inhaltsübersicht

Inhaltsverzeichnis

Abbildungsverzeichnis

Tabellenverzeichnis

Abkürzungsverzeichnis

Abkürzung	Definition
AHP	Analytic Hierarchy Process (Analytischer Hierarchieprozess)
AOX	Adsorbierbare Organisch gebundene Halogene
Art.	Artikel
AP	Acidification Potential (Versauerungspotenzial)
AP	Accumulation Potential (Akkumulationspotenzial) in Zusammenhang mit der BASF Ökotoxizitäts-Methode
ATS	Aquatic Toxicity Score (aquatische Toxizitätsbewertung)
B	Biodegradability (Abbaubarkeit)
BCF	Bioconcentration Factor (Biokonzentrationsfaktor)
BSB_5	Biochemischer Sauerstoffbedarf
BUND	Bund für Umwelt und Naturschutz Deutschland e.V.
BWS	Bruttowertschöpfung
CALCAS	Coordination Action for innovation in Life Cycle Analysis for Sustainability (koordinierte Maßnahmen für Innovationen in Lebenswegbilanzierung für mehr Nachhaltigkeit)
CATI	Computer Aided Telephone Interviewing (computergestützte Telefoninterviews)
CBA	Cost-Benefit Analysis (Kosten-Nutzen-Analyse)
CCA	Compliance Cost Assessment (Bewertung der Durchsetzungs- bzw. Einhaltungskosten)
CEA	Cost-Effectiveness Analysis (Kosten-Effektivitäts-Analyse, Kostenwirksamkeitsanalyse)
CEFIC	Conseil Européen de l'Industrie Chimique (Verband der Europäischen chemischen Industrie)
CEPA	Canadian Environmental Protection Act (kanadisches Umweltschutzgesetz)
CF	Charakterisierungsfaktoren
CGE	Computable General Equilibrium (Berechenbarer allgemeiner Gleichgewichtszustand)
CH_4	Methan
Cl^-	Chloride
CML	Institute of Environmental Sciences in Leiden
CMR	Carcinogenic, Mutagenic, Toxic to Reproduction (krebserregend, erbgutverändernd, fortpflanzungsgefährdend)
CO_2	Kohlendioxid
CPA	Classification of Products by Activity (Güterklassifikation)
CSB	Chemischer Sauerstoffbedarf
D	Distribution Factor (Verteilungsfaktor)
DDT	Dichlordiphenyltrichlorethan
DGB	Deutscher Gewerkschaftsbund
DNEL	Derived No Effect Level (abgeleitete niedrigste Testkonzentration ohne beobachtete Wirkung)
€	Euro
ECB	European Chemicals Bureau (Europäisches Chemikalienbüro)
EChA	European Chemical Agency (Europäische Agentur für chemische Stoffe)
EINECS	European Inventory of Existing Commercial Chemical Substances (Altstoffverzeichnis)
EIOA	Environmental Input Output Analysis (Input-Output-Analyse für Umweltauswirkungen)

Abkürzung	Definition
EMAS	Eco-management & Audit Scheme (Öko-Audit)
EPD	Environmental Product Declaration (Umweltproduktdeklaration)
Eq	Äquivalent
ES	Environmental Score (Umweltbewertung)
ETAP	Environmental Technology Action Plan (Aktionsplan für Umwelttechnologie)
EU	Europa, europäisch
EURAM	EU Risk Ranking Method (Methode zur Risikobewertung der Europäischen Union)
USES-LCA	Uniform System for the Evaluation of Substances, angepasst für Ökobilanzen
FAZ	Frankfurter Allgemeine Zeitung
F&E	Forschung & Entwicklung
GDP	Gewerkschaft der Polizei
GHS	Globally Harmonised System for the Classification and Labelling of Chemicals (Global harmonisiertes System zur Einstufung und Kennzeichnung von Chemikalien)
GWP	Global Warming Potential (Treibhauspotenzial)
h	Hours (Stunden)
HCl	Chlorwasserstoff
HKW	Halogenierte Kohlenwasserstoffe
h-statement	Hazard-Statement (Gefahrenklasse)
IG BCE	Industriegewerkschaft Bergbau, Chemie und Energie
IOA	Input-Output-Analyse
IPP	Integrierte Produktpolitik
kWh	Kilowattstunde
KW	Kohlenwasserstoffe
LCA	Life Cycle Assessment (Ökobilanz)
LCI	Life Cycle Inventory (Sachbilanz)
LCTA	Life Cycle Technology Assessment (Ökobilanz für Technologien)
m^3	Kubikmeter
MCA	Multi-Criteria Analysis (Multikriterienanalyse)
MFA	Material Flow Analysis (Stoffstromanalyse)
Mio.	Millionen
MIPS	Material Input per Service (Material-Input pro Serviceeinheit)
MJ	Mega Joule
Mrd.	Milliarden
NACE	Nomenclature générale des activités économiques dans les Communautés Européennes (Statistische Systematik der Wirtschaftszweige in der Europäischen Gemeinschaft)
NATA	New Approach to Appraisal (Neue Vorgehensweise zur Beurteilung)
NE	Nutzeneinheit
NH_3	Ammoniak
N_2O	Lachgas
NOEC	No Observed Effect Concentration (Konzentration mit keiner beobachteten Wirkung)
NO_X	Stickoxide
NPV	Net Present Value (Kapitalwertmethode)
NRO	Nichtregierungsorganisation

Abkürzung	Definition
ODP	Ozone Depletion Potential (Ozonzerstörungspotenzial)
OECD	Organisation for Economic Co-operation and Development (Organisation für wirtschaftliche Zusammenarbeit und Entwicklung)
PBT	Persistent, Bioaccumulative, Toxic (persistent, bioakkumulierbar und toxisch)
PEI	Potential Environmental Impact (potentielle Umweltauswirkung)
POCP	Photochemical Ozone Creation Potential (fotochemisches Ozonbildungspotenzial)
POPs	Stockholm Convention on Persistent Organic Pollutants (Stockholmer Übereinkommen über persistente organische Schadstoffe)
p-Statement	precautionary-Statements (Vorsorge-Anweisung)
RAC	Risk Assessment Committee (Ausschuss für Risikobeurteilung)
RCRA	Resource Conservation and Recovery Act (Energieeinsparungs- und rückgewinnungs-gesetz)
REACh	Registration, Evaluation, Authorisation of Chemicals (Registrierung, Evaluierung, Zulassung von Chemikalien
REACh-VO	REACh-Verordnung
RIP	REACh Implementation Project (REACh Implemetierungsprojekte)
RPA	Risk & Policy Analysts (Analysten für Risiko und Politik)
R-Satz	Risiko-Satz
SEA	Socioeconomic Analysis (sozioökonomische Analyse)
SEAC	Socio-Economic Analysis commission (Ausschuss für sozioökonomische Analyse)
SEE	Socio-Eco-Efficiency (Sozio-Ökoeffizienz)
SEG	Stakeholder Expert Group (Stakeholder-Expertengruppe)
SETAC	Society of Environmental Toxicology and Chemistry (Gesellschaft für Toxikologie und Chemie im Bereich Umwelt)
SIN-Liste	Substitute it now (Ersetze es jetzt)
sLCA	social Life Cycle Assessment (Soziale Lebenswegbilanzierung)
SPORT	Strategic Partnership on REACh-Testing (Strategische Partnerschaft zur Testung von REACh)
SO_4^{2-}	Sulfat
SOVAMAT	SOcial VAlue of MATerials (Soziale Bewertung von Materialien)
SOX	Schwefeloxide
t	Tonne
t/a	Tonne/Jahr
TGD	Technical Guidance Document (Technische Leitlinie)
TPS	Tetrapropylbenzolsulfonat
TSCA	Toxic Substances Control Act (Gefahrstoff-Überwachungsgesetz)
Tsd.	Tausend
UBA	Umweltbundesamt
UGR	Umweltgesamtrechnungen
VCI	Verband der chemischen Industrie
VO	Verordnung
vPvB	very Persistent, very Bioaccumulative (sehr persistent, sehr bioakkumulativ)
WECF	Women in Europe for a Common Future (Frauen in Europa für eine gemeinsame Zukunft)

Abkürzung	Definition
WWF	World Wide Fund for nature (Internationale Naturschutzorganisation)

1 Einführung

1.1 Hintergrund der Arbeit

Die neue Verordnung zur Registrierung, Bewertung, Zulassung und Beschränkung chemischer Stoffe (REACh) hat als oberstes Ziel, die menschliche Gesundheit und die Umwelt zu schützen. Die Grundlage dafür wurde auf dem Weltgipfel (4. September 2002) über nachhaltige Entwicklung in Johannesburg gelegt. Ziel ist, Chemikalien so herzustellen und einzusetzen, dass erhebliche nachteilige Auswirkungen so gering wie möglich gehalten werden (Grund (4), REACH-VO 2006). Hierzu soll im Rahmen der Zulassung (Autorisierung) und Beschränkung (Restriktion) besonders besorgniserregender Chemikalien geprüft werden, ob diese durch nicht toxische oder weniger toxische Stoffe ersetzt werden können. Besonders besorgniserregende Substanzen sind beispielsweise Chemikalien, die kanzerogen, mutagen, reprotoxisch, bioakkumulativ oder persistent sind. Sind keine Alternativen zu diesen Chemikalien vorhanden, und ist das Risiko der Substanzen nicht kontrollierbar, kann eine sozioökonomische Analyse (SEA) durchgeführt werden. Diese prüft, ob die Vorteile der Chemikalie gegenüber den Risiken überwiegen. Falls diese Entscheidung positiv ausfällt, wird die Chemikalie für den Markt zeitlich beschränkt freigegeben. Wenn die Entscheidung negativ ausfällt, darf die Substanz für die zur Autorisierung anstehende Anwendung nicht weiter genutzt werden.

Eine SEA sollte sowohl soziale, volkswirtschaftliche und ökonomische Kenngrößen als auch ökologische und gesundheitliche Auswirkungen enthalten. Einige Kriterien werden in der Chemikalienverordnung benannt (Anhang 16 REACH-VO 2006). Detaillierte Informationen über mögliche Methoden und Kriterien sind in den Leitlinien für Sozioökonomische Analyse (Guidance on Socio-Economic Analysis) enthalten (ECHA 2008a). Die Leitlinien für die Beschränkung und Zulassung geben den aktuellen Stand möglicher Instrumente und Indikatoren wieder. Jedoch geben sie keine verbindliche Vorgehensweise vor. Auch seitens der europäischen Kommission (EU-Kommission) gibt es bislang kein offizielles Instrument für eine SEA.

Die SEEBALANCE der BASF SE ist ein mögliches Instrument zur Durchführung einer sozioökonomischen Analyse. Das Instrument wurde im REACh-Implementierungsprojekt 3.9 (RIP) diskutiert (RPA & SYKE 2006a, 2006b).

Die SEEBALANCE wird seit 2005 und die Ökoeffizienz-Analyse seit 1996 in der BASF SE angewendet. Die Ökoeffizienz-Analyse bilanziert ökologische und ökonomische Aspekte über den Lebensweg von Produkten und Prozessen. Die SEEBALANCE basiert auf der Ökoeffizienz-Analyse und bezieht soziale Kriterien in die Analyse ein[1]. Über 400 Ökoeffizienz-Analysen und über 12 SEEBALANCE Berechnungen[2] wurden bislang für verschiedene Geschäftsbereiche der BASF SE sowie externe Auftraggeber aus Industrie und Politik durchgeführt. Die Analysen helfen bei strategischen Fragestellungen wie beispielsweise Investitions- und Standortentscheidungen oder bei der Priorisierung und Auswahl von Forschungsprojekten. So können Stärken und Schwächen von Produkten oder

[1] Die Weiterentwicklung der Ökoeffizienz-Analyse zur SEEBALANCE wurde durch das BMBF gefördert. Projekt: Nachhaltige Aromatenchemie, Projektpartner Universität Jena, Universität Karlsruhe, Ökoinstitut e.V., BASF SE; Förderkennzeichen: 03C0342) (SALING et al. 2007)

[2] Stand: August 2009

Verfahren identifiziert werden. Die Ergebnisse werden als Basis für praktikable und wettbewerbsfähige Handlungs- und Entwicklungsoptionen verwendet. Ökoeffizienz- und SEEBALANCE-Analysen unterstützen das Marketing und können darüber hinaus bei politischen Dialogen mit Meinungsbildnern als Diskussionsgrundlage genutzt werden.

Die SEEBALANCE integriert sowohl ökologische und soziale als auch ökonomische Kriterien und beinhaltet damit bereits wesentliche Kenngrößen, die seitens der EU eingefordert werden. Dennoch stellt sich die Frage, inwiefern die SEEBALANCE für einen Chemikalienvergleich besonders besorgniserregender Substanzen einsetzbar ist. Seitens der Stakeholder-Expertengruppe (Stakeholder Expert Groups, SEGs) wurden einige Punkte während der REACh Implementierungsprojekte bemängelt: Beispielsweise die Gewichtung der Toxizität im Vergleich zu den übrigen Wirkkategorien der SEEBALANCE (siehe RPA & SYKE 2006b:18). Die erfolgt bislang mit festgelegten Faktoren (22% für Ökotoxizität und 18% für Humantoxizität). Die Faktoren sind beliebig und besonders bei besorgniserregenden Chemikalien zu diskutieren, da das Gefährdungspotenzial bei diesen Chemikalien vermutlich höher ist.

Darüber hinaus werden in der SEEBALANCE keine volkswirtschaftlichen Auswirkungen berücksichtigt. Diese Aspekte sind aber relevant, da es bei einem möglichen Verbot einer Substanz unter Umständen zu weitreichenden Änderungen des Marktes kommen kann.

Allein diese beiden Beispiele zeigen, dass es einen Bedarf gibt, die SEEBALANCE der BASF SE für eine SEA zu prüfen und weiter zu entwickeln.

1.2 Relevanz der Arbeit

Die Weiterentwicklung der SEEBALANCE zu einer SEA unter REACh ist relevant, da das Instrument zeigen soll, ob die Vorteile einer Substanz die Risiken überwiegen. Das Ergebnis einer SEA kann ausschlaggebend für die Freigabe bzw. das Verbot einer Chemikalie für eine bestimmte Anwendung sein. Obwohl vielleicht das Wegfallen einer Chemikalie selbst auf den ersten Blick nicht sehr gravierend erscheint, kann es dadurch zu schwerwiegenden Veränderungen auf dem Markt und in der Volkswirtschaft kommen. Unter Umständen verändern sich ganze Produktionszweige oder Endprodukte können nicht mehr hergestellt werden und stehen so dem Konsumenten nicht mehr zur Verfügung.

Betroffene Substanzen im Autorisierungs- oder Beschränkungsschritt sind immer besonders besorgniserregend, entweder bezogen auf die Auswirkungen auf die Umwelt oder auf die Gesundheit von Menschen. Auf der anderen Seite hat eine produzierte Substanz immer einen gewissen Nutzen. Das ist der Grund, warum sie überhaupt hergestellt und eingesetzt wird. So könnte es beispielsweise für Feuerlöschmittel sinnvoll sein, bedenkliche Substanzen zuzulassen. Der Verlust von Menschenleben durch Hausbrände steht dabei langfristigen Gesundheitsrisiken durch Flammschutzmittel gegenüber (UBA 2007).

Zudem kann ein Verbot einer Substanz gravierende Auswirkungen auf den Produzenten und andere Beteiligte in der Wertschöpfungskette haben. Diese unterschiedlichsten Auswirkungen darzustellen ist die Aufgabe einer SEA. (vgl. auch 'Why is a SEA important?' in ECHA 2008a oder 'The importance of Socio-economic Assessment in the REACh Regulation' in ECHA 2009:11).

Die Relevanz dieser Arbeit spiegelt sich auch in der Anzahl der betroffenen Substanzen wider. Bislang sind allein im Rahmen der Autorisierung 31 Substanzen betroffen. Auf der Internetseite der Europäischen Agentur für chemische Stoffe (EChA) sind die Substanzen aufgelistet, die auf Ihre Zulassung hin untersucht werden sollen. Das sind beispielsweise (siehe ECHA 2008b, Stand Sept. 2009):

- Acrylamid (CAS 79-06-1)
- Anthracen (CAS 120-12-7)
- Diethylhexylphthalat (DEHP) (CAS 117-81-7)
- Hexabromcyclododecan (HBCDD) (CAS 25637-99-4)
- 4,4'- Diaminodiphenylmethan (CAS 101-77-9)
- Dibutylphthalat (CAS 84-74-2)

Diese Liste soll kontinuierlich erweitert werden (Art. 68 REACH-VO 2006).

Darüber hinaus gibt die SIN-Liste (‚**s**ubstitute **i**t **n**ow'-Liste) einen Hinweis darauf, wie viele Substanzen möglicherweise eine Zulassung durchlaufen müssen (CHEMSEC 2009). Die SIN-Liste ist ein Projekt der Nichtregierungsorganisation CHEMSEC. Von dieser werden Chemikalien aufgelistet, die aus Sicht von CHEMSEC besorgniserregend sind. Bis Oktober 2009 waren schon 356 Stoffe aufgeführt. Ziel der SIN-Liste ist es, die Gesetzgebung weiter voranzutreiben und Unternehmen für gefährliche Chemikalien zu sensibilisieren. Damit soll erreicht werden, dass gefährliche Chemikalien durch sichere Alternativen ersetzt werden.

RPA & STATISTICS SWEDEN (RPA & STATISTICS SWEDEN 2002:90, vgl. auch JOHNSON 2003:19) schätzen die Anzahl der besonders besorgniserregenden Substanzen (substances of very high concern, SVHC) deutlich höher, nämlich auf 1400 bis 3900. Die Anzahl der Substanzen, die eines oder mehrere Kriterien einer SVHC-Substanz erfüllen, ist nicht gleichzusetzen mit der Anzahl möglicher SEAs. Zum einen unterliegen etliche dieser Substanzen bereits Beschränkungen (vgl. dazu Anhang XVII der REACh-Verordnung). Zum anderen muss auch eine Partei vorhanden sein, die ein Interesse daran hat, diese Substanz auf dem Markt zu halten und auch eine SEA entweder zu beauftragen oder selbst durchzuführen.

Trotzdem zeigt allein die Anzahl der Substanzen, für die möglicherweise eine SEA erstellt wird, dass es sinnvoll ist, die SEEABALANCE als SEA unter REACh weiterzuentwickeln. Aus Sicht der Gruppe Ökoeffizienz der BASF SE ergibt sich damit möglicherweise ein großes Potenzial an Aufträgen für Studien, wenn die SEA als weitere Dienstleistung angeboten werden kann. Daher ist es wichtig, ein Bewertungsinstrument zu entwickeln, welches eine möglichst große Akzeptanz hat und die Anforderung seitens der EU-Kommission erfüllt. Die BASF SE sieht bei ihrer SEEBALANCE bereits viele Kriterien erfüllt und will daher auf dieser aufbauen.

Neben der Brisanz einer SEA unter REACh, ist auch die Weiterentwicklung der Methode bedeutsam, da es gilt die ganzheitliche Bilanzierung von Nachhaltigkeit weiter voranzutreiben. So erschien beispielsweise in 2009 eine Leitlinie für soziale Lebenswegbilanzierung (social life cycle assessment, sLCA; UNEP/SETAC LIFE CYCLE INITIATIVE 2009). Damit gibt es nun eine Leitlinie zur Bilanzierung von Nachhaltigkeit unter sozialen Aspekten. Bislang gibt es aber nur wenige Veröffentlichungen zu Fallstudien für lebenswegorientierte Sozialbilanzen (z.B. SCHMIDT 2007, FRANZE & CIROTH 2009). Ferner beschreiben REAP et al. in ‚A survey of unresolved problems in life cycle assessment' (REAP 2008a, 2008b) die Grenzen von Ökobilanzierung (Life Cycle Assessment, LCA) und welche Arbeitsgebiete noch weiter bearbeitet werden sollten.

Unter diesem Gesichtspunkt, ist die vorliegende Dissertation auch als Beitrag für die Weiterentwicklung der Nachhaltigkeitsbewertung zu betrachten. Im Speziellen soll das Instrument SEEBALANCE weiterentwickelt werden, nicht nur für eine SEA unter REACh, sondern vielmehr auch als Instrument für eine ganzheitliche Produktbewertung. Eine Marktstudie, die das Potenzial von Sozioökoeffizienz-Analysen in den nächsten fünf Jahren erfragt hat, hat ergeben, dass 52% der befragten Unternehmen mit hoher Wahrscheinlichkeit oder möglicherweise eine Sozioökoeffizienz-Analyse beauftragen würden (CONSULTIC MARKETING & INDUSTRIEBERATUNG GMBH 2008).

1.3 Ziel der Arbeit

Ziel der vorliegenden Dissertation ist, ein sozioökonomisches Bewertungsinstrument basierend auf der SEEBALANCE der BASF SE aufzubauen. Dieses soll die Anforderungen seitens der EU-Kommission für REACh erfüllen und dabei die sozioökonomischen Vor- und Nachteile von Produkten im Rahmen der Autorisierung gegen ein Vermarktungsverbot abwägen. Gleichzeitig soll das Instrument aber mit vernünftigem Aufwand anwendbar und praktikabel sein. Gefordert wird, dass eine SEA sowohl Kosten, Umweltaspekte, gesundheitliche Gesichtspunkte sowie weitere Auswirkung auf die Wirtschaft und Gesellschaft berücksichtigt. Da die BASF-Methode schon einige dieser Kriterien erfüllt, hat es aus Sicht der BASF SE eine hohe Priorität, dass die weiterentwickelte Methode eine hohe Anschlussfähigkeit an die bestehende SEEBALANCE der BASF SE hat.

Das erweiterte Instrument soll bei der BASF SE insbesondere für SVHC-Stoffe eingesetzt werden. Das Konzept soll damit eine instrumentelle Stütze zur Umsetzung von REACh darstellen und die Diskussion bei der Restriktion und Zulassung versachlichen. Darüber hinaus soll dieses Instrument auch von anderen wirtschaftlichen, politischen oder wissenschaftlichen Institutionen genutzt werden können. Insbesondere sind hier andere Unternehmen im chemischen Sektor wie beispielsweise kleine- und mittelständische Unternehmen angesprochen. Aber auch für Nichtregierungsorganisationen (NRO), wie Verbraucherschutzorganisationen, kann ein solches Instrument bzw. können die Ergebnisse seiner Anwendung als wissenschaftliche Diskussionsgrundlage dienen.

Angesichts der unterschiedlichen Anforderungen seitens der EU an ein solches Bewertungsinstrument und in Anbetracht der verschiedenen Methoden, die in diesem Kontext diskutiert werden, ist ein grundsätzliches Ziel dieser Arbeit diese Methoden zu beleuchten und mit der SEEBALANCE der BASF SE zu vergleichen. Durch diese Dissertation wird damit sowohl ein praktischer als auch ein theoretisch-konzeptioneller Beitrag angestrebt.

Der theoretisch-konzeptionelle Beitrag liegt in der Weiterführung der wissenschaftlichen Diskussion in den Themenbereichen:

- Produktbewertung von Chemikalien (Diskussion der möglichen Methoden und Kriterien in Kapitel 4)
- REACh und seine betroffenen Gruppen im Bezug auf die SEA (vgl. Publikation in „Zeitschrift für Umweltpolitik und Umweltrecht") (INGEROWSKI, KÖLSCH & TSCHOCHOHEI 2008a,b, 2009)

Der angestrebte praktische Beitrag besteht, wie oben dargelegt, in der Entwicklung eines an die

SEEBALANCE anschlussfähigen, praktikablen Instruments zur sozioökonomischen Produktbewertung für Chemikalien unter REACh und der Erprobung des Instruments in einem Fallbeispiel.

1.4 Konzeption der Arbeit

Das Vorgehen in der vorliegenden Dissertation ist in verschiedene Bereiche aufgeteilt und ist wie folgt konzipiert:

I. Teil: Einführung und Grundlagen
II. Teil: Inhaltliche und Methodische Entwicklungen
III. Teil: Praktische Erprobung an einem Fallbeispiel und Diskussion

Teil I dieser Arbeit führt in das Themengebiet ein und beschreibt die wesentlichen Grundlagen und die Ausgangssituation dieser Dissertation. Dieser Teil umfasst folgende Kapitel:

- Einführung in die Thematik: Hintergrund, Relevanz und Ziel (Kapitel 1)
- REACh – Das europäische Chemikaliengesetz – Was ist das eigentlich? (Kapitel 2)
- Die SEA unter REACh – Wann wird sie überhaupt notwendig? (Kapitel 3)
- Überblick und Diskussion der Methoden für eine SEA (Kapitel 4)
- Die SEEBALANCE für eine ganzheitliche Produktbewertung (Kapitel 5)

Im Kapitel 2 wird zunächst ein Überblick über REACh gegeben. Fragen ‚Wieso kam es zu einem europaweiten einheitlichen Chemikaliengesetz?' und ‚Wie funktioniert das System REACh?' sollen beantwortet werden. Auch unterschiedliche Standpunkte verschiedener Akteure zu REACh werden vorgestellt. Kapitel 3 beschreibt, wann eine SEA unter REACh notwendig werden kann. Daneben werden die Anforderungen aus Sicht des Chemikaliengesetztes an eine SEA aufgeführt. Einige von der EU diskutierten Bewertungsinstrumente werden in Kapitel 4 vorgestellt, beschrieben und miteinander verglichen. Kapitel 5 erläutert detailliert das Bewertungsinstrument SEEBALANCE, auf welches diese Arbeit aufbaut.

Teil II beschreibt die methodischen Entwicklungen, die während dieser Dissertation durchgeführt wurden. Der Teil besteht aus den folgenden Kapiteln:

- Methodische Grundkonzeption (Kapitel 6)
- Integration volkswirtschaftlicher Aspekte in die SEEBALANCE unter REACh (Kapitel 7)
- Bewertung und Normierung der Ökotoxizität und Humantoxizität in der SEEBALANCE (Kapitel 8)
- Ökologische und soziale Gewichtungsfaktoren in der SEEBALANCE (Kapitel 9)
- Integration der Entwicklungen in die SEEBALANCE (Kapitel 10)

In diesem Teil wird nach einem Soll-Ist Abgleich dargelegt, warum sich die Arbeit auf die ausgewählten methodischen Entwicklungen fokussiert. Anschließend werden in den nachfolgenden Kapiteln die einzelnen methodischen Entwicklungen erläutert. Die Methodenkapitel beginnen alle mit einer kurzen Einführung in das Thema und erläutern anschließend das Vorgehen, dem erreichten Entwicklungsstand und schließen mit einer kritischen Reflexion.

Die Arbeit endet (Teil III) mit den beiden folgenden Kapiteln:

- Fallstudie: Sozioökonomische Analyse unter REACh für einen SVHC-Stoff (Kapitel 11)
- Erreichter Entwicklungsstand & Ausblick (Kapitel 12)

Dort werden die Entwicklungen aus dem zweiten Teil in einem Fallbeispiel erprobt und abschließend der erreichte Entwicklungsstand diskutiert.

Die Arbeit beinhaltet unterschiedliche Fachbereiche (siehe Teil II), daher werden die wichtigsten sich wiederholenden Begrifflichkeiten in einem Glossar im Anhang erläutert.

1.5 Forschungskooperation

Die vorliegende Arbeit wurde in Kooperation verschiedener Partner erstellt. Gefördert und fachlich betreut wurde dieses Projekt seitens der BASF SE in Ludwigshafen. Die methodischen Weiterentwicklungen möchte die BASF SE in ihrem Instrument der SEEBALANCE nach Abschluss des Projektes verwenden.

Aufgrund der fächerübergeifenden Arbeit wurden für jede der Weiterentwicklungen Experten aus den jeweiligen Fachgebieten befragt und die weiteren Schritte diskutiert. Namentlich sind für diese Arbeit zu nennen:

- Kapitel 7: Fr. Katrin Rosendahl (BASF SE, Strategisches Controlling)
- Kapitel 8: Hr. Roland Maisch (BASF SE, Ökotoxikologie), Dr. Sascha Pawlowski (BASF SE, Ökotoxikologie), Dr. Robert Landsiedel (BASF SE, Toxikologie), Dr. Marc Huibregts (CML, Radboud University Nijmegen)
- Kapitel 9: Hr. Andreas Henke (TNS Infratest)

Darüber hinaus wurden die methodischen Entwicklungen in einer Fallstudie überprüft. Diese Fallstudie wurde durch eine Arbeitsgruppe der CEFIC in Auftrag gegeben.

Die beiden Kooperationspartner, BASF SE und CEFIC, werden im Folgenden kurz vorgestellt.

Im Rahmen verschiedener Workshops, Diskussionsrunden und Konferenzen wurden die Weiterentwicklungen in unterschiedlichen Stadien des Projektes vorgestellt und diskutiert (siehe Tab. 01).

Tab. 01: Workshops, Diskussionsrunden und Konferenzen während der Dissertation

Diskussionsforum	Ort, Datum
Workshop mit der Universität Lüneburg, Praktische Umsetzung sozioökonomischer Aspekte für eine nachhaltige Chemikalienbewertung	Ludwigshafen, Feb. 2007
Workshop & Diskussionsrunde mit der Handelshochschule Leipzig, Sozio-Ökoeffizienz-Analyse	Leipzig, 11. Sept. 2007
Nachhaltigkeitsrat BASF SE	Ludwigshafen, 18.Sept. 2007
Austausch mit Ökoinstitut, Diskussion über SEA unter REACh	Ludwigshafen, 24. Sept. 2007
Workshop mit Gewerkschaftsvertretern (DGB, IG BCE, GDP Gewerkschaft der Polizei)	Berlin, 5. Dez. 2007
„Ökobilanz-Werkstatt" des Netzwerks Lebenszyklusdaten 2008	Goßlar, 16.-17. Juni 2008
BASF SE, Ludwigshafen, Lenkungskreis des Bereichs Umwelt, Gesundheit und Sicherheit	Ludwigshafen, 19. Dez. 2008
Austausch und Diskussion zur Methode und der Fallbeispiele mit CEFIC	Brüssel, 7. Januar 2009
Doktoranden-Netzwerk „Nachhaltiges Wirtschaften"; „Nachhaltige Entwicklung – das neue Paradigma in der Ökonomie"	Mainz, 17.-19. April 2009
SETAC Europe, 19 th Annual Meeting "Protecting ecosystems health: facing the challenging of a globally changing environment"	Göteborg, 31. Mai - 4. Juni 2009
SLCA-Experten Diskussion mit Andreas Ciroth von Green Delta	Ludwigshafen, 28. August 2009
Austausch und Diskussion zur Methode und der Fallbeispiele mit CEFIC	Brüssel, 17. Sept. 2009
„Ökobilanz-Werkstatt" des Netzwerks Lebenszyklusdaten 2009	Freising, 5.-7.Okt. 2009

1.5.1 Die BASF SE

1.5.1.1 Das Unternehmen

Die BASF SE ist das führende Chemieunternehmen der Welt mit Sitz in Ludwigshafen und wurde 1865 von Friedrich Engelhorn gegründet. In dieser Zeit schaffte sich das damals noch unter den Namen Badische Anilin-& Soda-Fabrik arbeitende Unternehmen einen Platz im Weltmarkt, z.B. durch die Herstellung von Farbstoffen wie Methylenblau, Alizarin und Indigo (BASF SE 2006:8). Seither haben sich die Produkte und Märkte gewandelt. Zurzeit tragen die Segmente Kunststoffe, Veredelungsprodukte (wie z.B. Chemikalien für Lacke, Waschmittel, Textilien oder Papier), Chemikalien, Öl und Gas sowie Pflanzenschutz und Ernährung entscheidend zum Umsatz bei (BASF SE 2009a:40). Ende 2008 beschäftigte die BASF SE rund 96.900 Mitarbeiter in mehr als 170 Ländern und ist mit etwa 33.800 Beschäftigten am Standort Ludwigshafen die treibende Wirtschaftskraft der Rhein-Neckarregion (BASF SE 2008:91)

Die BASF SE hat sich als Ziel gesetzt, auch in Zukunft das weltweit führende Unternehmen der chemischen Industrie zu sein. Um dieses Ziel zu erreichen hat der Vorstandsvorsitzende Dr. J. Hambrecht als eine von vier Säulen ‚Nachhaltigkeit' als Unternehmensstrategie bis 2015 verankert. Als Beispiel für die Umsetzung der Strategie ist die Methode der Ökoeffizienz in der Leitlinie namentlich erwähnt. In der Leitlinie heißt es, dass das Handeln der BASF SE am Leitbild der nachhaltig zukunftsverträglichen Entwicklung (Sustainable Development) ausgerichtet sein soll. Nachhaltig zu wirtschaften bedeutet, den wirtschaftlichen Erfolg mit dem Schutz der Umwelt und gesellschaftlichen Verantwortung zu verbinden und so zu einer lebenswerten Zukunft für kommende Generationen beizutragen (BASF SE 2007b).

1.5.1.2 Kompetenzzentrum für Umwelt, Gesundheit und Sicherheit

Die BASF SE ist in verschiedene Bereiche gegliedert. Die unterschiedlichen Aufgaben dieser Einheiten erstrecken sich von Produktion, über Organisation des Vertriebs bis hin zu Kontrollfunktionen.

Eine Gruppe von Bereichen sind die Kompetenzzentren. Diese nehmen übergeordnete Aufgaben wie Personalwesen oder Forschung wahr. Ein weiteres Beispiel für ein Kompetenzzentrum ist der Bereich ‚Globale Umwelt'. Dieser ist zuständig für Umwelt, Gesundheit und Sicherheit. Der Bereich trägt die Verantwortung für diese Themen an allen Standorten der BASF SE. Er stellt sicher, dass durch fachkundige Beratung und Kontrolle die gesetzlichen und internen Anforderungen zu Sicherheitsfragen, Gesundheitsfragen der Mitarbeiter und zu Umweltfragen umgesetzt werden.

1.5.1.3 Gruppe Ökoeffizienz

Die Ökoeffizienz-Gruppe der BASF SE ist Teil des Kompetenzzentrums ‚Umwelt'. Die Ökoeffizienz-Gruppe bietet ihren internen und externen Kunden verschiedene Dienstleistungen an (z.B. die Erstellung von Ökoeffizienz- und SEEBALANCE-Analysen, Ökoprofilen und Product / Corporate Carbon Footprints sowie Environmental Product Declarations. Die am häufigsten angefragte Dienstleistung ist die Ökoeffizienz-Analyse.

Die Ökoeffizienz-Gruppe vergleicht bei der Ökoeffizienz-Analyse Produkte oder Verfahren, die die gleiche Nutzeneinheit erfüllen, hinsichtlich ihrer ökologischen und ökonomischen Effizienz. Es wird eine ganzheitliche Betrachtung der Lösungsalternativen über den Lebensweg durchgeführt (BASF SE 2009b).

1.5.2 CEFIC

CEFIC ist der Verband der Europäischen chemischen Industrie (CEFIC von frz. Conseil Européen de l'Industrie Chimique) mit Sitz in Brüssel. Die CEFIC vertritt die politischen Interessen der Chemieindustrie auf europäischer Ebene. Der Verband wurde 1972 gegründet (CEFIC 2009a)

CEFIC vertritt 29 000 Unternehmen, bei denen rund 1,3 Millionen Menschen beschäftigt sind. CEFIC besteht aus 22 nationalen Verbänden und sechs assoziierten Mitgliedern in ganz Europa. (CEFIC 2009b)

CEFIC ist unterteilt in eine Vielzahl an Gruppen, die Fragen zu unterschiedlichen Sektoren oder der Umsetzung verschiedener Anliegen wie REACh, Energie, Umwelt, Handel, Forschung und Innovation nachgehen.

Ein wichtiges Ziel der CEFIC ist, das Gewinnen des Vertrauens der Öffentlichkeit. Hierzu möchte der Verband als verantwortungsvoller Partner einen Dialog mit verschiedenen Anspruchsgruppen führen. (CEFIC 2009b)

Innerhalb dieses Projekts wurde eine Fallstudie im Auftrag einer CEFIC-Untergruppe durchgeführt.

1.6 Merkmale Anwendungsorientierter Wissenschaft

Die vorliegende Arbeit ist vor allem durch ihren hohen Praxisbezug und ihre Interdisziplinarität gekennzeichnet. Damit ist sie der anwendungsorientierten Wissenschaft (auch angewandte Forschung) zuzuordnen (ULRICH 1984:200). Unter der anwendungsorientierten Wissenschaft versteht ULRICH „Regeln, Modelle und Verfahren für praktisches Handeln zu entwicklen" (ULRICH 1984:200). Die anwendungsorientierte Wissenschaft grenzt ULRICH zu der Grundlagenforschung mit fünf Merkmalen ab:

1. In der angewandten Forschung werden Probleme behandelt, die in der Praxis entstanden sind. Sie stammen nicht aus der Wissenschaft. In der Regel geht es dabei um die Anwendbarkeit von Modellen und Regeln für wissenschaftsgeleitetes Verhalten in der Praxis.
2. Die Probleme der angewandten Forschung lassen sich nicht nach Disziplinen der Grundlagenwissenschaften klassifizieren, sondern sie sind interdisziplinär.
3. Die angewandte Forschung will die bestehende Wirklichkeit nicht beobachten und mit Hilfe von allgemeinen Theorien erklären, sondern sie zielt vielmehr auf den „Entwurf einer neuen Wirklichkeit ab". (ULRICH 1984:203)
4. Die angewandte Wissenschaft misst sich bezüglich der Problemlösung an Nutzkriterien wie Leistungsgrad, Zuverlässigkeit oder Anwendbarkeit.
5. Die anwendungsorientierte Wissenschaft ist nicht wertfrei und sie muss es auch nicht sein.

Diese Merkmale treffen auf die vorliegende Arbeit zu. Die Aufgabenstellung dieser Arbeit hat sich in der Praxis ergeben, nämlich ein bestehendes Instrument weiterzuentwickeln (Punkt 1). Ferner zeigt die Arbeit einen hohen Grad an Interdisziplinarität (Punkt 2). Die Weiterentwicklungen und deren Erprobung (Punkt 3) entstammen ganz unterschiedlichen Fachrichtungen. So ist beispielsweise die Integration volkswirtschaftlicher Aspekte den Wirtschaftswissenschaften zuzuordnen. Die Bewertung und Normierung der Öko- und Humantoxizität wie auch alle anderen ökologischen Kriterien eher den Naturwissenschaften, die Toxikologie am Rande sogar der Medizin. Die Bewertung von Kriterien, wie bei den Gewichtungsfaktoren ist wiederum bei den Geistes- und Sozialwissenschaften einzuordnen.

Weiter wird sich die vorliegende Arbeit am Ende daran messen lassen müssen, in wie fern sie in der Praxis anwendbar ist (Punkt 4). Die gesamte Arbeit hat nicht den Anspruch wertfrei zu sein (Punkt 5). Allein die Auswahl verschiedener Indikatoren für die volkswirtschaftlichen Auswirkungen ist zwar nach bestimmten Regeln erfolgt, dennoch bleibt die Auswahl subjektiv.

1.7 Kritische Reflexion und Abgrenzung des Vorhabens

Ziel dieses Projektes ist, die SEEBALANCE-Methode der BASF SE als SEA unter REACh für SVHC-Substanzen nutzbar zu machen. Besonders besorgniserregende Substanzen sollen nur dann weiterhin auf dem Markt bleiben, wenn ihr Nutzen größer ist als ihr Risiko.

Wie hoch muss aber der Nutzen einer Substanz für die Gesellschaft sein, damit eine Gefährdung in Kauf genommen werden kann? Und wie kann der Nutzen von Substanzen aus den unterschiedlichsten Bereichen und Anwendungsgebieten überhaupt den entsprechenden Risiken gegenübergestellt werden? Ist ein Risiko überhaupt zu quantifizieren und wie kann zwischen realem und potentiellem Risiko unterschieden werden? Und ist beispielsweise die Gefährdung eines Menschenlebens überhaupt zu rechtfertigen? Inwiefern können und dürfen künftige Lebensgrundlagen aufs Spiel gesetzt werden? Kann ein gesundheitlicher Schaden oder die Gefahr, Leben zu zerstören, grundsätzlich bewertet werden? Und wer darf darüber entscheiden? (GRATZER et al. 2007)

ENDRES & HOLM-MÜLLER (1998) fassen einige der oben aufgeführten Fragen in Merkmale von sozioökonomischen Analysen zusammen und diskutieren diese ausführlich:

- Zusammenfassung unterschiedlicher Auswirkungen in ein Gesamtergebnis
- Diskontierung (Abzinsung) sozialer Auswirkungen
- Unsicherheiten in der Datenbasis
- Verteilung der Auswirkungen, bezogen auf die Zeit und den Ort
- Die Bewertung von Risiken für Leib und Leben

Etwas konkreter lässt sich das Problem für die Verteilungsaspekte erläutern: Bei einer Chemikalienbewertung von SVHC-Substanzen ergibt sich das Problem, wie eine gerechte Verteilung von Nutzen und Schäden innerhalb einer Generation definiert und bewertet werden kann.

Wenn beispielsweise eine Chemikalie in Feuerlöschern persistent ist (siehe Kapitel 1.2) und sie auf der anderen Seite aber bei Bränden dazu beiträgt, dass schnell und effektiv Menschenleben gerettet werden können – was ist dann eine gerechte Verteilung? Darf es einen ‚Trade-off' geben

zwischen dem Nutzen für die eine Gruppe, und dem Schaden für die Umwelt?
Ebenso verhält es sich mit der Verteilung von Schaden und Nutzen für zukünftige Generationen. Reichert sich eine Substanz in der Umwelt während deren Nutzung an, dann liegt der Nutzen ausschließlich in der Gegenwart und der potentielle Schaden in der Zukunft. Damit wird riskiert, die Lebensgrundlage zukünftiger Generationen zu beeinträchtigen. Wie können diese Auswirkungen miteinander verglichen werden?

Die vorliegende Arbeit will keine moralische Debatte über diese Probleme führen. Sie möchte aber darauf hinweisen, dass ein breiter Diskurs über die genannten Probleme und mögliche Methoden unbedingt weiter fortgesetzt werden sollte.

An dieser Stelle sei auch darauf hingewiesen, dass eine sozioökonomische Analyse in der REACh-VO gefordert wird. Die Arbeit ist also zu sehen als eine Reaktion auf diese Vorgabe.

Eine weitere Grenze dieses Projektes liegt im SEEBALANCE Ansatz selbst. Mit einer Sozio-Ökoeffizienz-Analyse werden immer nur Alternativen bezüglich ihrer Effizienz miteinander verglichen. Ein solcher Vergleich gibt darüber Auskunft, welche der betrachteten Alternativen für die jeweilig betrachteten Indikatoren vorteilhafter ist im Vergleich zu einer anderen Alternative. Es wird aber keine Auskunft über die absolute Umweltfreundlichkeit gegeben (Stichwort: Ökoeffektivität siehe BRAUNGART 2008). Am Ende wird nicht ein vermeintlich umweltfreundliches Produkt, sondern ein in einem bestimmten Anwendungsgebiet umweltfreundlicheres Produkt im Vergleich zu einem anderen identifiziert. Die vorliegende Arbeit wird sich dieser Problematik nicht annehmen.

Inwieweit die Empfehlung des Ausschusses für sozioökonomische Analyse (committee for socio-economic analysis, SEAC; siehe Kapitel 2) bzw. der EU-Kommission überhaupt durch die Ergebnisse einer SEA beeinflusst wird bzw. die Diskussion versachlichen kann und welche Argumente bei der prekären Frage zusätzlich von Relevanz sind, kann zu diesem Zeitpunkt nicht geklärt werden.

Der Beitrag in dieser Dissertation wird darin gesehen, pragmatische Vorschläge zu machen. Die gestellten Fragen zu Beginn dieses Kapitels werden vermutlich niemals zufriedenstellend gelöst werden. Es gibt weder ‚richtig' noch ‚falsch'. Die Forderung, der diese Arbeit nachkommt, ist vielmehr, eine Vielzahl an Informationen über den Lebensweg als Diskussionsgrundlage für die SEAC oder die EU-Kommission bereitzustellen und möglichst transparent viele Auswirkungen zu beschreiben.

Es ist wünschenswert, dass die SEEBALANCE aufgrund neuer Kenntnisse und in Hinblick auf die Schwächen weiterentwickelt oder gegebenenfalls teilweise oder sogar ganz ersetzt wird. Es sollte immer berücksichtigt werden, dass das Instrument in der Praxis anwendbar bleibt.

2 REACh – Das europäische Chemikaliengesetz

Die REACh-Verordnung ist seit 1. Juni 2007 in Kraft. Es handelt sich um eine neue EU-Chemikalienverordnung, die das bis dahin geltende Chemikalienrecht europaweit vereinheitlichen und zentralisieren soll. Die Abkürzung REACh steht für die wesentlichen Elemente der neuen Verordnung: Registrierung, Evaluierung, Zulassung von Chemikalien (Registration, Evaluation, Authorisation of Chemicals). Mit REACh soll die gesetzliche Unterscheidung zwischen den so genannten Altstoffen und den Neustoffen aufgehoben werden. Altstoffe sind chemische Substanzen, die bereits vor 1981, Neustoffe die nach 1981 auf den Markt gekommen sind. Neustoffe müssen schon heute auf mögliche Risiken für die menschliche Gesundheit und die Umwelt geprüft und beurteilt sein, bevor sie auf den Markt gebracht werden dürfen. Im Gegensatz zu diesen rund 4.000 Stoffen, deren toxikologische Eigenschaften bekannt sind, weiß man über die etwa 100.000 Altstoffe oft deutlich weniger. Das soll durch REACh geändert werden (BAUA 2007:5).

2.1 Gründe für die Einführung von REACh und historische Entwicklung bis zum Inkrafttreten

Die Frankfurter Allgemeine Zeitung (FAZ) beschreibt im Artikel „Gänzlich geschwunden ist das Misstrauen nicht. Umweltschutz im Eigennutz – die Anstrengungen von Großkonzernen wie der BASF SE zeigen Wirkung, überzeugen aber noch nicht alle“ verschiedene Gründe für die Entwicklung von Umweltmaßnahmen in Chemieunternehmen (PSOTTA & ROTH 2007). Der Artikel in der FAZ zeigt, dass es sich beim Thema Chemikaliensicherheit nicht um eine rein wissenschaftliche Diskussion sondern vielmehr um einen Dialog zwischen Industrie, Gesellschaft und Interessenvertretern handelt. Als wesentliche Gründe für mehr Chemikaliensicherheit werden im Artikel einige der größten Chemieunfälle aufgeführt. Benannt sind beispielsweise Seveso und Bhopal:

Seveso ist der bisher folgenschwerste Chemieunfall in Europa. Diese Katastrophe ereignete sich im Jahr 1976 bei Icmesa (Tochterunternehmen von Givaudan, eine Tochter von Roche), 20 Kilometer von Mailand. Das Firmengelände berührte das Gebiet von vier Gemeinden, unter ihnen Seveso. Infolge menschlichen Versagens kam es zur Überhitzung in einer Trichlorphenol-Kesselanlage. Die Chemikalie wird zu Hexachlorphenon für Deodorants weiterverarbeitet. Nach Bersten des Sicherheitsventils traten Trichlorphenol und über zwei Kilogramm 2,3,7,8-Tetrachlordibenzodioxin (TCDD) explosionsartig aus und verbreiteten sich (KOCH & VAHRENHOLT 1978, 1980). KOCH & VAHRENHOLT stellen in ihren Büchern die Folgen wie folgt dar:

- Das Zentrum der Region von Seveso bleibt auf Jahre hinaus unbewohnbar.
- 75.000 vergiftete Tiere mussten getötet werden.
- 200 Personen erlitten schwere Hautschäden. (Die Frankfurter Allgemeine Zeitung berichtete in ihrem Artikel sogar von rund 1.400 Menschen die Hautverätzungen und Chlorakne erlitten (PSOTTA & ROTH 2007)).
- Die Zahl der missgebildet geborenen Kinder stieg von 4 (1976) auf 38 (1977) und 59 (1978).
- Die Zahl der Totgeburten stieg von 8 (1976) auf 12 (1977) und 14 (1978).

Nur einige Jahre später (1984) kam es im indischen Bhopal zur schwersten Chemiekatastrophe weltweit. Nach einer Giftgas-explosion in einer Produktionsstätte des amerikanischen Konzerns Union Carbide wurden rund 40 Tonnen Methylisocyanat freigesetzt. 3.000 Menschen starben in einer Nacht, weitere 10.000 Menschen in den folgenden Jahren. Noch immer leiden Hunderttausende an den Spätfolgen. (PSOTTA & ROTH 2007). Die leichtflüchtige, sehr reaktive Flüssigkeit führt schon in geringen Konzentrationen zu Haut- und Schleimhaut-verätzungen, Augenschädigungen und Lungenödemen.

Beide Chemieunfälle zeigen eine Lücke beim sicheren Umgang mit Chemikalien und es ist nicht verwunderlich, dass die internationale Gemeinschaft vor allem seit diesen Unfällen für das Thema Chemikaliensicherheit sensibilisiert ist. Insbesondere da Chemikalien allgegenwärtig sind und bewusst oder unbewusst zum Alltag dazugehören: Chemikalien befinden sich z.B. in Medikamenten, in Seifen und Kosmetika, in Verpackungen oder in Kleidung. Sie können unterschiedliche, erwünschte oder unerwünschte, heilende oder gesundheits-schädliche Wirkungen haben (BFR 2007:12). Vor Seveso gab es kein Gesetz für neu angemeldete Chemikalien in Deutschland, es gab lediglich spezielle Regelungen für Einzel-stoffe. Die gesetzliche Entwicklung nach den Unfällen zeigt, dass die genannten Unfälle bzw. ihre Folgen Auswirkungen auf die Gesetzgebung in verschiedenen Ländern hatten. FRANK et al. (2007) führen im Leitartikel *25 Jahre Chemikaliengesetz – Von Seveso bis REACh* einige Beispiele für Gesetze auf, die zum Schutz der Umwelt vor und nach Seveso eingeführt wurden. Genannt wird beispiels-weise das Detergenziengesetz von 1961, in dem der Zusatz von Tetrapropylbenzolsulfonat (TPS) verboten wird. TPS führte aufgrund der schlechten Abbaubarkeit zu ‚Schaumbergen' in Flüssen und Seen. Ebenso führte das Dichlordiphenyltrichlorethan (DDT)-Gesetz von 1972 zu einem Verbot zur Herstellung und Verwendung von DDT in Deutschland. Der Umgang mit Chemikalien war nach FRANK et al. (2007) auf den Arbeitsschutz beschränkt. Erst mit der Kennzeichnungsrichtlinie wird seit 1976 geregelt, dass Chemikalien eingestuft und gekennzeichnet werden. Damit werden auch Nicht-Fachleuten Hinweise auf den Umgang mit gefährlichen Stoffen gegeben. FRANK et al. (2007) beschreiben, dass erst die Erweiterung der Kennzeichnungsrichtlinie und das darauf basierende Chemikaliengesetz erstmalig zu einer systematischen Daten-beschaffung durch ein Anmeldeverfahren für Neustoffe führten (Gesetz zum Schutz vor gefährlichen Stoffen vom 16. September 1980). Zweck des Gesetzes ist es (ChemG §1), den Menschen und die Umwelt vor schädlichen Einwirkungen gefährlicher Stoffe zu schützen, insbesondere sie erkennbar zu machen, sie abzuwenden und ihrem Entstehen vorzubeugen. Dafür müssen seit 1981 neue Stoffe vor der Vermarktung angemeldet und zugelassen werden (ChemG §4). Für diese Anmeldung müssen eine Reihe von Daten zur Verfügung gestellt werden, wie beispielsweise Hinweise zur Toxikokinetik, schädliche Wirkungen bei der Verwendung, vorgesehene Einstufung usw. (vgl. ChemG §6), damit etwaige Risiken geprüft und beurteilt werden können.

Nach der Einführung des Gesetzes von 1981, gab es einen Bruch zwischen der Bewertung von alten und neuen Stoffen: Die so genannten Altstoffe sind chemische Stoffe, die vor 1981 bereits auf dem Markt waren; die so genannten Neustoffe sind die, die nach 1981 erstmals auf den Markt gekommen sind. Wie eingangs erwähnt, weiß man über diese rund 4.000 Neustoffe recht viel, über die etwa 100.000 Altstoffe aber oft nur wenig. (BAUA 2007:5). Die Altstoffe sind im EINECS Verzeichnis (European Inventory of Existing Commercial Chemical Substances) erfasst. Eine Prüfung dieser großen Zahl von Stoffen nach der neuen Systematik von 1981 ist nicht zu bewältigen (FRANK et al. 2007:1). Die Aufgabe, diese Informationslücke insbesondere für gefährliche Substanzen zu schließen, oblag nach der europäischen Altstoffverordnung den Behörden. Lediglich 141 Substanzen wurden als prioritär zu prüfend eingestuft und nur für 39 dieser Stoffe wurden die vorgeschriebenen Tests beendet. (EU KOM 2006a:3). Alle anderen Stoffe konnten – ohne weitere Einschränkung – vermarktet werden (FRANK et al. 2007:1). In Anbetracht dieser Informationslücke, die mit möglichen Gesundheits- und Umweltrisiken verbunden ist, wurde ein neues Gesetz geschaffen. Dieses Gesetz ist für alle chemischen Substanzen gültig und ersetzt die alten Gesetze. Am 1. Juni 2007 trat die Verordnung zur Registrierung, Evaluierung und Autorisierung von Chemikalien, kurz REACh, in Kraft.

REACh gilt im europäischen Raum. In anderen Regionen der Welt gelten bezüglich der Chemikalienregulierung andere Regelungen. So gibt es nationale Regulierungen, aber auch internationale Vereinbarungen für Grenzwerte. In den USA wird der Umgang mit Chemikalien im ‚Resource Conservation and Recovery Act' (RCRA) und dem ‚Toxic Substances Control Act' (TSCA) reguliert. In Kanada ist das wichtigste Gesetz zur Chemikalienregulierung der ‚Canadian Environmental Protection Act' (CEPA), welcher gefährliche Emittenten verhindern möchte. Neben den Regulierungen für die verschiedenen Länder gibt es auch internationale Übereinkünfte, wie zum Beispiel die ‚Stockholm Convention on Persistent Organic Pollutants' (POPs) oder das ‚Globally Harmonised System (GHS)' (vgl. CHEMICALS POLICY INITIATIVE 2009).

2.2 Ziele von REACh

Das wesentliche Ziel von REACh ist, Mensch und Umwelt vor gefährlichen Chemikalien zu schützen (Art. 1, 1 REACH-VO 2006). Dies soll nach dem Vorsorgeprinzip funktionieren (Art. 1, 3 REACH-VO 2006). Das Vorsorgeprinzip zielt darauf ab, trotz fehlenden Wissens bezüglich Art, Ausmaß oder Eintrittswahrscheinlichkeit mögliche Belastungen für Mensch und Umwelt von vornherein zu vermeiden oder zumindest weitestgehend zu verringern. Die Vorsorge soll seitens des Herstellers, der Importeure und der nachgeschalteten Anwender sichergestellt werden (‚Beweislastumkehr'). Wichtig ist, dass die Sicherheit über den gesamten Lebensweg eines Stoffes gewährleistet wird und eine hohe Transparenz gegenüber der Öffentlichkeit vorhanden ist[3] (Art. 1, 2 REACH-VO 2006).

Ein weiteres Ziel ist, dass alternative Beurteilungsmethoden gefördert werden (Art. 1, 1 REACh-VO 2006). Hiermit soll die Anzahl an Tierversuchen verringert werden und andere wissenschaftlich anerkannte tierversuchsfreie Verfahren – wie Computermodelle und Zellkulturmethoden – gefördert werden.

[3] Der Begriff Lebensweg ist im Zusammenhang mit REACh etwas anders definiert als der Gedanke des Lebenswegs im ‚LCA'-Bereich. Unter REACh betrachtet man lediglich den Lebensweg des betreffenden Stoffes, also seine Produktion, Nutzung und Entsorgung aber nicht die Herstellung der für die Substanz notwendigen Ausgangsstoffe.

Mit der Harmonisierung der Rechtsordnung in Europa soll ein freier Warenverkehr im Binnenmarkt durch gleiche Standards im Chemikalienrecht erreicht werden (Art. 1, 1 REACH-VO 2006). Damit soll eine Aufsplitterung des europäischen Binnenmarktes verhindert werden.

Ein weiteres Ziel besteht darin, die Wettbewerbsfähigkeit der europäischen chemischen Industrie zu verbessern (Art. 1, 1 REACH-VO 2006). Bislang hatten gut untersuchte neuentwickelte Stoffe aufgrund damit verbundener höherer Kosten einen Wettbewerbsnachteil gegenüber Stoffen, die schon vor Jahrzehnten auf den Markt gebracht worden waren und immer noch unzureichend geprüft sind (BMU 2005:2).

Des Weiteren sollen Innovationen gefördert werden, um weniger gefährliche Stoffe zu entwickeln (Art. 1, 1 REACH-VO 2006). Hierfür gibt es Ausnahmeregelungen für Forschung & Entwicklung und die Kosten für die Mitteilung neuer chemischer Stoffe sind niedriger. Darüber hinaus besteht die Pflicht, Ersatzstoffe für SVHC-Stoffe zu entwickeln und zu prüfen (BFR 2007:34).

2.3 Das System REACh

Die Abkürzung REACh steht für die wesentlichen Elemente der neuen Verordnung: Registrierung, Evaluierung, Autorisierung von Chemikalien. Zunächst werden Chemikalien also registriert und bewertet, um danach zugelassen, beschränkt oder verboten zu werden (siehe Abb. 01). Von REACh sollen alle chemischen Stoffe erfasst werden, die mindestens in einer Menge von einer Tonne pro Jahr in der EU produziert oder in die EU importiert werden. Stoffe die bereits nach dem bislang geltenden Chemikaliengesetz angemeldet sind, also die so genannten Neustoffe, gelten auch unter REACh als registriert. REACh gilt also insbesondere für die so genannten Altstoffe. Unterschieden wird nach der Einführung von REACh nicht mehr nach Alt- und Neustoffen, sondern nach Phase-In- und Non-Phase-In-Stoffen. Phase-In-Stoffe sind alle derzeit auf dem Markt befindlichen Stoffe, Non-Phase-In-Stoffe wurden vor Inkrafttreten von REACh noch nicht produziert oder vermarktet (EU KOM 2006b:5f.). Ausgenommen von REACh sind beispielsweise Stoffe mit einer Produktionsmenge unter einer Tonne pro Jahr, Abfälle, nicht isolierte Zwischenprodukte, radioaktive Stoffe, Polymere oder Stoffe im Transit (BAUA 2007:7). Weiterhin sind von der Registrierung Stoffe ausgenommen, die, wie beispielsweise Medikamente, unter andere Gesetze fallen (vgl. Auflistung in BAUA 2007:7) (Art. 2 REACH-VO 2006).

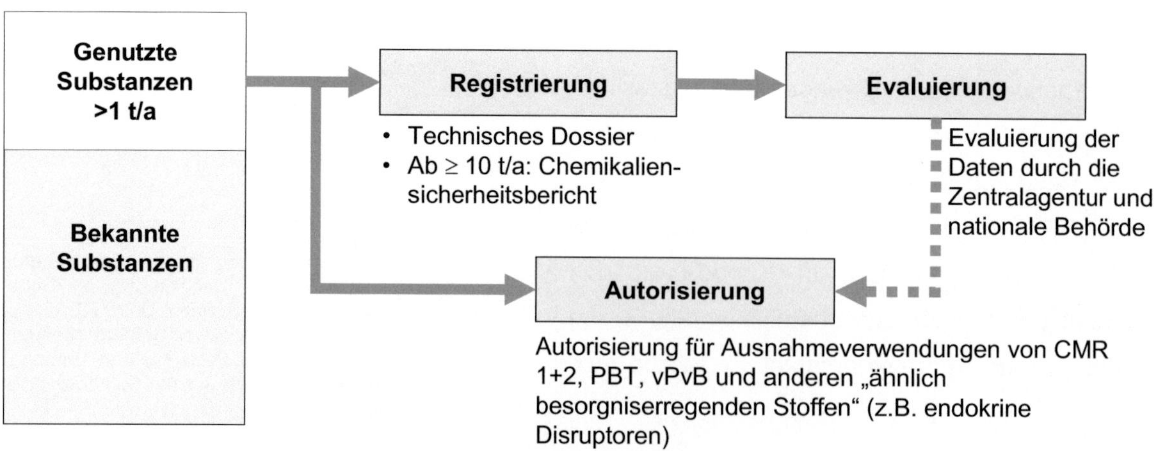

Abb. 01: Ablauf im REACh Prozess (siehe BASF SE 2007a)

2.3.1 Die Registrierung

Registriert werden müssen alle Stoffe, die in einer Menge von mehr als einer Tonne in der EU hergestellt oder in die EU importiert werden. Hauptverantwortlich für die Registrierung sind Hersteller und Importeure von Chemikalien. Diese müssen der EChA Informationen über die Eigenschaften und Verwendung in einem technischen Dossier sowie Sicherheitshinweise zur Handhabung der jeweiligen Substanz zukommen lassen. Ein technisches Dossier muss folgende Informationen enthalten (vgl. BAUA 2007:26):

- Identität des Herstellers bzw. Importeurs
- Identität des Stoffes
- Informationen zur Herstellung und Verwendung des Stoffes
- Einstufung und Kennzeichnung des Stoffes
- Leitlinien für die sichere Verwendung
- Studienzusammenfassungen der vorgenommenen Versuche
- Angabe, welche Informationen von einem geeigneten Sachverständigen geprüft wurden
- Versuchsvorschläge zur Gewinnung toxikologischer und ökotoxikologischer Daten für Stoffe oberhalb einer Menge von 100 Tonnen pro Jahr
- Bei Stoffen unter zehn Tonnen pro Jahr: Informationen über die Exposition
- Gegebenenfalls einen begründeten Antrag, dass bestimmte Informationen zum Stoff nicht im Internet veröffentlicht werden sollen.

Übersteigt die Jahresproduktions-, bzw. Importmenge zehn Tonnen, ist zusätzlich ein Stoffsicherheitsbericht obligatorisch. Zusätzliche Dokumente müssen für Stoffe mit einer Menge von mehr als 100, bzw. 1000 Tonnen eingereicht werden. Besondere

Tab. 02: Übersicht über vorzulegende toxikologische und ökotoxikologische Daten in Abhängigkeit von der registrierenden Stoffmenge (die jeweils links der zutreffenden Spalte aufgeführten Versuche sind immer durchzuführen). Tests, auf die expositionsbedingt verzichtet werden könnte, sind kursiv dargestellt. Bei Phase-in-Stoffen unter 10 t/a kann unter bestimmten Umständen auf diese Tests verzichtet werden. (BAUA 2007:28f.)

Mehr als 1 t/a	Mehr als 10 t/a	Mehr als 100 t/a	Mehr als 1000 t/a
Reizung der Haut (in vitro)	Reizung der Haut (in vivo)	*Subchronische Tests (90-Tage Test)*	*Langzeittoxizität (>12 Monate)*
Reizung der Augen (in vitro)	Reizung der Augen (in vivo)	*Kurzzeittoxizität (terrestrische Organismen)*	*Reproduktionstoxizität (Zwei-Generationen-Prüfung)*
Sensibiliserung bei Hautkontakt	Zytogenetik in vitro	*Entwicklungstoxizität*	*Karzinogenität*
Mutagenität in vitro (Ames-Test)	Genmutation an Säugerzellen	*Langzeittoxizität (Daphnien)*	*Langzeittoxizität (terrestrische Organismen)*
Kurzzeittoxizität (Daphnientest)	Akute Toxizität (inhalativ)	*Langzeittoxizität (Fische)*	*Langzeittoxizität (Organismen im Sediment)*
Akute Toxizität (oral)	Akute Toxizität (dermal)	*Bioakkumulation (Fische)*	*Langzeittoxizität (Vögel)*
Hemmung Algenwachstum	Kurzzeittoxizität (28-Tage Test)		
Biologische Abbaubarkeit	*Screening Entwicklungstoxizität*		
	Kurzzeittoxizität (Fische)		
	Hemmung Belebtschlammatmung		

Regelungen und Verpflichtungen gelten für gefährliche Stoffe, auch wenn sie nur in Mengen von weniger als einer Tonne gehandelt werden. Innerhalb von elf Jahren sollen alle Phase-In-Stoffe gestaffelt nach Menge und Gefährlichkeit registriert werden. (EU KOM 2006a; SEIBERT 2006:5f.)

Tab. 02 gibt einen Überblick über die toxikologischen und ökotoxikologischen Daten in Abhängigkeit von der zu registrierenden Stoffmenge. Als Mindestanforderung gelten die links beschriebenen Versuche. Je größer also die Stoffmenge ist, die auf den Markt gebracht werden soll, desto aufwendiger sind die durchzuführenden Tests. Dies entspricht dem Vorsorgeprinzip. So soll möglichen Gefahren entgegengewirkt werden. Um zu gewährleisten, dass keine Substanz mehrfach registriert wird, gilt unter REACh das Prinzip ‚one substance, one registration'. Jeder Stoff erhält nur eine Registriernummer, so dass bestimmte Informationen zu einem Stoff von mehreren Herstellern und Importeuren gemeinsam im Rahmen eines Konsortiums erstellt werden können. So werden Kosten reduziert und unnötige Tierversuche vermieden (BAUA 2007:33) (vgl. Gemeinsame Verantwortung in der Lieferkette im Kapitel 2.4).

2.3.2 Die Evaluierung

Die Evaluierung in der REACh-Verordnung steht für eine Prüfung der eingereichten Registrierungsdossiers. Es werden zwei Arten der Bewertung unterschieden: die so genannte ‚Dossierbewertung' und die ‚Stoffbewertung' (vgl. Titel VI, Kapitel 1 und 2 der REACH-VO 2006).

Die Dossierbewertung dient vorwiegend der Qualitätssicherung der zur Registrierung eingereichten Daten und der Vermeidung nicht notwendiger Tierversuche (siehe BADEN-WÜRTTEMBERG 2007). Die Qualität wird lediglich stichprobenartig überprüft, hierfür „wählt die Agentur mindestens fünf Prozent aus der Gesamtzahl der für jeden Mengenbereich bei der Agentur eingegangenen Dossiers zur Prüfung der Erfüllung der Anforderungen aus" (vgl. Art. 41, 5 REACH-VO 2006). Die Verantwortlichkeit für die Dossierbewertung liegt also bei der EChA. Sie prüft zum einen alle eingereichten Versuchsvorschläge (vgl. Art. 40 REACH-VO 2006) daraufhin, ob sie den Anforderungen der REACh-Verordnung entsprechen. Zum anderen prüft die EChA die eingereichten Unterlagen auf Konformität mit dem Gesetz (Art. 41 REACH-VO 2006) (siehe Baden-Württemberg 2007).

Bei der so genannten Stoffbewertung kann bei Verdacht auf ein entsprechendes Risiko für die menschliche Gesundheit oder Umwelt ein Stoff unabhängig von der Tonnage überprüft werden (Art. 44, 2 REACH-VO 2006). Untersuchungsdaten können dafür von den Unternehmen nachgefordert werden. In Zusammenarbeit mit der EChA wird eine Liste von prioritären Stoffen erarbeitet, die einer Stoffbewertung unterzogen werden sollen (vgl. BADEN-WÜRTTEMBERG 2007). Diese Priorisierung richtet sich nach der schädlichen Wirkung eines Stoffes, der Menge oder deren Exposition (vgl. Art. 44, 1 REACH-VO 2006).

2.3.3 Die Zulassung (Autorisierung)

Eine Zulassungspflicht besteht für Stoffe mit besonders besorgniserregenden Eigenschaften. Als besonders besorgniserregend werden Stoffe mit folgenden Eigenschaften eingestuft (vgl. Art. 57 und Anhang XIII der REACH-VO 2006):

- Stoffe, die als **k**anzerogen, **m**utagen oder **r**eprotoxisch der Kategorie eins und zwei eingestuft sind (die so genannten CMR-Stoffe),
- **p**ersistente bzw. **b**ioakkumulierbare Stoffe mit **t**oxischen Eigenschaften (die so genannten PBT-Stoffe)
- hochpersistente bzw. hochbioakkumulierbare Stoffe (**v**ery **p**ersistent, **v**ery **b**ioaccumulative; die sogenannten vPvB- Stoffe).

Im Einzelfall können aber auch solche Substanzen als besonders besorgniserregend eingestuft werden, die „nach wissenschaftlichen Erkenntnissen wahrscheinlich schwerwiegende Wirkungen auf die menschliche Gesundheit oder auf die Umwelt haben" wie beispielsweise Stoffe mit endokrinen Eigenschaften (vgl. Art. 57, f REACH-VO 2006). Ausgenommen von dieser Zulassungspflicht ist beispielsweise die Verwendung von Stoffen im Rahmen der wissenschaftlichen Forschung und Entwicklung (Art. 56, 3 ff. REACH-VO 2006).

Für diese Stoffe, die als besonders besorgniserregend gelten, wird eine nach und nach zu erweiternde Liste erstellt. Hierin werden die Stoffe nach ihrer Gefährlichkeit eingestuft. Die identifizierten Chemikalien werden in Anhang XIV der REACh-Verordnung aufgelistet. Eine Zulassung für eine Chemikalie muss von den Produzenten oder Nutzern innerhalb eines festgesetzten Zeitrahmens beantragt werden. Nach Ablauf dieses Zeitrahmens darf der betreffende Stoff ohne eine Zulassung weder in Verkehr gebracht noch verwendet werden (Ausnahmen siehe Art. 56 REACH-VO 2006).

Ein Zulassungsantrag wird zunächst bei der EChA eingereicht und umfasst nach Art. 62, 4 (REACH-VO 2006) die Identität des Stoffes, den Namen des Antragstellers, die Verwendung für die die Zulassung beantragt wird, den Stoffsicherheitsbericht und eine Analyse möglicher Alternativen. Er kann aber auch eine SEA enthalten (siehe Art. 62, 5 REACH-VO 2006). Eine Zulassung kann dann seitens der EU-Kommission für eine bestimmte Anwendung befristet erteilt werden. (BADEN-WÜRTTEMBERG 2007; EU KOM 2006b:12; SEIBERT 2007)

Nach Art. 60, 2 der REACh-Verordnung „wird eine Zulassung erteilt, wenn das Risiko für die menschliche Gesundheit oder die Umwelt [...] angemessen beherrscht wird." Wenn das Risiko eines Stoffes nicht angemessen kontrolliert werden kann oder die Substanz von diesem Weg der Zulassung ausgeschlossen ist, „kann eine Zulassung nur erteilt werden, wenn nachgewiesen wird, dass der sozioökonomische Nutzen die Risiken überwiegt [...] und wenn es keine geeigneten Alternativstoffe oder -technologien gibt" (vgl. Abb. 02) (Art. 60, 4 REACH-VO 2006).

Wird eine Zulassung erteilt, so bezieht sich diese auf die beantragte Verwendung. Bei einer Zulassung werden etwaige Auflagen, an die die Verwendung geknüpft ist, und befristete Überprüfungszeiträume mit Überwachungsregelungen angegeben (Art. 60, 9 REACH-VO 2006). Unabhängig davon kann die EU-Kommission eine Überprüfung der Zulassung einfordern. Dies kann eine Widerrufung der Zulassung nach sich ziehen (vgl. BADEN-WÜRTTEMBERG 2007).

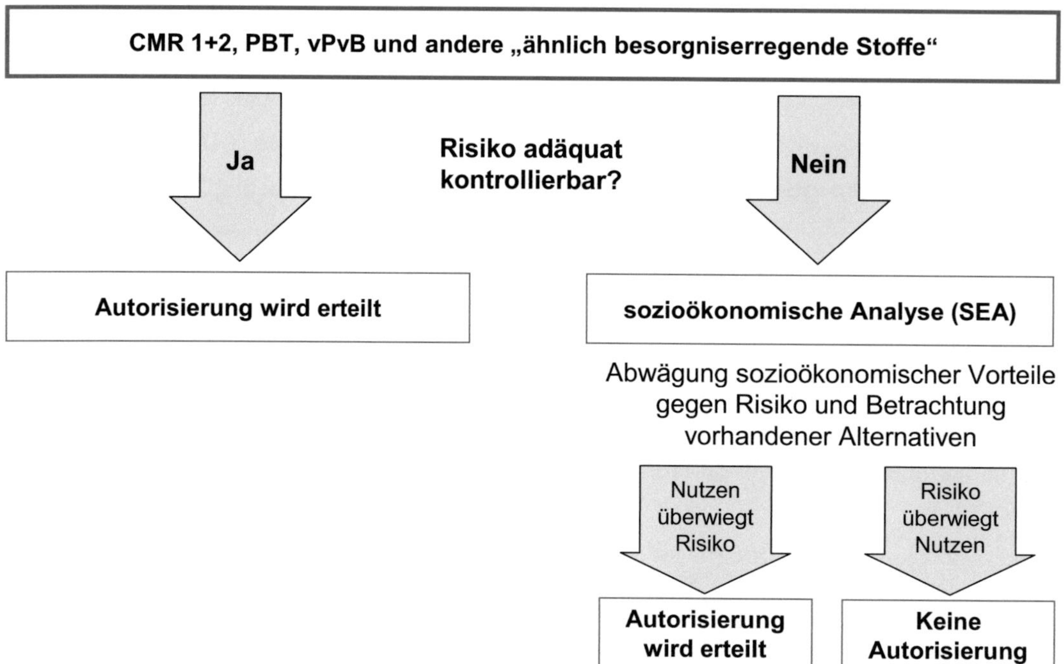

Abb. 02: Übersicht über Autorisierung nach der REACh-VO (INGEROWSKI et al. 2008)

Die zugelassenen Stoffe werden mit einer Zulassungsnummer versehen und mit der Begründung der Entscheidung im Amtsblatt der Europäischen Union veröffentlicht und in einer Datenbank öffentlich zugänglich gemacht (Art. 64, 9 REACH-VO 2006).

2.3.4 Die Beschränkung (Restriction)

Die EChA und die einzelnen Mitgliedsstaaten können Vorschläge zur Beschränkung von Stoffverwendungen machen. Hierfür muss ein Dossier im Internet veröffentlicht werden, in dem die Beschränkung begründet und die Risiken für Mensch oder Umwelt aufgezeigt werden. Bestehende Auflagen und Verbote, beispielsweise für Asbest, werden in REACh übernommen (EU KOM 2006b:13). Innerhalb einer Frist können die von einer möglichen Beschränkung betroffenen Kreise eine Stellungnahme, möglichst in Form einer sozio-ökonomischen Analyse, abgeben. Nach Ablauf der Frist gibt die EChA ihrerseits eine Stellungnahme an die EU-Kommission ab. Die EU-Kommission erlässt daraufhin gegebenenfalls die Beschränkung. Die Beschränkungen werden in Anhang XVII der REACh-Verordnung aufgenommen.

2.4 Merkmale von REACh [4]

Implementierung von REACh

Während der Einführungsphase von REACh gab es ein enges Zusammenwirken zwischen der EU-Kommission, nationalen Behörden, Unternehmen und deren Verbänden im Rahmen der REACh Implementierungs-Projekte (RIPs). Hierin wurden die konkreten technischen und administrativen Umsetzungs-vorgaben gemeinschaftlich erarbeitet. Als Instrument der kooperativen Politikgestaltung binden diese Projekte SEGs, in denen Experten des Privatsektors versammelt werden, explizit in die Arbeit mit ein. Haupt-aufgabe der RIPs ist, in enger Abstimmung mit den SEGs die Erstellung von technischen Leitlinien (Technical Guidance Documents,

[4] Dieses Unterkapitel ist in Teilen der Veröffentlichung von INGEROWSKI, KÖLSCH & TSCHOCHOHEI „Anspruchsgruppen in der neuen europäischen Chemikalienregulierung“ entnommen.

TGDs). Diese werden für Industrie, Chemikalienagentur sowie mitgliedsstaatliche Behörden verfasst, um für alle Akteure eine bessere Handhabbarkeit der Verpflichtungen aus REACh zu erreichen.

Stärkung des ‚Prinzip der regulierten Selbstregulierung'

Die RIPs stehen sinnbildlich für das Miteinander kooperativer und klassischer Regulierungselemente. Beispielsweise haben die Behörden bei der Registrierung von Stoffen lediglich eine begleitende Rolle. Hierin spiegelt sich die Philosophie der ‚regulierten Selbstregulierung' wider, wie sie von BLEISCHWITZ (2004:31f.) zur stärkeren Einbindung der Wirtschaft in das System propagiert wird. Diese Neuausrichtung fußt auf der Erkenntnis, dass mit dem System der Altstoffbewertung und -regulierung der Vergangenheit ein zu umfangreiches, kostenintensives und die verantwortlichen Behörden überforderndes Verfahren vorhanden war (vgl. FLEISCHER 2003:28). Daher wurden nun wesentliche Teile aus der EU-Altstoffverordnung den wirtschaftlichen Akteuren zugewiesen. So sollen Behördenkapazitäten freigesetzt werden, die für Kontrolle und ggf. Sanktionierung in REACh eingesetzt werden können. Die Eigenverantwortlichkeit der Unternehmen in der neuen REACh-Verordnung ist deutlich stärker ausgeprägt.

Ein Umbruch im Chemikalienrecht

Den Wirtschaftsakteuren – aber auch den Behörden – kommen durch REACh neue Rollen zu. Bisher lag es an den zuständigen Behörden, die Bedenklichkeit einzelner chemischer Stoffe aufzuzeigen, um sie für bestimmte Anwendungsbereiche verbieten zu können. Mit der neuen Verordnung und der Einführung einer einheitlichen Registrier- und Datenlieferungspflicht für alle chemischen Stoffe wird jedoch ein grundsätzlicher Richtungswechsel in der Regulierung vorgenommen: Unter dem Stichwort ‚Beweislastumkehr' liegt die Verantwortung für die Prüfung und Bewertung von Chemikalien künftig bei den Stoffproduzenten und –importeuren. Diese haben sicherzustellen, dass ihre stofflichen Produkte sicher zu handhaben sind und die menschliche Gesundheit oder die Umwelt nicht erheblich nachteilig beeinflussen. Sofern sie anhand von definierten Daten nicht den sicheren Umgang der chemischen Stoffe in all ihren Verwendungszwecken nachweisen können, besteht ein Vermarktungsverbot für die betreffenden Stoffe. Hier gilt das Prinzip ‚no data, no market'. Sinn und Zweck dieser Regelung ist die Betonung des Vorsorgeprinzips. Gleichzeitig sollen die Behörden entlastet werden, die mit ihren Prüfverpflichtungen vielfach überfordert waren. Die neue Verordnung stellt insofern einen Paradigmenwechsel dar (vgl. FÜHR & BIZER 2007:327), als dass nach dem bisherigen Chemikalienrecht alle chemischen Stoffe von Anfang an für jegliche Verwendungszwecke eingesetzt werden durften.

Gemeinsame Verantwortung in der Lieferkette

Der Leitgedanke von REACh ist, den gesamten Lebensweg einer chemischen Substanz zu erfassen und sicher zu gestalten. In diesem Sinne formuliert die REACh-VO eine gemeinsame Verantwortung für die Industrie, die Chemikalien produziert, und für Unternehmen, die Chemikalien verarbeiten. Während bisher nur die Produzenten und Importeure von chemischen Stoffen die komplexen Zulassungsprozesse vornehmen mussten, sollen nun auch alle nachgeschalteten Anwender von Chemikalien in den Prüf-, Registrierungs- und Zulassungsprozess eingebunden werden. Alle Firmen, die mit derselben Chemikalie umgehen, sind dadurch – bildlich gesprochen – wie Kettenglieder miteinander verbunden. Sie tragen eine gemeinsame Verantwortung für die Erfüllung der REACh-Verpflichtungen (BFR 2007).

Der ‚primäre' Stoffverantwortliche (Hersteller oder Importeur) ist in der Regel gut informiert über die in seinem Unternehmen stattfindenden Prozesse, deren Anforderungen und Herstellungsbedingungen. Tatsächlich verfügt er hinsichtlich der nachgeschalteten Prozesse, den dort entstehenden Emissionen und Expositionen nur ungenaue Kenntnisse. Umgekehrt weiß der nachgeschaltete Anwender sehr detailliert über den Einsatzbereich der jeweiligen Stoffe Bescheid, hat aber in der Regel erhebliche Wissensdefizite die stofflichen Wirkungen und Risiken betreffend. Diese beiden bislang voneinander getrennten Wissensbereiche – der Bereich des Stoffherstellers und der Bereich des nachgeschalteten Anwenders – werden künftig durch die sich aus der REACh-Verordnung ergebenden Informationspflichten über die gesamte Lieferkette miteinander kombiniert. So sollen künftig die bestehenden Informationsasymmetrien durch die sich aus der REACh-Verordnung ergebenden Informationspflichten über die gesamte Lieferkette verringert werden.

2.5 Akteure in REACh[5]

2.5.1 Industrie

Neu an REACh ist, dass die Verordnung mögliche Risiken über den gesamten Lebenszyklus eines Stoffs betrachtet (vgl. Kapitel 2.4). Unter diesem erweiterten Blickwinkel werden damit nicht nur die Hersteller einer Chemikalie als Pflichtenträger adressiert, sondern auch die nachgeschalteten Anwender, die sog. downstream user, als ‚sekundär Stoffverantwortliche'. Zur Beantwortung der Frage, welche Pflichten ein Chemikalien herstellendes oder mit Chemikalien umgehendes Unternehmen nach REACh hat, ist daher die gesamte stoffliche Wertschöpfungskette von der Grundchemikalie bis zum Endprodukt zu betrachten. Ein Unternehmen kann durchaus gleichzeitig mehrere Rollen nach REACh einnehmen. So hat ein Formulierer, der einen Stoff aus einem Staat außerhalb der EU-Gemeinschaft importiert, für diesen Stoff die Pflichten eines Importeurs zu erfüllen. Hinsichtlich der daraus von ihm erstellten und vermarkteten Zubereitung treffen ihn aber die Pflichten eines nachgeschalteten Anwenders und/oder Händlers.

2.5.1.1 Hersteller und Importeure

Hersteller und Importeure sind ‚primäre' Stoffverantwortliche. Für Hersteller gilt das deswegen, weil sie als Stoffproduzenten ‚Urheber' stofflicher Gefahren sind und damit die größte Problemnähe aufweisen; für Importeure, weil sie stoffliche Gefahren von außerhalb in die Gemeinschaft transferieren.

[5] Dieses Unterkapitel ist in Teilen der Veröffentlichung von INGEROWSKI, KÖLSCH & TSCHOCHOHEI (2008a/b, 2009) „Anspruchsgruppen in der neuen europäischen Chemikalienregulierung" gekürzt entnommen und kann in dieser nachgelesen werden.

Beide haben nach REACh ein umfangreiches Pflichtenbündel, bestehend aus Informations-, Beweis-, Mitwirkungs- und Kooperationspflichten.

Hauptpflicht nach REACh ist die Registrierung chemischer Stoffe durch die Verantwortlichen. Sie haben die vermarkteten Stoffe der EChA zu melden und gestaffelt nach der Jahresmenge ihrer Produktion stufenweise umfänglichere Datensätze zu diesen Stoffen zu liefern. Für die übermittelten Stoffinformationen besteht eine laufende Aktualisierungspflicht (Art. 31 REACH-VO 2006). Bei SVHC-Stoffen wird darüber hinaus eine Zulassung für das Inverkehrbringen und die Verwendung verlangt. Hersteller haben darzulegen, dass für sämtliche zur Zulassung beantragten Verwendungszwecke der Umgang mit diesen Stoffen angemessen zu beherrschen ist oder – falls dies nicht gewährleistet werden kann – der sozio-ökonomische Vorteil ihrer Verwendung die mit ihnen verbundenen Umwelt- und Gesundheitsrisiken überwiegt (Art. 60, 2 & 4 REACH-VO 2006).

Darüber hinaus muss sich der Hersteller und Importeur Gedanken über den Lebensweg seiner Produkte machen: Sie haben die sicheren Anwendungsbedingungen eines Stoffes für seinen gesamten Lebenszyklus zu identifizieren und dann entlang der Wertschöpfungskette an die nachgeschalteten Anwender zu kommunizieren (zu den einzelnen Informationspflichten und den Informationsmedien vgl. FLUCK 2007:62f.).

2.5.1.2 Nachgeschaltete Anwender

Auch nachgeschaltete Anwender, d.h. industrielle oder gewerbliche Verwender eines Stoffes, nicht jedoch Händler oder Verbraucher (Art. 3 Nr. 13 REACH-VO 2006), werden durch REACh mit zahlreichen mit den Vorgaben für Hersteller bzw. Importeure vergleichbaren, Pflichten belegt. Daher sind sie auch als ‚sekundär Stoffverantwortliche' qualifiziert. Sie sind verpflichtet, die Risikomanagementvorgaben ihrer Lieferanten umzusetzen, die sich aus den über die Stofflieferkette übermittelten Sicherheitsinformationen ergeben. Dadurch werden die Verantwortungsbereiche der einzelnen Akteure in der Wertschöpfungskette abgegrenzt (vgl. FÜHR 2007:319).

Daneben üben die nachgeschalteten Anwender eine Kontrollfunktion gegenüber ihren Lieferanten aus. Sollten relevante Verwendungen durch den Hersteller/Importeur nicht registriert worden sein, so haben die nachgeschalteten Anwender auf eine nachträgliche Berücksichtigung hinzuweisen. Sofern der Lieferant dies ablehnt, z.B. weil ein Hersteller zu dem Schluss kommt, eine Anwendung sei nicht sicher und er könne sie daher nicht freigeben, trifft den nachgeschalteten Anwender selbst eine Registrierungspflicht für diese Stoffanwendung (Art. 37 REACH-VO 2006). Darüber hinaus werden sie in die Pflicht genommen, neue stoffrelevante Erkenntnisse gegenüber ihren Lieferanten zu kommunizieren. Wenn sie also neue gefährliche Eigenschaften einer Substanz erkennen oder Zweifel an den Sicherheitsempfehlungen des durch ihren Lieferanten übermittelten Sicherheitsdatenblatts haben, sind diese dem jeweils vorgeschalteten Akteur der Lieferkette mitzuteilen, der diese wiederum nach oben in die Lieferkette weiterzureichen hat (Art. 34 REACH-VO 2006). Entsprechendes gilt bei abweichender Einschätzung hinsichtlich der Einstufung eines Stoffes in die Gefahrenklassen der Gefahrstoffrichtlinie. Hier hat eine Meldung an die EChA zu erfolgen (Art. 38 REACH-VO 2006).

2.5.1.3 Händler

Händler sind solche Personen, die einen Stoff nicht weiter ver- oder bearbeiten, sondern ihn lagern und an Dritte in den Verkehr bringen (Art. 2, 14 REACH-VO 2006). Erfasst werden durch den Begriff nicht nur Großhändler, sondern auch Einzelhändler wie z.B. Heimwerkermärkte.

Händler sind nicht unter dem Begriff ‚nachgeschaltete Anwender' erfasst und werden entsprechend nicht mit deren Pflichten belegt. Damit trifft die Händler keine Registrierungspflicht, jedoch die Aufgabe die Registrierung eines Stoffes durch die Bereitstellung entsprechender Informationen zu unterstützen (Art. 37, 1 REACH-VO 2006). Neben dieser Mitwirkungspflicht bei der Datenvervollständigung müssen Händler innerhalb der Stofflieferkette Informationen weitergeben. Sie haben selbst kein stoffliches Wissen zu generieren oder aufzubereiten, werden jedoch durch REACh als ‚Transporteure' für Informationen durch Dritte adressiert (Art. 34, Art. 37, 3 REACH-VO 2006).

2.5.2 Behörden

2.5.2.1 Europäische Agentur für chemische Stoffe (EChA)

Durch die REACh-VO wurde eine europäische Chemikalienagentur geschaffen (Art. 75 REACH-VO 2006). Durch sie sollen die mit der REACh-Verordnung verbundenen technischen, wissenschaftlichen und administrativen Vorgaben umgesetzt und eine einheitliche Ausführung des europäischen Chemikalienrechts gewährleistet werden. Die EChA funktioniert als Informationssammelstelle für die im Rahmen des Registrierungsprozesses eingereichten Stoffinformationen. Sie prüft, ob die eingereichten Registrierungsdossiers vollständig und plausibel sind (Art. 41; Art. 20, 2 REACH-VO 2006). Die sich daran anschließende Stoffbewertung ist ebenfalls bei der Chemikalienagentur angesiedelt. Die EChA koordiniert den Bewertungsprozess, wobei sie sich der mitgliedstaatlichen Behörden bedienen kann (Art. 45 REACH-VO 2006). Der sich möglicherweise anschließende Zulassungsschritt eines Stoffes verläuft ebenfalls unter Federführung der EChA (Art. 55 ff. REACH-VO 2006). Sie wird allerdings nur koordinierend bzw. wissenschaftlich beratend im Rahmen der zuständigen Ausschüsse tätig. In der EChA gibt es zwei Ausschüsse, den Ausschuss für Risikobeurteilung (committee for risk assessment, RAC) und den Ausschuss für sozioökonomische Analyse (socio-economic analysis committee; SEAC). Die RAC nimmt Stellung zu Bewertungen, Zulassungsanträgen, Vorschlägen für Beschränkungen sowie für Einstufung und Kennzeichnung. Die SEAC übernimmt die Aufgabe, Stellungnahmen zu Zulassungsanträgen, Vorschlägen für Beschränkungen und Fragen in Bezug auf die sozioökonomischen Auswirkungen möglicher Rechtsvorschriften zu erarbeiten.

2.5.2.2 Europäische Kommission

Die EU-Kommission ist dafür zuständig, das REACh-System zu implementieren und für alle Akteure praktikabel zu gestalten. Zu diesem Zweck wurde eine ‚Interimstategie' erstellt, mit deren Hilfe die praktischen Aktivitäten zur Umsetzung der REACh-Verordnung vorbereitet werden. In diesem Rahmen wurden beispielsweise Planspiele zur Prüfung der einzelnen Elemente des REACh-Systems in der Praxis durchgeführt (vgl. SPORT 2005).

Innerhalb der REACh-VO hat die EU-Kommission die gesetzgebende Gewalt die bindenden politischen Entscheidungen zu treffen, so z.B. über die Zulassung- oder Nichtzulassung von SVHC-Stoffen (Art. 60, 1 REACH-VO 2006). Auch an den vorbereitenden Schritten wie z.B. der Stoffbewertung, ist die EU-Kommission beteiligt. Hier besitzt sie bei divergierenden Ansichten bei einer Stoffbewertung zwischen der an sich federführenden Chemikalienagentur und den sie unterstützenden Mitgliedstaaten eine Letztentscheidungskompetenz (Art. 45 REACH-VO 2006). Sie übernimmt damit eine politische ‚Wächterfunktion' im Rahmen des REACh-Systems.

2.5.2.3 Zuständige Behörden der Mitgliedsstaaten

Auch die Mitgliedsstaaten haben Pflichten in der REACh-VO, wenn auch in deutlich geringerem Maße gegenüber der alten Verordnung. Die Mitgliedsstaaten unterstützen die Unternehmen bei der Implementierung von REACh durch die Helpdesks und informieren die breite Öffentlichkeit über Chemikalienrisiken (Art. 123 REACH-VO 2006). Daneben besteht die Hauptaufgabe darin, die Durchsetzung der REACh-Verordnung zu gewährleisten. Dazu haben die Mitgliedsstaaten ein System amtlicher Kontrollen zu unterhalten, Sanktionsmechanismen zu beschließen und entsprechende Maßnahmen zu treffen (Art. 125 f. REACH-VO 2006). Darüber hinaus werden die Mitgliedsstaaten in die REACh-Verfahren und -Instrumentarien eingebunden. Außerdem sind die Mitgliedsstaaten durch Mitwirkung in den bei der EChA angesiedelten Ausschüssen am Zulassungsverfahren – dem Kern des neuen REACh-Systems – beteiligt.

2.5.3 Dritte

Als Dritte gelten in der REACh-Verordnung alle privaten und öffentlichen Organisationen, wie Privatpersonen, NROs, Unternehmen oder Drittländer. Dritte haben in der REACh-Verordnung keine Pflichten, aber bestimmte Rechte. Dritte können Informationen oder Kommentare zu Stoffen im Rahmen der Registrierung und Bewertung, der Zulassung oder der Beschränkung einreichen. So kann beispielsweise ein Verbraucher die Zulassung eines Stoffes kommentieren und seine damit verbundene Betroffenheit zeigen (REACH GUIDANCE 2009).

2.6 Stellungnahmen zu REACh

Der Dialog während des REACh-Etablierungsprozesses wurde zwischen Behörden, Politikern, Industrie, Verbänden, NROs und vielen Anderen äußerst kontrovers geführt. Im Folgenden wird ein breites Meinungsspektrum zur verabschiedeten REACh-Verordnung wiedergegeben. Die Stellungnahmen spiegeln die besondere Aktualität dieser Dissertation wider.

Umweltbundesamt

Das Umweltbundesamt (UBA) ist die zentrale Umweltbehörde von Deutschland und repräsentiert damit unter anderem die Interessen als Mitgliedsstaat der EU. Das UBA äußert sich auf seiner Internetseite wenig kritisch gegenüber der REACh-Verordnung. Vielmehr begrüßt das UBA verschiedene Aspekte besonders. So wird befürwortet, dass alle CMR-Stoffe nach sieben Jahren daraufhin überprüft werden müssen, ob die Verpflichtung zur Durchführung einer Stoffsicherheitsbeurteilung besteht. Außerdem wird die Substitutionspflicht für SVHC-Substanzen unterstützt, insbesondere, dass auch andere als CMR, PBT, vBvP-Stoffe- darunter fallen. Ferner wird positiv hervorgehoben, dass es nun eine Informationspflicht innerhalb der Lieferkette gibt. Und auch gegenüber dem Verbraucher (UBA 2009).

Verband der chemischen Industrie

Der Verband der chemischen Industrie e.V. (VCI), vertritt die wirtschaftspolitischen Interessen von 1.600 deutschen Chemieunternehmen gegenüber Politik, Behörden, anderen Bereichen der Wirtschaft, der Wissenschaft und den Medien. Diese Äußerungen stehen damit nach eigenen Angaben für mehr als 90 Prozent der deutschen Chemieindustrie (VCI 2009). Der VCI nimmt eine differenzierte Stellung zu verschiedenen Punkten der REACh-Verordnung ein. Insgesamt kommt der VCI zu dem Schluss, dass „die Umsetzung der REACh-Anforderungen die [Chemie-] Branche vor eine der größten Herausforderungen der letzten Jahrzehnte [stellt]" (vgl. VCI 2007:2). Als Beispiele werden die zusätzlichen Tests und die Erstellung der wahrscheinlich über 80.000 Registrierungsdossiers in den kommenden Jahren aufgeführt, die nach Angaben des VCIs mit Kosten von mehr als zwei Milliarden Euro verbunden sein werden. Aufgrund dessen, dass die Gewinnmargen bei vielen Chemikalien bereits gering sind, prognostiziert der VCI, dass diese zusätzlichen Kosten nicht aufgebracht werden können. Circa fünf bis zehn Prozent der Stoffe sollen dann nicht mehr in Europa produziert und vermarktet werden können (VCI 2007:3). In einigen Punkten sieht der VCI auch das Zulassungsverfahren als kritisch an. Als problematisch führt der Verband die ‚erhebliche Rechtsunsicherheit' bei den ähnlich besorgniserregenden Stoffen an. Die Gefahr bei dem Zulassungsverfahren liegt nach Ansicht des VCIs darin, dass das Verfahren nicht von einer wissenschaftlich fundierten Abwägung der Risiken bestimmt wird, sondern von politischen Diskussionen (VCI 2007:12f.). Als besonders positiv hingegen bewertet der VCI, dass es nun eine EU-Verordnung gibt, die unmittelbar und ohne nationale Umsetzung in allen Mitgliedsstaaten gültig ist und durch die EChA einheitlich in Europa umgesetzt wird. Dadurch werden gleiche Wettbewerbsbedingungen in Europa garantiert und eine „deutlich verbesserte Harmonisierung des europäischen Chemikalienrechts" erreicht (VCI 2007:4). Nichtsdestotrotz gerät nach Ansicht des VCIs die internationale Wettbewerbsfähigkeit der europäischen Chemieindustrie mit REACh noch stärker unter Druck. (VCI 2006:1)

Nichtregierungsorganisationen

BUND, Greenpeace und Women in Europe for a Common Future (WECF) kritisieren REACh in einer Presseerklärung vom 13.12.2006 als zu schwach (vgl. RICHTER 2006). Die NROs sehen sich in diesem Fall als Interessenvertretung der Verbraucher. Nach Ansicht der NRO ist das höchste Ziel von REACh, nämlich Mensch und Umwelt vor schädlichen Chemikalien zu schützen, nur unzureichend durch die Gesetzesvorgaben gesichert, da nach wie vor „gesundheitsschädliche Chemikalien in vielen Konsumprodukten eingesetzt werden, auch wenn es [bereits] sichere Alternativen gibt" (RICHTER 2006). Auch fehlt der Anreiz für die Industrie, Geld in die Entwicklung sicherer Alternativen zu investieren, solange giftige Chemikalien weiter vermarktet werden dürfen, sei es nur unter dem Deckmantel der ‚angemessenen Kontrollierbarkeit' von ‚Risiko-Chemikalien'. Positiv bewerten die NRO die Regelungen für die Substitution von nicht abbaubaren und sich im menschlichen Körper anreichernden Stoffe. Und die Tatsache, dass Verbraucher nun Informationen über besonders gefährliche Chemikalien verlangen können. Insgesamt kritisieren die Verbände die deutsche Industrie und die Bundesregierung „aus dem Löwen REACh ein zahmes Kätzchen" gemacht zu haben (vgl. RICHTER 2006).

Öffentlichkeit

Auch das Magazin ‚DER SPIEGEL' nimmt eine eindeutige Stellung zum verabschiedeten Chemikaliengesetz REACh ein. Im Artikel „Lobbyismus in der EU. Kapitulation im Kampf gegen die Krebserreger" beschreibt NILS KLAWITTER (28. Januar 2007) REACh als das eigentliche ‚Sicherheitsrisiko'. Dies begründet er damit, dass zwar der „Verbraucher vor Tausenden Giften" geschützt werden sollte, tatsächlich dieses Gesetzesvorhaben durch die Industrie ‚weichgekocht' wurde (KLAWITTER 2007; vgl. auch PSOTTA & ROTH 2007). Er beschreibt es als „Lehrstück für Lobbyisten". KLAWITTER gibt einschränkend zu, dass bei einem Vergleich der Chemikaliensicherheit Stand 2007 mit der Situation vor acht Jahren ein Fortschritt zu erkennen ist, dennoch gibt er zu bedenken, dass ‚Hochrisikostoffe' hoffähig bleiben. Er führt als ein Beispiel Weichmacher an, die auch schon bislang kontrolliert werden mussten und dann trotzdem in Babyspielzeug auftauchten. Damit kritisiert er deutlich die Wirktiefe der Zulassungspflicht von SVHC-Substanzen. Selbst wenn ein gefährlicher Stoff nicht adäquat kontrollierbar ist, so KLAWITTER, hat er Zukunft: Und zwar dann, wenn sein gesellschaftlich-ökonomischer Nutzen das Gesundheitsrisiko übersteigt und keine Alternative vorhanden ist. „So sieht sie aus, die vermeintliche Revolution zum Schutz von Mensch und Umwelt." (KLAWITTER 2007).

Tierschutzverband

Durch REACh wird die Unterscheidung zwischen Alt- und Neustoffen aufgehoben (vgl. Kapitel 2.3). Hierfür wird es nach REACh notwendig, dass die Altstoffe, für die es nicht notwendig war toxikologische Tierversuche durchzuführen, neu zu überprüfen. Im Vorfeld von REACh wurde angekündigt, dass in den kommenden zwölf Jahren zehntausende Altchemikalien in Tierversuchen nachgetestet werden sollen. Offizielle Schätzungen gingen von rund zehn bis fünfundvierzig Millionen Versuchstieren aus (TIERSCHUTZBUND 2009).

Der Deutsche Tierschutzverband e.V. erklärt zu REACh, dass es zwar gelungen ist, „viele ursprünglich geplante Tierversuche zu verhindern und wichtige Maßgaben zur Förderung tierversuchsfreier Verfahren in der neuen Gesetzgebung zu verankern." Aber der Verband gibt zu bedenken, dass nicht alle Tierversuche durch bereits verfügbare tierversuchsfreie Verfahren ersetzt wurden. Aus diesem Grund schlägt der Verband vor, dass ein konkretes Verfahren zur fortlaufenden Anerkennung neuer tierversuchsfreier Prüfmethoden wie beispielsweise Computermodelle und Zellkulturverfahren festgesetzt wird. (TIERSCHUTZBUND 2009).

3 Sozioökonomische Analyse unter REACh

Der bis zum Inkrafttreten der Chemikalienverordnung REACh geltende ordnungsrechtlich geprägte Ansatz der Gefahrstoffkontrolle wurde zuletzt mehr und mehr in Frage gestellt. Alternativ wurden Entscheidungsmodelle gefordert, die über die bloße Ermittlung des Risikopotenzials eines Stoffes und einer daran anknüpfenden Regulierungsentscheidung hinausgehen. Im Mittelpunkt der Diskussion standen Kosten-Nutzen-Abwägungen, die als Hilfswerkzeuge für einen rationaleren Entscheidungsprozess gesehen werden (vgl. „mehr Rationalität im Entscheidungsprozess“ in HANSJÜRGENS 2000:147). Teil dieser Diskussion um eine effektivere Gestaltung der Chemikalienkontrolle war eine Initiative der Organisation für wirtschaftliche Zusammenarbeit und Entwicklung (OECD) zur Einbeziehung ‚soziökonomischer Abwägungen' in das Chemikalienrecht (vgl. OECD 1999a/b, 2000b, 2002). Dieser Initiative folgte eine ausgiebige Diskussion innerhalb der Europäischen Union über die Öffnung des bestehenden Gefahrstoffregimes für ökonomische Steuerungsinstrumente, vor allem angestoßen durch ein Arbeitspapier der Generaldirektion III der Europäischen Kommission (vgl. EUROPÄISCHE KOMMISSION / GD III 1998). Ihrem Vorschlag nach sollten im Rahmen von solchen Entscheidungen künftig nicht mehr isoliert die Vor- und Nachteile eines Stoffes, sondern umfassender die Vor- und Nachteile der beabsichtigten Regulierung und möglicher Substitute des jeweiligen Stoffes sein. Hierzu betont das Arbeitspapier, dass selbst durch Stoffverbote selten ein Null-Risiko erreicht wird und daher das verbleibende Risiko mit berücksichtigt werden sollte. (vgl. INGERWOSKI, KÖLSCH & TSCHOCHOHEI 2008)

3.1 Notwendigkeit einer SEA unter REACh

3.1.1 SEA im Beschränkungsverfahren (Restriction)

Ein Stoff wird beschränkt, wenn die Herstellung, die Verwendung oder das Inverkehrbringen ein unannehmbares Risiko für die menschliche Gesundheit oder die Umwelt mit sich bringt. Solche Stoffe werden im Anhang XVII der REACh-VO gelistet. Bei einer Entscheidung über die Beschränkung eines Stoffes werden sozioökonomische Auswirkungen der Verwendung des Stoffes und mögliche Alternativen berücksichtigt. (Art. 68, 1 REACH-VO 2006).

Eine Beschränkung kann von zwei Gruppen ausgehen: den Mitgliedsstaaten oder der EU-Kommission (vgl. Abb. 03).

Ist die EU-Kommission der Auffassung, dass ein Stoff nicht adäquat kontrolliert wird, so kann diese die EChA auffordern, ein Dossier zu erstellen (Art. 69, 1 REACH-VO 2006). Ist die EChA ebenfalls dieser Meinung, so arbeitet sie ein Dossier aus. Hier kann eine SEA enthalten sein. Zeigt das Dossier, dass EU-weit gehandelt werden muss, folgen seitens der EChA Vorschläge für Beschränkungen um das Beschränkungsverfahren einzuleiten.

Birgt nach Auffassung eines Mitgliedstaates ein Stoff ein nicht adäquates Risiko, so teilt das entsprechende Organ des Mitgliedsstaates ebenfalls der EChA mit, dass es ein Dossier zu erstellen beabsichtigt (Art. 69, 4 REACH-VO 2006). Auch hier kann eine SEA enthalten sein. Wird der Stoff nicht durch eine andere Partei bearbeitet, so arbeitet der Mitgliedstaat innerhalb von zwölf Monaten nach der Mitteilung an die EChA ein Dossier aus. Das Dossier wird dann zur Einleitung des Beschränkungsverfahrens verwendet.

Anschließend prüfen die RAC und die SEAC das vorgelegte Dossier auf die geltenden Anforderungen. Währenddessen veröffentlicht die EChA die Absicht der EU-Kommission oder eines Mitgliedstaates, ein Beschränkungsverfahren für einen Stoff einzuleiten. Außerdem unterrichtet die EChA diejenigen, die für diesen Stoff ein Registrierungsdossier eingereicht haben (Art. 69, 4 REACH-VO 2006).

Die EChA veröffentlicht auf ihrer Website alle Dossiers sowie die vorgeschlagenen Beschränkungen. Die EChA fordert alle interessierten Kreise auf, einzeln oder gemeinsam, aber innerhalb von sechs Monaten nach Zeitpunkt der Veröffentlichung, sich zu den Dossiers und den vorgeschlagenen Beschränkungen zu äußern. Teil des Kommentars kann eine SEA sein. Diese kann die Vor- und Nachteile der vorgeschlagenen Beschränkungen untersuchen oder sozioökonomische Informationen übermitteln. (Art. 69, 6 REACH-VO 2006)

Die RAC gibt parallel dazu, eine Stellungnahme ab, ob die vorgeschlagene Beschränkung zur Verringerung des Risikos für die menschliche Gesundheit und für die Umwelt geeignet ist (Art. 70 REACH-VO 2006).

Innerhalb von zwölf Monaten nach dem Zeitpunkt der Veröffentlichung gibt die SEAC eine Beurteilung zu den vorgeschlagenen Beschränkungen ab (Art. 71, 1 REACH-VO 2006). Die EChA fordert interessierte Kreise dazu auf, sich spätestens 60 Tage nach der Veröffentlichung zum Entwurf zu äußern. Die SEAC berücksichtigt weitere fristgerecht eingegangene Äußerungen und passt gegebenenfalls den Entwurf der Stellungnahme an.

Die EChA übermittelt der EU-Kommission die Stellungnahmen des RACs und SEACs zu den Beschränkungen (Art. 72 REACH-VO 2006). Beide Stellungnahmen werden auf der Website veröffentlicht.

Die EU-Kommission entscheidet innerhalb von drei Monaten nach Erhalt der Stellungnahme der SEAC über eine Änderung des Anhangs XVII (Art. 73 REACH-VO 2006).

Eine SEA kann also zu zwei Zeitpunkten während des Beschränkungsverfahrens eingereicht werden. Erstens beim Vorschlag einer Beschränkung innerhalb des Dossiers seitens der Mitgliedsstaaten oder der EChA, zweitens seitens interessierter Kreise bei der Kommentierung des eingereichten Dossiers.

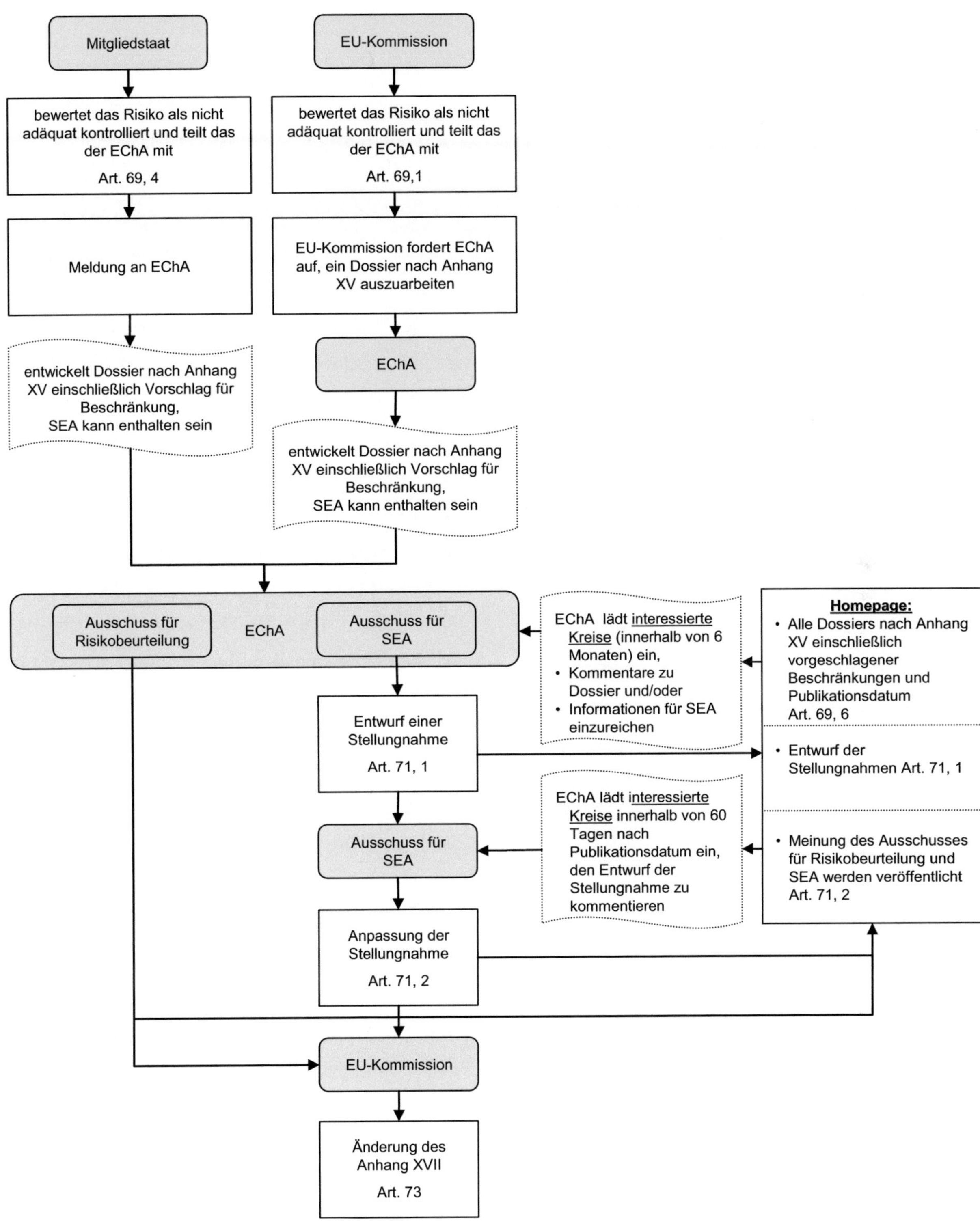

Abb. 03: Vereinfachtes Ablaufdiagramm des Beschränkungsverfahrens (aus ENTEC 2007b:36)

3.1.2 SEA im Zulassungsverfahren (Autorisierung)

In einem Zulassungsverfahren unter REACh gibt es zwei Routen einer Antragstellung: Zum einen die sozioökonomische (rechter Zweig der Abb. 04), zum anderen die adäquat kontrollierbare Route (linker Zweig der Abb. 04) (ENTEC 2007a:17). Antragsteller ist für die Zulassung immer ein Hersteller, Importeur, ein nachgeschalteter Anwender oder Händler.

Voraussetzung für die sozioökonomische Route (rechter Zweig der Abb. 04) ist, dass keine adäquate Kontrolle der im Anhang XIV gelisteten Substanz im Chemikaliensicherheitsbericht gezeigt werden konnte. Eine Zulassung kann in diesem Fall nur dann bewirkt werden, wenn für diese Anwendung keine geeigneten Alternativen vorliegen und die sozioökonomischen Vorteile die Risiken für die Gesundheit und die Umwelt aufwiegen. In diesem Fall wird eine SEA unerlässlich und ist verpflichtender Teil des Zulassungsantrages (Art. 60, 3 und 60, 4 REACH-VO 2006) (ENTEC 2007a:17). In der Praxis wird die sozioökonomische Route für die Zulassung von Stoffen im Anhang XIV wie beispielsweise PBT, vPvB und CMRs gelten, da diese nach der REACh Verordnung per se nicht adäquat kontrollierbar sind (ENTEC 2007a:17).

Sobald eine Substanz aus dem Anhang XIV für die beantragte Anwendung im entsprechenden Chemikaliensicherheitsbericht adäquate Kontrollierbarkeit darlegen kann, handelt es sich um die adäquat kontrollierbare Route. Einer Zulassung wird dann stattgegeben, wenn entweder keine Alternativen zu der Substanz aus Anhang XIV bestehen oder es Alternativen gibt, für die ein Substitutionsplan bereitgestellt wird. (ENTEC 2007a:18). Eingesetzt wird diese Route also zum einen für Substanzen des Anhang XIV, wie CMR Stoffe, die einen Grenzwert (z.B. DNEL, derived no effect level) haben und zum anderen für ähnlich bedenkliche Stoffe, die einen Grenzwert haben und für die eine Kontrolle der Risiken unter diesem Wert in den Expositionsszenarien gezeigt werden kann. Gibt es geeignete Alternativen zu der Substanz, ist der Antragsteller dazu verpflichtet, einen Substitutionsplan vorzubereiten und vorzulegen. Der Substitutionsplan gibt ausführlich die Details zu der Umstellung einer Alternative wieder. Eine SEA ist in der adäquat kontrollierbaren Route nicht zwingend erforderlich. Sie kann aber einem Zulassungsantrag beigefügt werden, um zu zeigen, dass keine geeigneten Alternativen verfügbar sind oder den Substitutionsplan zu unterstützen (ENTEC 2007a:18).

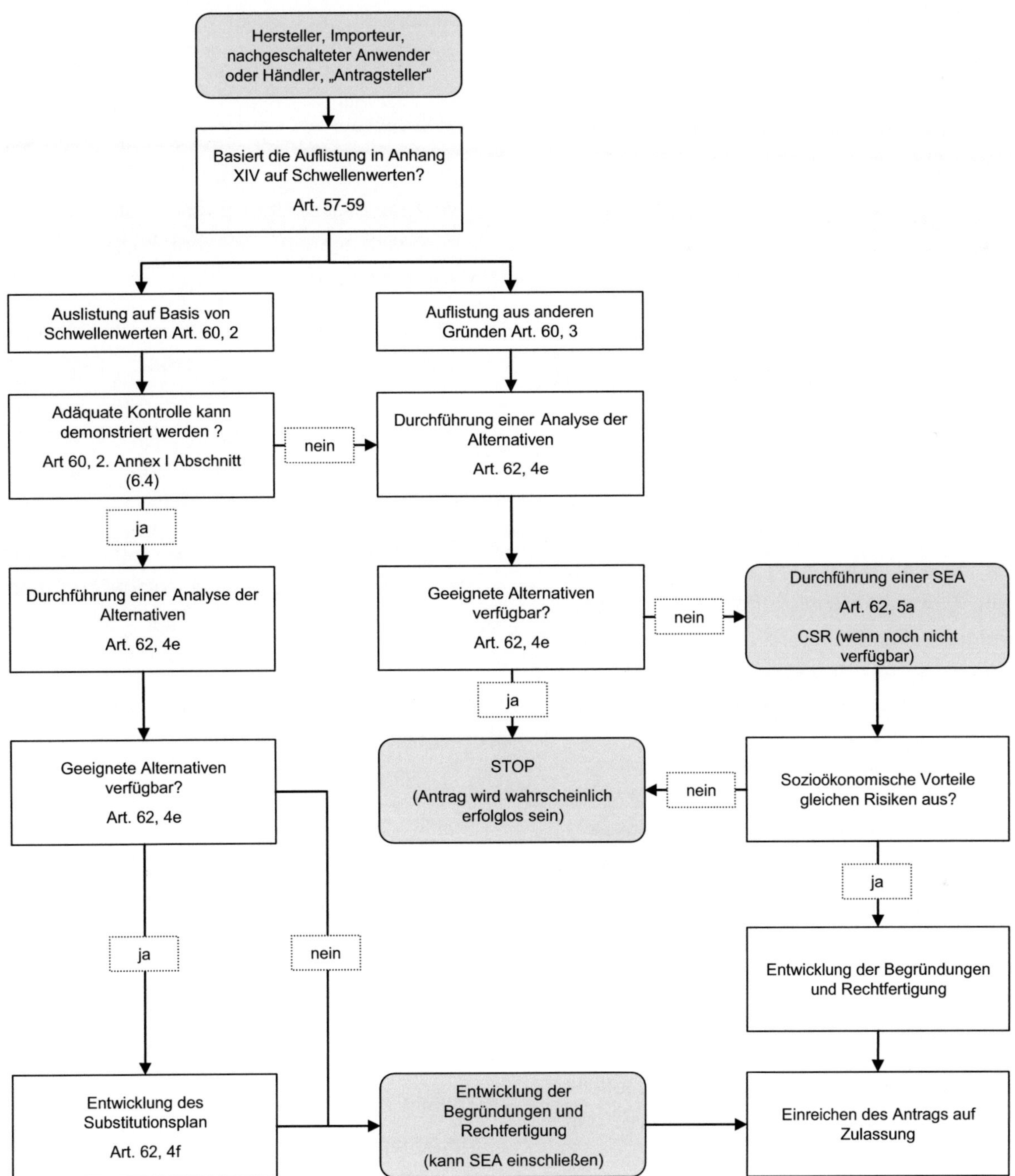

Abb. 04: Vereinfachtes Ablaufdiagramm des Zulassungsverfahrens (nach ENTEC 2007a:37)

3.2 Anforderungen an eine SEA nach Anhang XVI der REACh-VO

Der Anhang XVI der REACH-VO „enthält Informationen, auf die zurückgegriffen werden kann, wenn [...] eine sozioökonomische Analyse eingereicht wird" (REACH-VO 2006:393). Der Umfang bzw. der Detaillierungsgrad einer SEA bzw. Beiträge für eine liegen in der Verantwortung des Beantragenden oder der interessierten Partei. Folgende Elemente kann eine SEA beinhalten:

- Auswirkungen auf den Antragsteller, die Industrie sowie alle übrigen Akteure der Lieferkette, nachgeschaltete Anwender und mit diesen verbundene Betriebe in Form von wirtschaftlichen Folgen. Genannt werden Auswirkungen auf Investitionen, Forschung & Entwicklung, Innovationen, einmalige Kosten und Betriebskosten (z.B. Einführung neuer Technologien).
- Folgen für den Verbraucher, beispielsweise durch steigende Produktpreise, Änderungen der Zusammensetzung, Qualität oder Leistung eines Produkts, Verfügbarkeit der Produkte, Auswahlmöglichkeiten. Aber auch Auswirkungen eines Produktes auf die menschliche Gesundheit und die Umwelt.
- Auswirkungen auf die gesamte Gesellschaft, z.B. hinsichtlich der Sicherheit der Arbeitsplätze und der Beschäftigung.
- Verfügbarkeit, Eignung und technische Durchführbarkeit alternativer Substanzen oder Verfahren und deren Folgen, sowie Informationen über die Geschwindigkeit des Technologischen Wandels und das diesbezügliche Potenzial in den betroffenen Wirtschaftszweigen.
- Auswirkungen auf den Handel, den Wettbewerb und die wirtschaftliche Entwicklung (insbesondere für kleine und mittelständische Unternehmen und in Bezug auf Drittländer) unter Berücksichtigung lokaler, regionaler, nationaler und internationaler Aspekte.
- Im Falle einer vorgeschlagenen Beschränkung sind Maßnahmen (inklusive der Wirksamkeit und der Kosten) vorzuschlagen, mit denen das Ziel der vorgeschlagenen Beschränkung erreicht werden könnte.
- Auswirkungen auf die menschliche Gesundheit und die Umwelt sowie der gesellschaftliche und wirtschaftliche Nutzen, z.B. in Bezug auf die Gesundheit der Arbeitnehmer, den Umweltschutz und die Verteilung dieses Nutzens.

Auch andere Auswirkungen können in einer sozioökonomischen Analyse eingeschlossen sein, wenn der Antragsteller oder der Betroffene sie für relevant hält.

3.3 Anforderungen an eine SEA nach der technischen Leitlinie [6]

Die Leitlinie „Guidance on Socio-Economic Analysis – Restriction" und „Guidance on Socio-Economic Analysis – Authorisation" konkretisieren den Anhang XVI der REACh-VO. Insbesondere die Leitlinie zur Zulassung soll Unternehmen Hilfestellung bieten, die Anforderungen an eine SEA innerhalb des REACh Prozesses zu erfüllen. Die Leitlinien umfassen zum einen eine Konkretisierung der Vorgehensweise bei einer SEA und zum anderen Instrumente bzw. Methoden, die bei einer SEA angewendet werden können (vgl. Kapitel 1). Eine Leitlinie ist nicht von

[6] Nachfolgend wird Bezug auf die Technische Leitlinie zur Beschränkung verwiesen. Die Leitlinie für die Zulassung befindet sich noch in der Vorbereitung und es liegt kein abschließendes Dokument vor, siehe http://guidance.echa.europa.eu/03_rdds_web_content/sea_authorisation_en/sea_authorisation_en.pdf?time=1233561744, Stand. 02.03.2010. Ein vorläufige Version der Leitlinie zur Zulassung liegt dem Autor zwar vor, aber im Folgenden wird Bezug auf die Beschreibung bei einer Restriktion verwiesen. Es wird davon ausgegangen, dass die Unterschiede zwischen der Leitlinie für Restriktion und Zulassung nicht elementar sein werden. (Quelle: mündlicher Kommentar von Oliver Warwick ENTEC UK Ltd)

gesetzlicher Natur und ist damit auch nicht bindend. Sie stellt vielmehr den allgemein akzeptierten Standard dar. Dies heißt im Falle der SEA, dass es eine Vielzahl von Möglichkeiten gibt, wie und mit welcher Methode eine SEA erstellt werden kann.

3.3.1 Vorgehen einer SEA

Im Leitfaden zum Vorgehen einer SEA wird ein genereller Rahmen zum Ablauf einer Analyse vorgegeben. Abb. 05 zeigt, wie bei einer sozioökonomischen Analyse prinzipiell vorzugehen ist.

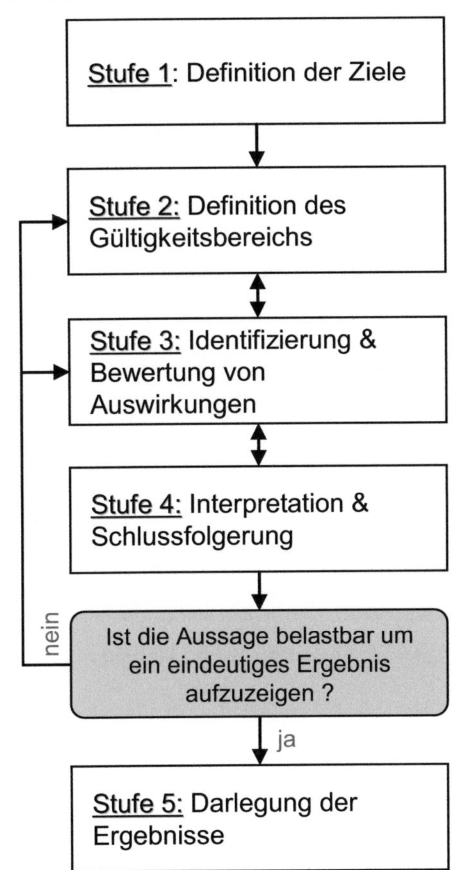

Abb. 05: Vorgehen bei einer SEA nach SEA-Leitlinie (leicht verändert nach EChA 2009:32)

In den ersten beiden Schritten einer SEA werden die Ziele und der Anwendungs- bzw. Gültigkeitsbereich definiert. Im Anschluss daran werden die relevanten Aspekte identifiziert, die Analyse der einzelnen Bereiche durchgeführt und die Ergebnisse werden interpretiert. Abschließend werden die Ergebnisse dargelegt. Die Erstellung einer SEA ist insgesamt ein iterativer Prozess, die im Verlauf der Analyse gemachten Annahmen sollen immer wieder überprüft und ggf. angepasst werden (ECHA 2008a:32).

3.3.2 Definition der Ziele

Der erste Schritt einer SEA definiert die Zielrichtung der Analyse. In der Regel ist das Ziel aber klar. Die Partei, die eine SEA einreicht, will zeigen, dass der Stoff mehr Vor- bzw. Nachteile hat als andere untersuchte Alternativen. Die Leitlinie zur Beschränkung nennt vier verschiedene Zielrichtungen für die Erstellung einer SEA bzw. Teile einer SEA (ECHA 2008a:34):

1. Innerhalb eines Restriktionsvorschlags muss begründet werden, warum die Risiken einer Substanz auf EU-Ebene adressiert werden müssen. Eine SEA kann zeigen, welche weitreichenden (positiven oder auch negativen) Auswirkungen eine Restriktion haben kann.
2. Eine SEA kann zeigen, ob eine vorgeschlagene Restriktion im Vergleich zu anderen Alternativen Vor- bzw. Nachteile aufweist.
3. Ziel der SEA kann auch sein, den Restriktionsvorschlag zu verfeinern, beispielsweise die Zeitachse oder die Konzentration in denen eine Substanz vorliegt.
4. Ziel einer SEA kann sein, die Vorteile einer Substanz für den Menschen und die Umwelt gegen die Kosten zu vergleichen.

Die Definition der Zielrichtung soll von Anfang an transparent darlegen, welchen Zweck eine SEA hat. Beispielweise sollen interessierte Dritte, die eine SEA oder Teile davon einreichen, offenlegen, welche Schritte der Wertschöpfung oder welche Auswirkungen sie genau darlegen und wie diese die Analyse beeinflussen. (ECHA 2008a:33).

3.3.3 Definition des Gültigkeitsbereichs

Im zweiten Schritt, der ‚Definition des Gültigkeitsbereichs' einer SEA, werden sowohl die Grenzen der Analyse, die Definition der untersuchten Stoffe und die zeitlichen wie geographischen Grenzen aufgezeigt (ECHA 2008a:36).

Zunächst wird das sogenannte Basisszenario (baseline scenario, applied for use scenario) bestimmt. Dies ist die Anwendung der Substanz, die in der Zulassung bzw. der Restriktion in Frage gestellt wird und Untersuchungsgegenstand der SEA ist. Das Basisszenario untersucht den betreffenden Stoff bzw. seine Anwendung so, als ob er weiterhin dem Markt zur Verfügung stünde. Dies spiegelt zwar nicht die aktuelle Situation wider, bietet aber die Möglichkeit einer Vergleichsbasis für das Antwortszenario (ECHA 2008a:50).

Das Antwortszenario (proposed restriction scenario, non use scenario) wird als nächstes identifiziert und bildet die möglichen Optionen ab, welche aus einem potenziellen Verbot resultieren würden. Diese können je nach Substanz sehr unterschiedlich sein. Es wird die Frage beantwortet, was passiert, wenn der untersuchte Stoff nicht mehr auf dem Markt wäre. Es sollen verschiedene Möglichkeiten in Betracht gezogen werden. Beispielsweise ob es eine Alternative zum untersuchten Stoff gibt, der diesen ersetzen kann. Es soll auch geprüft werden, ob die Alternative für den Hersteller realisierbar ist. Ein Verlust an Funktionalität oder der Lebensdauer kann aus Sicht des Endnutzers eintreten und muss bei einer solchen Untersuchung ebenfalls mit berücksichtigt werden.

Eine weitere Antwort auf ein Verbot kann sein, dass kein alternativer Stoff vorhanden ist, es aber Alternativen in der Anwendung oder auf der Endproduktebene gibt. Selten tritt der Fall auf, dass es überhaupt keine Alternative zum Stoff oder dem Endprodukt gibt. Aber ggf. muss auch dieser Ausnahmefall als Antwortszenario definiert werden. Auch eine Verlagerung der Produktionsstätte aus der EU sollte als mögliche Antwort berücksichtigt werden. (ECHA 2008a:54) (vgl. hierzu Diskussion in Kapitel 11.2.3)

Ob eine oder mehrere dieser Antworten als Vergleich verwendet werden, sollte in diesem Schritt einer SEA gut begründet und transparent erläutert werden. Gegebenenfalls sollte auch erklärt werden, warum bestimmte Alternativen nicht mit verglichen werden.

Sobald diese beiden Szenarien, das Basis- und Antwortszenario, definiert sind, werden die zeitlichen und geographischen Grenzen gezogen. Bei beiden gilt, dass möglichst alle Änderungen mit in die Analyse einbezogen sein sollten. Beispielsweise sollten Auswirkungen in der Zukunft oder außerhalb der EU berücksichtigt werden. An dieser Stelle sollte auch klar definiert werden, welche Teile der Lieferkette analysiert werden, dies kann sowohl vorgelagerte als auch nachgelagerte Ketten in der Lieferkette beinhalten. (ECHA 2008a:55)

3.3.4 Identifizierung und Bewertung von Auswirkungen

Um die relevanten Auswirkungen einer Restriktion bzw. Zulassung zu identifizieren und zu bewerten, zeigt die Leitlinie, wie eine Auswahl der Kriterien getroffen werden kann. Außerdem listet sie eine Auswahl möglicher Auswirkungen. (ECHA 2008a:61).

Zunächst sollen die relevanten Auswirkungen identifiziert werden. Eine Checkliste ist dafür im Anhang G der Leitlinie zu finden. Prinzipiell wird zunächst eine breite, möglichst vollständige Liste mit denkbaren Auswirkungen erstellt, aus der anschließend nach verschiedenen Aspekten selektiert wird. Der Fokus liegt unter anderem darauf, dass keine Auswirkungen doppelt und möglichst die Unterschiede in den Auswirkungen bewertet werden (ECHA 2008a:63). Anschließend werden für die ausgewählten Aspekte Daten gesammelt. Alle verwendeten Daten sollen transparent dargestellt werden (Quellenangaben etc.), da nur so ein Dritter die Analyse später nachvollziehen kann (ECHA 2008a:98ff).

Die Auswirkungen einer Zulassung bzw. Restriktion umfassen folgende Aspekte (ECHA 2008a:61):

- Auswirkungen auf die menschliche Gesundheit und Umwelt
- Ökonomische Auswirkungen
- Gesellschaftliche Auswirkungen
- Volkswirtschaftliche Auswirkungen

3.3.4.1 Auswirkungen auf die menschliche Gesundheit

Die Auswirkungen auf die menschliche Gesundheit sollen für den Untersuchungsgegenstand immer beleuchten, ob es eine Änderung zwischen den Basis- und dem Antwortszenario gibt. Beispielsweise sollen vermiedene Auswirkungen einer Alternative, wie Emissionen, auf der einen Seite als auch neu entstandenen Emissionen des Antwortszenarios auf der anderen Seite betrachtet werden. Folgende Aspekte können hinsichtlich der Bewertung der menschlichen Gesundheit berücksichtigt werden (ECHA 2008a, Anhang G):

Mögliche Veränderung zwischen dem Basis- und Antwortszenario bezüglich

- Gesundheit der Arbeitnehmer im Umgang mit der Substanz bzw. Substitut (z.B. Änderung der Exposition)
- Gesundheit der Verbraucher im Umgang mit der Substanz bzw. Substituts
- öffentlicher Gesundheit und Sicherheit
- Gesundheit und Sicherheit der Arbeitnehmer durch Änderungen im Prozess
- Gesundheit und Sicherheit der Verbraucher durch Änderungen im Prozess
- Änderungen der Luft-, Boden- oder Wasseremissionen mit Hinblick auf eine Beeinträchtigung der menschlichen Gesundheit oder Änderungen im Verbrauch von Rohmaterialien
- anderer Risiken oder Auswirkungen?

Prinzipiell muss hierfür in einem ersten Schritt geprüft werden, ob es zu Veränderungen in der Produktion, von Importen oder der Nutzung der untersuchten Substanz und deren Alternativen kommt. Dann muss weiterverfolgt werden, ob es dadurch zu Veränderungen der Emissionen kommt, die dann wiederum zu einer Beeinträchtigung der menschlichen Gesundheit führen. Der Einfluss auf die Gesundheit kann am Ende in einem monetarisierten Wert dargestellt werden (vgl. ECHA 2008a:65).

3.3.4.2 Auswirkungen auf die Umwelt

Ebenso wie die Auswirkungen auf die menschliche Gesundheit sollen auch Auswirkungen auf die Umwelt betrachtet werden. Neben

Emissionen aus der Produktion, können auch der Energie- und Rohstoffverbrauch oder der Landverbrauch genauer untersucht werden. Nachfolgende Aspekte werden in der Leitlinie genannt (ECHA 2008a, Anhang G).

Mögliche Veränderung zwischen dem Basis- und Antwortszenario bezüglich

- Luftqualität (z.B. AP, GWP, POCP, ODP)
- Wasserqualität und Ressourcen: Wasserqualität und -quantität
- Bodenqualität
- Erneuerbare und nicht erneuerbare Ressourcen
- Energieverbrauch
- Biodiversität, Flora, Fauna und Landschaft
- Landverbrauch
- Abfall und Abfallbehandlung (z.B. Haus- oder Industriemüll, radioaktiver oder toxischer Müll, wiederverwertbar oder deponierbar)
- Sicherheit (z.B. Feuer, Explosionen, Unfälle,...)
- Tier- und Pflanzengesundheit, Ernährung und Nahrungssicherheit
- anderer Risiken oder Auswirkungen?

3.3.4.3 Ökonomische Auswirkungen

Bei den ökonomischen Auswirkungen sollen die Kosten bzw. Kosteneinsparungen zwischen Basis- und Antwortszenario aufgezeigt werden. Die Kosten für den Produzenten, vor- oder nachgelagerte Nutzer, den Importeur, die Kosten für die Gesellschaft und den Konsumenten werden in Betracht gezogen. Bei den ökonomischen Auswirkungen können sowohl Investitionskosten, aber auch Betriebskosten wie Löhne & Gehälter, Materialkosten etc. aufgeführt werden. Auch können die Unterschiede zwischen Produktionskosten und Verkaufspreis aufgeführt werden. Folgende Liste gibt einen Überblick über mögliche zu berücksichtigende ökonomische Auswirkungen (ECHA 2008a, Anhang G):

Mögliche Veränderung zwischen dem Basis- und Antwortszenario bezüglich

- Betriebskosten (z.B. Personalkosten, Material- und Energiekosten)
- Investitionskosten (z.B. für Anlage und Maschinen, Gebäude oder Infrastruktur)
- Verwaltungskosten
- Kosten durch Nutzung eines Substitut
- Kosten durch veränderte Emissionen oder Rohmaterialnutzung
- Rentabilität
- Absatz und Umsatz
- Trends in Verkauf und Produktion
- Kosten für Innovation und Forschung
- Beschäftigung
- Kosten für Monitoring und Compliance
- Qualitätsveränderung des Endproduktes
- Qualtitäts- und Performanceänderungen bei der Nutzung eines Substituts
- Marktpreis
- anderer Kosten oder Auswirkungen?

3.3.4.4 Gesellschaftliche Auswirkungen

Bei den gesellschaftlichen Auswirkungen sollen insbesondere Veränderungen für die Arbeitnehmer, den Konsumenten und die Öffentlichkeit berücksichtigt werden. Ausgeschlossen hiervon sind die Veränderungen bezüglich der menschlichen Gesundheit, der Umwelt und ökonomische Veränderungen, die in den anderen Kategorien explizit behandelt werden (vgl. Kapitel 3.3.4.1 - 3.3.4.3). Nachfolgend werden die wahrscheinlich wichtigsten Veränderungen für die Gesellschaft, wie zum Beispiel Veränderungen, Beschäftigung oder die Arbeitsbedingungen betreffend, aufgeführt (ECHA 2008a, Anhang G):

Mögliche Veränderung zwischen dem Basis- und Antwortszenario bezüglich

- Beschäftigung in der EU
- Beschäftigung in bestimmten Mitgliedsstaaten
- Beschäftigung außerhalb der EU

- Berufen
- Arbeitsbedingungen (z.B. Anzahl der Arbeitsstunden, Arbeitszufriedenheit, Weiterbildung,...)
- Beschäftigung in vor- und nachgelagerten Branchen
- anderer Risiken oder Auswirkungen?

Des Weiteren lässt die Leitlinie offen, ob auch andere Aspekte berücksichtigt werden. Die Leitlinie verweist an dieser Stelle auf den Leitfaden zur Folgenabschätzung (EU KOM 2005), der einen Fragenkatalog zu sozialen Auswirkungen zur Verfügung stellt. Folgende Themen stehen im Vordergrund:

- Beschäftigung und Arbeitsmarkt
- Standards und Rechte hinsichtlich der Arbeitsstelle und deren Qualität
- Soziale Inklusion und Schutz bestimmter Gruppen
- Gleichbehandlung und Anti-Diskriminierung
- Privat- und Familienleben, Persönliche Daten
- Regierung, Partizipation, gute Verwaltung, Zugang zu Justiz, Medien und Ethik
- Öffentliche Gesundheit und Sicherheit
- Kriminalität, Terrorismus und Sicherheit
- Soziale Sicherung, Gesundheit und Bildungssysteme

3.3.4.5 Volkswirtschaftliche Auswirkungen

Neben den ökonomischen Auswirkungen (vgl. Kapitel 3.3.4.3) sollen auch volkswirtschaftliche Aspekte in einer SEA Berücksichtigung finden (ECHA 2008a:96). Diese sind gemäß der Leitlinie besonders wichtig, wenn die Unterschiede der Kosten zwischen dem Basisszenario und dem Antwortszenario besonders groß sind (ECHA 2008a:6). Die Leitlinie gibt einige Aspekte vor, die auf mögliche weitergehende ökonomische Auswirkungen hinweist. Die folgende Liste fasst diese zusammen (ECHA 2008a, Anhang G). Besondere Beachtung sollen, nach Ansicht der EChA, Aspekte der Wettbewerbsfähigkeit finden (ECHA 2008a:96). Nur wenn diese relevant sind, müssen Veränderungen der Investitionsflüsse oder des internationalen Handels analysiert werden (ECHA 2008a:96 ff.). Mögliche Veränderung zwischen dem Basis- und Antwortszenario bezüglich

- Wettbewerbs innerhalb der EU (z.B. Änderung der Anzahl von Produkten für nachgelagerte Nutzer und Konsumenten)
- Wettbewerbsfähigkeit außerhalb der EU (z.B. Vorteile für Hersteller außerhalb der EU)
- internationalen Handels (z.B. Änderung der Handelsflüsse zwischen EU und nicht-EU Staaten)
- Investitionsflüsse (z.B. Auslagerung von Unternehmen aus der EU)
- Finanzen der EU und der Mitgliedsstaaten (z.B. Veränderung der Staatseinnahmen aus Unternehmenssteuern)
- Beschäftigung (z.B. Änderung der Nachfrage nach Experten, Arbeitplatz-abwanderung)
- anderer Risiken oder Auswirkungen?

3.3.5 Interpretation & Schlussfolgerungen

Der vierte Schritt in der Erstellung einer SEA ist die Interpretation der Ergebnisse und darauf aufbauend das Ziehen von Schlussfolgerungen. Hierin werden die Auswirkungen des Basisszenarios und des Antwortszenarios gegenübergestellt und die Ergebnisse miteinander verglichen. Die Auswirkungen können qualitativ, quantitativ oder als monetarisierter Wert zusammengefasst sein. Außerdem soll überprüft werden, wie sich die Auswirkungen verteilen. So sollen beispielsweise die Auswirkungen innerhalb und außerhalb der EU verglichen werden, entlang der Lieferkette und bezogen auf Mitgliedsstaaten und andere

Regionen. Es soll identifiziert werden, ob eine Region im Vergleich zu anderen durch eine Beschränkung oder Zulassung besonders betroffen ist. Beispielsweise können folgende Fragen beantwortet werden (ECHA 2008a:114):

- Wer hat den größten Vorteil bei einer Beschränkung?
- Welcher Sektor profitiert am meisten von einem Verbot?
- Welche Teile der Umwelt profitieren von einer Zulassung?

Weiterhin soll in diesem vierten Schritt eine Fehleranalyse erstellt werden. Es kann ggf. erforderlich werden, Schritt zwei und drei zu wiederholen. Es handelt sich also um einen iterativen Prozess, der wiederholt werden sollte, bis ein Ergebnis eindeutig bestimmt werden kann. Das Ergebnis sollte ein ganzheitliches Bild über die Veränderung durch eine Beschränkung bzw. Zulassung abgeben.

3.3.6 Darlegung der Ergebnisse

Schritt fünf – Darlegung der Ergebnisse – ist der letzte Schritt im Prozess einer SEA. Ziel ist es, dort die entscheidenden Ergebnisse der SEA zu präsentieren und darzustellen. Um eine einheitliche Form der Berichterstattung zu gewährleisten, befindet sich in der technischen Leitlinie eine Vorlage für eine Gliederung des Berichts (ECHA 2008a: 125). Wert wird insbesondere darauf gelegt, dass Annahmen, Unsicherheiten und Ergebnisse transparent dargestellt werden. Außerdem schlägt die technische Leitlinie eine abschließende Prüfung mit einer Checkliste der SEA vor (vgl. Checkliste in ECHA 2008a:129ff.).

3.4 SEA in der Anwendung

Wie bereits in Kapitel 2.5 dargelegt, möchte sich der REACh Prozess offen gegenüber verschiedenen Stakeholdern gestalten (siehe SPORT 2005). So auch bei der Erstellung einer SEA. Es gab zunächst im RIP 3.9 die Möglichkeit, sich aktiv bei der Gestaltung der technischen Leitlinie zur Restriktion und Zulassung zu beteiligen. Seither gab es verschiedene Workshops zur Anwendung bzw. für einen Austausch zur SEA:

- EU Workshop in Berlin, 12.-13. März 2007: "EU-Workshop on Socio-Economic Analysis under REACh regarding authorisations and restrictions" (UBA 2007)
- EChA-Workshop in Helsinki, 21.-22. Oktober 2008 „Applying socio-economic analysis as part of restriction proposals under REACh " (ECHA 2009)

Verschiedene Punkte wurden in den Workshops diskutiert. Einige dieser Aspekte werden im Folgenden kurz aufgegriffen und beleuchtet:

Auswahl der Alternativen

Im zweiten Schritt einer SEA werden Alternativen zum Basisszenario identifiziert. Wie bereits in Kapitel 3.3.3 aufgeführt, kommen hierfür verschiedene Möglichkeiten in Betracht. Wo aber ist die Grenze zur Definition von Alternativen? (UBA 2007) HBCDD ist beispielsweise eine der gelisteten Substanzen für eine Autorisierung (vgl. ECHA 2008b). HBCDD ist ein Flammschutzmittel, welches in Dämmmaterialien wie EPS (expandiertes Polystyrol) oder XPS (extrudiertes Polystyrol) eingesetzt wird. Dämmmaterialien erfüllen nur mit Flammschutzmittel die gesetzlichen Voraussetzungen, um in Deutschland eingesetzt zu werden.

Als Alternativen für ein mit HBCDD versetztes EPS oder XPS kann beispielsweise für die Außenwanddämmung Mineralwolle in Frage kommen. Dies ist aufgrund seiner Material-eigenschaften nicht brennbar (Euroklasse A1). Neben der genannten Alternative kann man aber auch annehmen, dass ein Haus im Altbau überhaupt nicht gedämmt wird. Ist das eine realistische Alternative? Oder gibt es für HBCDD eine alternative Chemikalie, die als Flammschutzmittel in Frage kommt? Außerdem kann auch die gesetzliche Regelung in Zweifel gewogen werden: Muss das Dämmmaterial selbst überhaupt flammgeschützt sein, oder reicht es aus, dass die Oberfläche eines Hauses nicht brennt? Dieses Beispiel zeigt, dass es sehr viele verschiedene Möglichkeiten gibt, ein Antwortszenario zu definieren. Welches ist das realistischste oder das wahrscheinlichste? Und geht es überhaupt darum, eine möglichst realistische Antwort zu geben oder eher darum, möglichst alle Alternativen zu beleuchten? Besteht nicht auch die Gefahr, dass je nach SEA-Ersteller und Einreicher ein einseitiges Antwortszenario gewählt wird?

Auswahl der Auswirkungen

In einer SEA sollen zunächst die Auswirkungen eines Verbots möglichst breit überprüft werden. In einem nachfolgenden Schritt soll der Fokus jedoch auf die relevanten Auswirkungen gerichtet werden. Was sind relevante Auswirkungen und aus wessen Perspektive sind sie relevant (UBA 2007)? Stellt man sich beispielsweise vor, dass bei einer Autorisierung eine Substanz nicht mehr produziert werden soll, so verlieren vielleicht zehn Arbeitnehmer entlang der Lieferkette ihre Arbeitsstelle. Aus Sicht der Betroffenen handelt es sich definitiv um eine wichtige Auswirkung, aus Sicht der Gesellschaft ist diese Auswirkung jedoch möglicherweise vernachlässigbar. Wann ist eine Auswirkung also relevant?

Bewertung der Auswirkungen

Bei einer zu bewertenden Substanz in einer SEA handelt es sich immer um eine sehr kritische Substanz. Dies ist eine Voraussetzung, um überhaupt in den Prozess der Zulassung oder der Restriktion zu kommen. Wie wichtig sind die o.g. zehn Arbeitsplätze im Vergleich zu einer toxischen CMR-Emission von einem Kilogramm?

Es gibt eine Vielzahl an Methoden, Gesundheitsaspekte zu bewerten. Diese sind jedoch sehr subjektiv (UBA 2007). Auch bei einer Monetarisierung stellt sich die Frage, wie sich der Nutzen einer Substanz allumfassend bilanzieren lässt, damit dieser den tatsächlichen Kosten (Umwelt- und Gesundheitskosten) gegenübergestellt werden kann.

Dies sind nur einige Aspekte, die bei den oben genannten Workshops diskutiert wurden. Eine weitere wichtige Frage war, welche Anforderungen an eine SEA erfüllt sein müssen, damit eine solche als SEA anerkannt wird (Stichwort „Zeit und Geld sind limitiert", UBA 2007). Diese Frage wird sich vermutlich erst im Lauf der Anwendung mit Hilfe verschiedener Fallstudien klären lassen.

3.5 Zwischenresümee

In Kapitel 3.1 wurde die SEA in den Gesamtprozess REACh eingeordnet. Es wurde zum einen näher beleuchtet, wann eine SEA im REACh Prozess notwendig wird und zum anderen, welche Anforderungen an eine SEA gestellt werden.

Eine SEA kann in zwei Schritten unter REACh notwendig werden: während der Autorisierung und der Restriktion. Das Verfahren folgt genauen Regeln, die einzuhalten sind (vgl. Abb. 03 und Abb. 04). Eine SEA sollte der technischen Leitlinie folgen. Diese ist zwar nicht gesetzlich bindend, aber sie gibt den Stand der Technik wieder. Es werden viele Anforderungen an eine SEA genannt. Diese beziehen sich zum Teil auf die Auswirkungen, die betrachtet werden sollen, und auch auf den Rahmen einer SEA. So sollen beispielsweise Auswirkungen auf die menschliche Gesundheit, die Umwelt, die Gesellschaft, aber auch ökonomische Auswirkungen betrachtet werden. Daneben gibt es eine Vorgabe, welchen Schritten eine SEA folgen soll (vgl. Kap. 3.3).

Der Grund, warum dies so ausführlich aufgeführt wird, ist, dass die Leitlinie seitens der BASF SE als Basisanforderungen für die SEEBALANCE unter REACh gesehen wird. Die Akzeptanz einer Methode als SEA unter REACh wird umso höher sein, je mehr Anforderungen seitens der gewählten Methode erfüllt werden.

Der Austausch in den bisherigen Workshops zeigt jedoch (ECHA 2009, UBA 2007), dass bis zum jetzigen Zeitpunkt noch keine Methode bevorzugt verwendet wird. Auch die technischen Leitlinien empfehlen keine der diskutierten Methoden ausdrücklich.

4 Methoden für eine Sozioökonomische Analyse – Aktueller Stand

4.1 Einführung & Überblick

Während der RIP Implementierungsprojekte wurden verschiedene Instrumente als SEA betrachtet. Tab. 03 zeigt eine Übersicht verschiedener Modelle, die auf unterschiedlichen Ebenen, wie Ländern oder Unternehmen, diskutiert werden (CALCAS 2006). Alle Methoden bewerten unterschiedliche Auswirkungen und können als Steuerungsinstrument eingesetzt werden. Aufgeführt sind sowohl politische Modelle zur Lenkung von Nachhaltigkeit, wie beispielsweise Eco-Labellings oder ökonomische und physikalische Modelle. Weiterhin werden auch Kosten-Nutzen-Analysen oder LCA-Bewertungen benannt.

Einige dieser Modelle wurden auch in den RIPs erörtert. Die meist diskutierten und in den Leitlinien aufgeführten Methoden sind:

- Compliance Cost assessment (CCA)
- Cost-Effectiveness analysis (CEA)
- Cost-Benefit analysis (CBA)
- Macroeconomic Modelling methods
- Multi-Criteria Analysis (MCA)

Im Folgenden werden die wichtigsten kurz vorgestellt. Dazu werden diese nach dem folgenden Schema beschrieben:

- Name der Methodik
- Kurze Beschreibung des Ansatzes
- Vorgehensweise
- Vor- und Nachteile des Ansatzes
- Mögliche bzw. häufigste Einsatzgebiete

Viele der folgenden Informationen entstammen dem RIP Entwurf, Part B (RPA & SYKE 2006b).

Tab. 03: Beispiele für Modelle zur Bewertung verschiedener Auswirkungen (CALCAS 2006)

	Politische Modelle (Beispiele)	Ökonomische Modelle (Beispiele)	Physikalische Modelle (Beispiele)
Makro	▪ Integrierte Produktpolitik (IPP)	▪ Computable general equilibrium (CGE)	▪ Material Flow Analysis (MFA) ▪ Environmental Input Output Analysis (EIOA)
Meso	▪ Green Public Procurement ▪ Environmental Technology Action Plan (ETAP)	▪ Input-Output Analysis	▪ Life Cycle Technology Assessment (LCTA)
Mikro	▪ Eco-management & Audit Scheme (EMAS) ▪ Eco-Design ▪ Eco-Labelling	▪ Cost-Benefit Analyse	▪ ISO LCA ▪ Material Input per Service (MIPS)

4.2 Sozioökonomische Methoden

4.2.1 ‚Compliance Cost' - Bewertung

Der Fokus beim Compliance Cost Assessment (CCA), zu Deutsch *Bewertung der Durchsetzungs- bzw. Einhaltungskosten* (vgl. EU 2006) liegt auf den direkten Kosten bzw. dem Einsparpotenzial, die mit der Einführung einer bestimmten Maßnahme verbunden sind. Die Bewertung hat das Ziel, nachteilige Wirkungen von Regulierungen auf die Wirtschaft zu analysieren. Ein gutes Ergebnis ist folglich eines mit möglichst vielen positiven Wirkungen (BODEN & FROUD 1996). Hierzu werden sowohl die Investitions- und Betriebskosten der betroffenen Branche bilanziert, als auch die indirekten Kosten bei anderen Sektoren, wenn diese als signifikant erwartet werden. Darüber hinaus können auch schwer zu quantifizierende Kosten integriert werden, beispielsweise Kosten, die mit einer Veränderung der Qualität oder der Performance zusammenhängen. Im Mittelpunkt dieser Analyse stehen die betrieblichen Kosten, nicht die volkswirtschaftlichen Kosten. Folglich werden Gesundheits- oder Umweltkosten, andere soziale Kosten oder Vorteile in dieser Analyse ignoriert.

Vorgehensweise:

Für die Durchführung einer CCA werden nach der in England zuständigen Deregulation Unit folgende Elemente als Standard erwartet (vgl. BODEN & FROUD (1996:533):

- Zweck und erwarteter Nutzen einer Maßnahme
- Identifikation betroffener Teile der Wirtschaft und Ausmaß der Betroffenheit
- Gesamtkosten, die zur Einhaltung einer Maßnahme für die betroffenen Wirtschaftssektoren anfallen (Einführungskosten und laufende Kosten)
- Schätzung der Gesamtkosten für ein typisches, für den von einer Maßnahme betroffenen Wirtschaftszweig repräsentatives Unternehmen
- Effekte der Maßnahme auf die internationale Wettbewerbsfähigkeit der betroffenen Wirtschaftssektoren
- Ausmaß der nötigen Beratungen und Absprachen
- Gestaltung der Überwachung einer Maßnahme
- Alternative Vorgehensweisen zur vorgeschlagenen Maßnahme

Vor- und Nachteile:

Durch diese Vorgehensweise lassen sich mögliche Überregulierungen der Wirtschaft durch den Staat aufzeigen und die Interessen der Wirtschaft in einem Gesetzgebungsprozess finden Berücksichtigung. Es können aber auch Regulierungen oder Gesetze überprüft werden, indem eine Analyse die Auswirkungen vor und nach einer Maßnahme (ex ante und ex post) gegenübergestellt (vgl. BODEN & FROUD 1996:530-545). Diese Analyse kann eine Maßnahme also von den unterschiedlichen Seiten beleuchten. Ein weiterer Vorteil der CCA ist, dass die Einhaltungskosten einer Regulierung in der Regel einfacher festzustellen sind als der Nutzen einer Regulierung für die Gesellschaft (EU KOM 2001).

Die Methode ist eine rein finanzielle Analyse. Bereiche wie Gesundheit der Menschen, der Umwelt oder andere soziale Bereiche und Folgekosten einer Maßnahme (BODEN & FROUD 1996: 536-538) werden nicht berücksichtigt. Diese Methode gewährleistet also keinen vollwertigen Vergleich der Kosten und des Nutzens verschiedener Maßnahmen für die gesamte Volkswirtschaft. Weiterhin stehen in einer solchen Analyse die jeweils betroffenen

Unternehmen im Vordergrund und die Auswahl eines für einen bestimmten Wirtschaftsektor typischen Unternehmens ist schwierig, da in vielen Sektoren die einzelnen Unternehmen sehr unterschiedlich sein können. Ähnliche Schwierigkeiten gibt es bei der Standardisierung der Kosten für die Umsetzung einer Maßnahme in unterschiedliche Unternehmen, aufgrund unterschiedlicher Größe oder Kapitalausstattung (BODEN & FROUD 1996:537-538). Ein weiterer Nachteil dieser Methode ist die Inkonsistenz bei der Definition der finanziellen Kosten. Teilweise werden verschiedene Bereiche aus einer Analyse ausgeschlossen. Beispielsweise werden die Kosten, die Behörden für die Durchführung einer Maßnahme entstehen, nur teilweise erfasst (BODEN & FROUD 1996:537). Ein weiteres Problem dieser Methode ist, dass beispielsweise das Verschieben potenzieller Kosten von einer Interessengruppe auf eine andere nicht aufgezeigt wird. Dadurch können Ergebnisse verzerrt und einseitig dargestellt sein. Beispielsweise stellt das Durchsetzen von Arbeitnehmerrechten Kosten für ein Unternehmen dar, die in einer solchen Analyse bilanziert würden. Der Nutzen, nämlich die Wahrung der Rechte für den Arbeitnehmer, werden nur als Kosten dargestellt und der Mehrwert für den Arbeitnehmer kommt nicht zur Geltung (BODEN & FROUD 1996:536).

Mögliche Einsatzgebiete

Eine CCA wird in der Regel dann eingesetzt werden, wenn zur Debatte steht, ob eine Maßnahme überhaupt ökonomisch durchführbar und sinnvoll ist. Dabei sollte der Nutzen der Maßnahme klar und ohne Diskussion sein (EU KOM 2001:2). Eine CCA soll nicht prüfen, ob eine Maßnahme erwünscht ist oder nicht, sondern die notwendigen Informationen bereitstellen um damit ggf. Gesetzgebungsprozesse zu beeinflussen (BODEN & FROUD 1996:535). Prinzipiell kann eine CCA oft der Ausgangspunkt oder zumindest ein Teil einer CEA und CBA sein und damit auch Teil einer SEA unter REACh.

4.2.2 Kostenwirksamtkeits-Analyse

Die Cost-Effectiveness Analysis (CEA), zu Deutsch die Kosten-Effektivitäts-Analyse oder Kostenwirksamkeitsanalyse, ist „eine Methode zur Bestimmung von Nutzen und Wirksamkeit eines bestimmten Ausgabepostens. Die CEA erfordert eine Analyse der Ausgaben, um feststellen zu können, ob das Geld effizienter eingesetzt oder derselbe Nutzen mit geringeren Mitteln erreicht hätte werden können" (OMPULSON 2009). Das Ziel dieser Methode ist, die Maßnahme zu ermitteln, die die niedrigsten Kosten zum Erreichen eines festgelegten Ziels bzw. Ergebnis benötigt.

Vorgehensweise:

Es werden die Kosten in monetären Einheiten pro Maßnahme oder Nutzen ausgedrückt, zum Beispiel Kosten pro statistisch gerettetem Leben oder Kosten pro reduzierter Schadstoffeinheit (KILIAN 2007:3). Hierzu gibt es zwei verschiedene Vorgehensweisen. Zum einen kann bestimmt werden, welche Alternative aus einer Vielzahl von Optionen die kostengünstigste für eine bestimmte Maßnahme ist, zum anderen kann der implizite ökonomische Wert einer Maßnahme berechnet und mit den Werten anderer Möglichkeiten, einem Referenzszenario oder einem Maximalwert verglichen und geprüft werden (MURRAY et al. 2000:237).

Es können also verschiedene Maßnahmen direkt miteinander verglichen werden und entsprechend ihrer Effektivität geordnet werden (MURRAY et al. 2000). Alternativ kann die Kostendifferenz von Maßname eins zu Maßnahme zwei im Verhältnis zu den Nutzeneffekten der Maßnahme eins zu Maßnahme zwei gesetzt werden. Weiterhin kann auch die Veränderung vor und nach (ex ante und ex post) einer Maßnahme untersucht werden.

Vor- und Nachteile:

Ein Vorteil dieser Methode ist der Fokus auf die mit einer Maßnahme verbundenen ökonomischen Kosten bzw. nötigen Mittel und Ressourcen, so dass das Ergebnis als ein Maß für die Effektivität verwendet werden kann. Die einfache Definition des Nutzens in einer physikalischen Einheit und nicht in einem monetarisierten Wert, lässt eine vielseitige Verwendung dieser Methode zu.

Auch diese Methode gibt keine Antwort auf die Frage, ob der Nutzen einer Maßnahme die Kosten überwiegt und sie berechnet nicht den Nettogewinn, den eine Maßnahme für die Gesellschaft bringt (EU KOM 2005). Unter Umständen findet auch kein ebenbürtiger Vergleich statt, da beispielsweise eine Maßnahme soziale Kosten oder ihre Effekte einbeziehen kann und eine andere nicht (GÖRLACH 2006:15). Hier sind keine eindeutigen Regeln definiert. Zudem ist schwer messbar, wie lange die Effektivität einer Maßnahme anhält und wie viele Individuen von einer Maßnahme profitieren.

Aus diesem Grund kann ein Vergleich verschiedener Maßnahmen nicht aussagekräftig sein (MURRAY 2000:240). Des Weiteren kann der Fall eintreten, dass eine Maßnahme zu wesentlich geringeren Kosten das gewünschte Ziel nur knapp verfehlt, dies kann zu einer Diskussion um die Herabsetzung des Ziels aus Kostengründen führen. Ein weiterer Nachteil der CEA ist die Unterlassung von Nebeneffekten bei der Durchführung einer Maßnahme. Beispielsweise können mit einer Maßnahme mehrere Ziele erreicht werden, wie die Erreichung eines Umweltnutzens in mehreren Bereichen, dies wird in dieser Analyse nicht oder nur in den ausgewählten Bereichen, d.h. nicht ganzheitlich berücksichtigt (EU KOM 2005). Darüber hinaus wird in einer solchen Analyse eine Diskontierung notwendig. Die Kosten zu diskontieren gestaltet sich einfach, aber eine Maßnahme zu diskontieren ist vergleichsweise schwierig, da dies beispielsweise von individuellen Wertevorstellungen abhängt (WHO 2003).

Mögliche Einsatzgebiete:

Eine CEA kann bei Entscheidungen eingesetzt werden, in der verschiedene Maßnahmen die zu ähnlichen Ergebnissen führen, analysiert werden müssen (EUROPEAN COMMISSION 2005). Weiterhin kann dieses Instrument eingesetzt werden, wenn ein bestehendes Produkt bzw. die bestehende Praxis mit einer neuen Intervention abgeglichen werden soll (MURRAY 2000:235), z.B. im Bereich des Gesundheitssektors (MURRAY 2000, PHILLIPS 2001, WHO 2003). Im Kontext mit einem Gesetzgebungsprozess oder bei Regierungsrichtlinien kann eine CEA dazu verwendet werden, Entscheidungsträger zu informieren (MURRAY 2000:237). Im Kontext von REACh ist diese Methode insbesondere interessant, da sie definierte Sektoren untersuchen kann (MURRAY et al. 2000:241).

4.2.3 Kosten-Nutzen-Analyse

Die Kosten-Nutzen-Analyse (Cost-Benefit Analysis, CBA) stellt die Kosten einer Maßnahme deren Nutzen gegenüber. Ziel ist es abzuschätzen, ob sich eine Investition aus ökonomischer Sicht lohnt, und ob die entstehenden Kosten gegenüber dem Nutzen zu rechtfertigen sind. Dadurch wird der Kompromiss bestimmt, den die Gesellschaft bereit wäre, bei konkurrierenden Forderungen einzugehen. (ECHA 2009:213).

In einer CBA werden alle relevanten Auswirkungen – sowohl sozial, als auch ökologisch – monetarisiert und mit anderen rein finanziellen Aspekten kombiniert. Nach der technischen Leitlinie für sozioökonomische Analyse (ECHA 2009) kann eine CBA sowohl quantitative als auch qualitative Aspekte beinhalten. Eingeschlossen werden also tatsächliche Kosten, aber auch Kosteneinsparungen, beispielsweise von Änderungen in der Produktion oder der Nutzung. Daneben können aber auch Auswirkungen auf die menschliche Gesundheit wie akute oder chronische Effekte, Krankheiten, aber auch ökologische Veränderungen durch ‚Willingness-to-Pay' und ‚Willingness-to-Accept'- Ansätze mit berücksichtigt werden.

Als Ergebnis der Analyse können unterschiedliche Alternativen, die denselben Nutzen haben, miteinander verglichen werden.

Vorgehensweise:

Die folgenden Schritte werden bei einer vollständigen CBA standardmäßig durchgeführt (ECHA 2009:196):

- Definition des Projekts bzw. des Nutzens
- Identifikation der relevanten Auswirkungen
- Quantifizierung der relevanten Kosten und des Nutzens
- Bewertung der relevanten Kosten und des Nutzens in monetarisierter Form
- Aggregation von Nutzen und Kosten im Laufe der Zeit durch Abzinsung
- Vergleich der diskontierten Gesamtkosten mit dem diskontierten Gesamtnutzen, um einen Net Present Value (NPV) zu erhalten
- Analyse der Unsicherheiten verschiedener wichtiger Parameter

Vor- und Nachteile:

Ein Vorteil der CBA ist, dass sie sowohl direkte und indirekte als auch positive und negative Auswirkungen einschließt. Die Monetarisierung basiert auf ökonomischen Theorien und ist somit fundiert. Die CBA kann dabei helfen, indirekte Einflüsse und Auswirkungen bei Maßnahmen einzuordnen und einzuschätzen (ECHA 2009).

Ein Nachteil ist, dass es schwierig ist, alle relevanten Auswirkungen zu erfassen und monetär zu bewerten. Gleichermaßen ist schwierig, den sozialen Abzinsungssatz festzulegen (z.B. Gesundheitsaspekte in der Zukunft) und auch Verteilungsaspekte beispielsweise hinsichtlich eines Schadens, der heute oder in der Zukunft entsteht (EU KOM 2005). Wie viel zum Beispiel eine bestimmte Umweltverschmutzung oder der Verbleib einer persistenten Chemikalie kostet bzw. jemand bereit ist, dafür als Entschädigung zu zahlen (Willingness-to-Pay-Ansatz), wird von sehr vielen Parametern abhängig sein und dementsprechend variieren. Bei der Erstellung einer Schlussfolgerung aus einer CBA werden also auch Gewichtungen erforderlich.

Mögliche Einsatzgebiete:

Die CBA ist das Konzept, das in der Leitlinie für sozioökonomische Analyse immer wieder benannt wird. Eine CBA kann sehr vielseitig eingesetzt werden, beispielsweise als Entscheidungsstütze für politische Entscheidungen, aber auch im betriebswirtschaftlichen Bereich (ECHA 2009). Die EU-Kommission hat eine CBA zur Bewertung und Priorisierung von Technologien zur Fahrzeugsicherheit durchführen lassen. So ist beispielsweise der errechnete Nutzen einer ‚Anschnall-Warnung' im Auto rund achtmal höher als die entstehenden Kosten um eine solche Technologie zu integrieren (EU KOM 2004).

4.2.4 Makroökonomische Modellierungsmethode

Makroökonomische Modelle (Macroeconomic Modelling Methods) beziehen die Wechselbeziehungen zwischen den verschiedenen Akteuren einer Volkswirtschaft mit ein und beschreiben (RPA & SYKE 2006b):

- wie die Einführung einer neuen Reglementierung das wirtschaftliche Verhalten von Käufern und Verkäufern verändert,
- wie dieses Verhalten die Wirtschaft in anderen Sektoren beeinflusst,
- und wie sich all das schließlich auf das Funktionieren der gesamten Volkswirtschaft auswirkt.

Es gibt drei Methoden zur Durchführung von Makroökonomischen Analysen (OECD 2002):

- Input-output-analysis (IOA)
- Economic analysis
- General equilibrium (GE) analysis

Diese Methoden zeigen, auf welche makroökonomischen Effekte aus einer politischen Maßnahme folgen. Makroökonomischen Analysen liegen einige Annahmen bezüglich der Struktur und des Funktionierens der Wirtschaft allgemein und der Beziehungen von Wirtschaftszweigen zugrunde.

Makroökonomische Methoden sind nicht zur Untersuchung der ökonomischen Effizienz von vorgeschlagenen Maßnahmen gedacht. Sie beinhalten keine umfassenden Messwerte für einen sozialen Nutzen und mit ihrer Hilfe kann daher auch nicht analysiert werden, ob der soziale Nutzen die Kosten einer Maßnahme überwiegt.

Input-Ouput-Analyse

Durch eine Input-Output-Analyse (Eingabe-Ausgabe-Analyse, IOA) werden die Verbindungen von Verkäufen, Arbeit, Kapital und Rohmaterial über verschiedene Sektoren der Wirtschaft aufgezeigt. IOA zeigen, wie die Veränderung eines Teilsystems die anderen Komponenten des Gesamtsystems beeinflussen kann. Die Analyse basiert auf der Annahme, dass jede Industrie zwei Arten von Nachfragen hat: externe Nachfrage (von außerhalb des Systems) und interne Nachfrage (Nachfrage, die von einem Industriezweig an einen anderen im gleichen System gerichtet wird).

IOA können dazu verwendet werden, die Beziehungen des ökonomischen Systems mit der Umwelt zu analysieren (SIEBERT 2005:20). Die Kombination von prozessbasierter LCA und umweltbezogener IOA ist unter dem Namen ‚Hybrid Analyse' bekannt. Sie kann zu einem Ergebnis führen, das die Vorteile beider Methoden vereint und sich sowohl durch große Genauigkeit als auch Vollständigkeit auszeichnet (PRE 2009).

Vorgehensweise:

Bei der IOA werden alle Produkte, die ein Industriezweig selbst herstellt und die er für diese Herstellung braucht, aufgezählt und zwar für alle Industriezweige einer Volkswirtschaft.

Aus dieser Matrix kann abgelesen werden, wie viel ein Industriezweig von den Gütern der anderen Industriezweige und von seinen eigenen Gütern zu seiner Produktion benötigt. Diese Matrix hat unendlich viele Lösungen und schon die Veränderung eines Industriezweigs bzw. eines Unternehmens verändert die Matrix. (JENSEN, I. 2001).

Je nach dem wie weit der Rahmen eines Modells gesteckt wird, gibt es zwei Vorgehensweisen (JENSEN, I. 2001):

1. The Leontief *closed Model:* Dabei werden nur die Industriezweige einer Volkswirtschaft betrachtet. Man tut so als ob es keinen Handel mit anderen Volkswirtschaften gäbe.
2. The Leontief *open Model*: Das Modell wird ausgeweitet und der Handel mit anderen Volkswirtschaften wird mit einbezogen. Angebot und Nachfrage der einzelnen Industrien hängen jetzt auch von Industrien außerhalb der eigenen Volkswirtschaft ab.

Detaillierte Informationen für den Rechenvorgang sind in JENSEN, I. (2001) beschrieben.

Vor- und Nachteile:

Ein wesentlicher Vorteil dieses Modells ist, dass indirekte Effekte einer Maßnahme eingeschlossen sind (CML 2001). So lassen sich Fragen wie die folgenden beantworten: ‚Welche Industrien stehen zueinander im Wettbewerb?', ‚Was sind die Multiplikationseffekte eines Investitionsprogramms?' oder ‚Wie beeinflussen Umweltrichtlinien die Preise?'
IO-Datenbanken haben dahingehend einen Vorteil gegenüber Prozess-Daten, dass sie die komplette Volkswirtschaft einschließen. Dadurch wird eine hohe Konsistenz der Daten zueinander gewährleistet (PRE 2009).

Nachteilig ist die Klassifikation der einzelnen Industriesektoren, da diese zwischen den verschiedenen Volkswirtschaften unterschiedlich sein können. Außerdem ist es oft schwierig, die einzelnen Volkswirtschaften voneinander abzugrenzen (CML 2001:24).

Ein weiterer Nachteil ist, dass die Prozesse relativ stark aggregiert werden. Zum Beispiel werden Produktgruppen und nicht individuelle Produkte betrachtet (PRE 2009). So können IOAs nicht zur Lösung sehr spezifischer Fragestellungen verwendet werden, da sie auf die Gruppierung von Aktivitäten in einer begrenzten Anzahl von Industrien aufbaut. (PRE 2009).

Mögliche Einsatzgebiete:

Mit Hilfe der IOA kann die Struktur von nationalen Volkswirtschaften und regionalen Wirtschaftsräumen innerhalb einer Volkswirtschaft analysiert werden. Die Methode kann auch als Werkzeug zur nationalen Wirtschaftsplanung verwendet werden. So können zum Beispiel Vorhersagen über zukünftige Inlandsprodukte getroffen werden (JENSEN, I. 2001:11).

Ein weiteres Einsatzgebiet der IOA ist die ökonomische Folgenabschätzung. Ab 1984 hat sie sich als gängige Methode zum Planen von Umweltrichtlinien entwickelt. Die Veröffentlichung von LONERGAN beschreibt, wie man IOA für die Umweltplanung in Form von Umweltgesamtrechnungen (UGR) verwenden kann. (LONERGAN & COCKLING 1985)

4.2.5 Multikriterien-Analyse

Multikriterien-Analysen (Multi-Criteria-Analysis, MCA) schließen alle strukturierten Analysen ein, die Auswirkungen verschiedener Alternativen untersuchen. Die Auswirkungen können sowohl quantitativ als auch qualitativ sein. So berücksichtigt die Analyse ökologische und gesellschaftliche Aspekte, aber auch ökonomische Auswirkungen. Die verschiedenen Aspekte müssen nicht monetarisiert werden, sondern ergeben über ein Bewertungssystem ein Gesamtergebnis (RPA & SYKE 2006b).

Es gibt verschiedene Instrumente, die multikriteriell arbeiten, wie beispielsweise

PROSA vom Ökoinstitut (detaillierte Ausführungen dazu unter http://www.prosa.org).

MCA-Ansätze werden dazu verwendet, die Maßnahme zu identifizieren, die am vorteilhaftesten ist. Ziel von MCA ist es, die unterschiedlichen Alternativen bzw. Handlungsstrategien zu vergleichen und die vorteilhaftesten unter ihnen als Entscheidungsempfehlungen zu identifizieren (RPA & SYKE 2006b).

Vorgehensweise:
Die Leitlinie für SEAs beschreibt das prinzipielle Vorgehen einer MCA wie folgt (ECHA 2008:200): Zunächst werden die verschiedenen Auswirkungen einer Maßnahme oder einer Alternative identifiziert. Diese werden dann in Gruppen sortiert. Dann wird überprüft, ob die Auswahl der Kriterien vollständig ist oder ob es zu einer einseitigen Überbewertung kommt. Dann wird das Bewertungssystem festgelegt und die Kriterien dementsprechend gewichtet und somit die Alternativen miteinander verglichen.

Insbesondere der Schritt der Bewertung ist nach den verschiedenen Methoden unterschiedlich. Kapitel 9 gibt eine Übersicht über unterschiedliche Gewichtungen im Bereich der Ökoeffizienz.

Vorteile und Nachteile
Ein wesentlicher Vorteil dieser Methode ist, dass die Kosten und der entstehende Nutzen nicht in monetären Werten ausgedrückt werden muss (IIASA 2009; MUNASINGHE 2007). Des Weiteren haben diese Methoden keine Grenzen bezüglich der Kriterien, die berücksichtigt werden, sie entsprechen also dem ‚multidimensionalen Charakter der Nachhaltigkeit' (EU KOM 2005, MUNASINGHE 2007). Dadurch sind MCAs flexibler als andere Methoden wie CBA oder CEA und können ein weites Umfeld im Entscheidungsfindungsprozess abdecken.

Problematisch bleibt aber der Schritt der Bewertung bei einer multi-dimensionalen Analyse (CML 1999). Es gibt keinen festgelegten Standard (CML 1999). Wessen Bewertung gilt also mehr: die einer Person, der Konsens einer Firma oder die Bewertung anderer Stakeholder? Unterschiedliche Betroffenengruppen werden verschiedene Kriterien immer von unterschiedlichen Perspektiven sehen und als verschieden wichtig empfinden (MUNASINGHE 2007). Ferner kann es aufgrund der unterschiedlichen Datentypen vorkommen, dass nicht immer deutlich gemacht wird, ob der Nutzen die Kosten übersteigt (EU KOM 2005).

Mögliche Einsatzgebiete:
Die MCA wird häufig bei komplexen Entscheidungen eingesetzt. So beispielsweise bei Forschungsaufgaben, für die in der Regel nicht alle wesentlichen Details und Wechselwirkungen durch ein geschlossenes dynamisches Modell abgebildet werden können. Dann dient die MCA zur Bewertung und zum Vergleich der Auswirkungen unterschiedlicher Annahmen über das jeweilige Studienobjekt. Ferner kann die MCA bei der Priorisierung in verschiedenen Bereichen eingesetzt werden, z.B. im Gesundheitsbereich/ Gesundheitsökonomik (WILSON & FORDHAM 2004) oder in energiewirtschaftlichen Untersuchungen (MADLENER & STAGL 2001).
Im Vereinigten Königreich wird die MCA innerhalb des New Approach to Appraisal (NATA) in Fragestellungen rund um das Transport- und Verkehrswesen eingesetzt. NATA ist eine multikriterielle Entscheidungsanalyse, die auf die CBA und das

Environmental Impact Assessment aufbaut. (UNIVERSITY OF LEEDS 2003)

4.3 Zwischenfazit

Das vorliegende Kapitel reflektiert die möglichen Methoden für eine SEA. Es wurde gezeigt, dass alle Methoden verschiedene Vor- und Nachteile haben. Tab. 04 zeigt die Zusammenfassung der Methoden nach verschiedenen Aspekten.

Einige der Methoden können verschiedene Alternativen miteinander vergleichen wie beispielsweise die CEA oder eine MCA. Alle Methoden berücksichtigen quantitative Aspekte, einige wie die CBA können auch qualitative Auswirkungen mit einbeziehen. Die CBA und die MCA berücksichtigten neben monetären Werten auch ökologische und gesellschaftliche Auswirkungen. Daher ist auch bei diesen beiden Instrumenten eine Gewichtung erforderlich.

In den technischen Leitlinien für sozio-ökonomische Analyse (ECHA 2008) ist bereits enthalten, dass einige dieser Instrumente sinnvoll als SEA eingesetzt werden können wie z.B. die MCA oder die CBA.

Aber auch diese beiden Methoden zeigen ihre Schwächen für eine SEA unter REACh. So müssen bei einer CBA die sozialen und ökologischen Aspekte monetarisiert werden. Dabei stellt sich dann beispielsweise die Frage, wie die Persistenz einer kritischen Substanz überhaupt in einem Geldwert ausgedrückt werden kann.

Bei der MCA ist das wichtigste Problem eine einheitliche Gewichtung der verschiedenen Kriterien.

Tab. 04: Vergleich der verschiedenen Instrumente für eine SEA (eigene Darstellung)

	vergleichend	quantitativ	qualitativ	monetäre Aspekte	ökol. & soziale Aspekte	Gewichtung	Probleme
‚Compliance Cost'-Bewertung (CCA)	X	X		X			keine sozialen und ökol. Kosten berücksichtigt
Kostenwirksamkeits-Analyse (CEA)	X	X		X			keine sozialen Aspekte berücksichtigt
Kosten-Nutzen-Analyse (CBA)		X	X	X	X	X	Monetarisierung ökologischer und sozialer Aspekte notwendig
Makroökonomische Modellierungsmethode (IOA)		X		X			Betrachtung von Produktgruppen und nicht einzelnen Produkten
Multi-Kriterien Analyse (MCA)	X	X	X	X	X	X	Gewichtung notwendig

4.4 Überblick: Verschiedene Konzepte zur Steuerung sozioökonomischer Auswirkungen

Die aufgeführten Methoden nehmen für sich in Anspruch, Instrumente zur Messung und Bewertung verschiedener Auswirkungen zu sein. Diese Methoden sind aber nicht die einzigen zur Bewertung und Verbesserung der Nachhaltigkeit.

In der Agenda 21, in deren Rahmen ein weltweites Aktionsprogramm für die nachhaltige Entwicklung veröffentlicht wurde, heißt es in Kapitel 40.4: „Es müssen Indikatoren für nachhaltige Entwicklung gefunden werden, um eine solide Grundlage für Entscheidungen auf allen Ebenen zu schaffen und zu einer selbstregulierenden Nachhaltigkeit integrierter Umwelt- und Entwicklungssysteme beizutragen." (UNCED 1992). Aus diesem Grund wurden in den letzten Jahren viele Instrumente und Konzepte von der Praxis aber auch von Forschungseinrichtungen entwickelt (SCHALTEGGER et al. 2002:1). Im Rahmen dieser Dissertation kann nicht auf die Unterschiede der einzelnen Konzepte eingegangen werden. Um aber einen vertiefenden Einblick zu vermitteln, sind im Folgenden einige weiteren Instrumente, aufgeführt.

Des Weiteren befindet sich eine Liste verschiedener Methoden für Folgenabschätzung auf der Internetseite der Universität Amsterdam. (http://ivm5.ivm.vu.nl/sat/?chap=18)

Tab. 05: Überblick verschiedener Konzepte für eine Steuerung sozioökonomischer Auswirkungen

Instrumente	Literatur
ABC-Analyse	UBA (UMWELTBUNDESAMT, Hrsg.) (2001). Handbuch Umweltcontrolling. Vahlen, München.
BALANCE Scorecard	SCHALTEGGER, S. & T. DYLLIK (2002): Nachhaltig managen mit der Balanced Scorecard. Konzept und Fallstudien. Gabler, Wiesbaden.
Benchmarking	CAMP, R (1994). Benchmarking. Hanser, München.
Budgetierung	BURRITT, R. & S. SCHALTEGGER (2001). Eco-efficiency in corporate budgeting. Environmental Management and Health, 12, 2: 158-174.
CALCAS	COORDINATION ACTION FOR INNOVATION IN LIFE CYCLE ANALYSIS FOR SUSTAINABILITY (2010): http://www.calcasproject.net/, 18.03.2010.
DGB Index	DEUTSCHER GEWERKSCHAFTSBUND (2009): DGB-Index 2009. http://www.dgb-index-gute-arbeit.de/dgb-index_2009, 18.03.2010.
Emissionszertifikatehandel	KOSOBUD, R. (2000). Emissions Trading. Wiley, New York.
Env. Shareholder Value	FIGGE, F. (2001). Wertschaffendes Umweltmanagement. CSM / PriceWaterhouseCoopers, Frankfurt.
Früherkennung	LIEBL, F. (1996). Strategische Frühaufklärung: Trends – Issues – Stakeholders. Oldenburg, München.
ISEOR	INSTITUT DE SOCIO-ECONOMIE DES ENTREPRISES ET DES ORGANISATIONS (2010): http://www.iseor.com/anglais/management_socioeco.htm, 18.03.2010.
Kennzahl / Indikator	UBA (UMWELTBUNDESAMT, Hrsg.) (1997). Leitfaden Betriebliche Umweltkennzahlen. BMU, Bonn.
Kostenrechnung	UBA (UMWELTBUNDESAMT, Hrsg.) (2001). Handbuch Umweltcontrolling. Vahlen, München.

Instrumente	Literatur
Label	EBERLE, U. (2001). Das Nachhaltigkeitszeichen: Ein Instrument zu Umsetzung einer nachhaltigen Entwicklung? Öko-Institut, Freiburg.
Öko-Design	UBA (UMWELTBUNDESAMT, Hrsg.) (2000). Was ist EcoDesign? Ein Handbuch für ökologische und ökonomische Gestaltung. Frankfurt.
Öko-Kompass	FUSSLER, C. (1999). Die Öko-Innovation: wie Unternehmen profitabel und umweltfreundlich sein können. Hirzel, Stuttgart.
Öko-Rating	FIGGE, F. (2000). Öko-Rating. Ökologieorientierte Bewertung von Unternehmen. Springer, Berlin.
PROSA	ÖKOINSTITUT (2010): Prosa. http://www.prosa.org, 18.03.2010.
Risikoanalyse	DÖRNER, D.; HORVÁTH, P. & H. KAGERMANN (Hrsg.) (2000). Praxis des Risikomanagements. Schäffer- Poeschel, Stuttgart.
Stoffstromanalysen	BRUNNER, P.H. & H. RECHBERGER (2004): Practical Handbook of Material Flow Analysis. Lewis Publishers. New York.
Sponsoring	BRUHN, M. (1993). Chancen und Risiken des Öko-Sponsoring. EBS, Schloß Reichartshausen.
SOVAMAT	Birat, J.P. & J.S. Thomas, (2010): ftp://ftp.cordis.europa.eu/pub/estep/docs/-sovamat_seoul.pdf, 18.03.2010.
Stakeholder Value	FIGGE, F. & S. SCHALTEGGER (2000). Was ist „Stakeholder Value"? Vom Schlagwort zur Messung. Center for Sustainable Development e.V. und Bank Pictet & Cie in Zusammenarbeit mit UNEP, Lüneburg.

5 Die SEEBALANCE-Methode für eine ganzheitliche Produktbewertung

5.1 Die SEEBALANCE der BASF SE

5.1.1 Entstehung der SEEBALANCE

Die in dieser Arbeit verwendete Methode ist die von der BASF SE entwickelte SocioEcoEfficiency Analyse, kurz SEEBALANCE. Diese ist die Erweiterung der BASF Ökoeffizienz Methode (siehe SALING et al. 2002a) um die soziale Dimension. Vor dem Hintergrund der grundlegenden Arbeiten von SCHALTEGGER & STURM (1990) wurde das Ökoeffizienz-Konzept 1997 gemeinsam mit der BASF SE durch die Unternehmensberatung Roland Berger für die BASF SE adaptiert. Die BASF Ökoeffizienz-Analyse umfasst sowohl eine ganzheitliche Bilanzierung der Umwelteinwirkungen (gemäß ISO 14040&14044 2006) als auch eine Gesamtkostenrechung aus Sicht des Endverbrauchers. Bis zum Jahr 2009 wurden über 400 Ökoeffizienz-Analysen in der BASF SE in verschiedensten Anwendungsbereichen durchgeführt.

Ziel der Weiterentwicklung zur SEEBALANCE war es, alle drei Säulen der nachhaltigen Entwicklung in einem integrierten Instrument zur Produktbewertung zu vereinen, damit nachhaltige Entwicklung im Unternehmen mess- und steuerbar wird. Dafür kooperierte die BASF SE mit dem Institut für Geographie und Geoökologie der Universität Karlsruhe, dem Ökoinstitut e.V. und der Universität Jena. Das Projekt war eingebunden in das Forschungsvorhaben ‚Nachhaltige Aromatenchemie' des Bundesministeriums für Bildung und Forschung und lief über den Zeitraum 2002 bis 2005 (Förderkennzeichen 03C0342) (vgl. SCHMIDT 2007, BMBF 2007). Mit diesem Instrument können seit Abschluss des Forschungsprojektes neben umweltrelevanten Be- und Entlastungen sowie Kosten nun auch dem Geltungsanspruch sozialer Indikatoren Rechnung getragen werden (BASF SE 2010). Inzwischen wurden schon über zehn SEEBALANCE-Analysen durchgeführt (BASF SE 2009b).

5.1.2 Grundlegendes Verständnis und Ansatz

Das grundlegende Verständnis der SEEBALANCE beruht auf der Norm der Ökobilanzen. Das Prinzip der Ökobilanz ist die Bewertung des gesamten Lebenswegs im Bezug auf die ökologischen Auswirkungen. Der Lebensweggedanke ist also elementar (ISO 14040&14044 2006): Es werden sowohl die Rohstoffgewinnung bis hin zur Produktion, die Anwendung, als auch die Abfallbehandlung und das Recycling mit eingeschlossen.
Eine Ökobilanz-Studie (nach ISO 14040&14044 2006) umfasst vier Phasen:

a) die Phase der Festlegung von Ziel und Untersuchungsrahmen,
b) die Sachbilanz-Phase,
c) die Wirkungsabschätzung und
d) die Auswertung.

Dieses Prinzip wird in der SEEBALANCE auf die übrigen Nachhaltigkeitsdimensionen, also die Gesellschaft und die Ökonomie, übertragen.

Eine gängige Definition von Nachhaltigkeit stammt von der ENQUETE-KOMMISSION DES DEUTSCHEN BUNDESTAGES (1994,1998) „Schutz des Menschen und der Umwelt":
„Nachhaltigkeit ist die Konzeption einer dauerhaft zukunftsfähigen Entwicklung der ökonomischen, ökologischen und sozialen Dimension menschlicher Existenz. Diese drei

Säulen der Nachhaltigkeit stehen miteinander in Wechselwirkung und bedürfen langfristig einer ausgewogenen Koordination.“

Dieses Modell wird auch das Drei-Säulen-Modell genannt. Alle drei Säulen werden in der SEEBALANCE integriert (Abb. 06) und über den Lebensweg betrachtet. Dabei werden alle drei Säulen gleichwertig behandelt.

Ein weiteres Grundverständnis der SEEBALANCE ist, dass es sich immer um eine vergleichende Bewertung verschiedener Handlungsoptionen oder Produkte handelt. Die Ergebnisse einer SEEBALANCE verstehen sich primär als relative Ergebnisse in einem Vergleichsrahmen vorhandener Alternativen.

5.1.3 Verwendung der SEEBALANCE

Die Ergebnisse der Ökoeffizienz-Analyse und der SEEBALANCE werden sowohl innerhalb als auch außerhalb der BASF SE verwendet.

Intern werden Ergebnisse beispielsweise für strategische Entscheidungen der BASF SE verwendet. Es kann beispielsweise um das Bewerten verschiedener Technologien gehen, die die Ausrichtung des Produktportfolios beeinflussen. Oder es werden Entscheidungen von Investitionen z.B. an verschiedenen Standorten mit den Instrumenten evaluiert. Für die interne Forschung und Entwicklung werden die Instrumente eingesetzt um frühzeitig Stärken und Schwächen von BASF SE Produkten mit alternativen Produkten zu erkennen. Die SEEBALANCE und die Ökoeffizienz-Analyse geben Hinweise, an welchen Schritten eines Prozesses Optimierungen erfolgen sollten. Außerdem können am Beginn eines Forschungsprojektes Ziele priorisiert und damit besser gesteuert werden.

Neben den internen Anwendungen der Instrumente können die Ökoeffizienz-Analyse und die SEEBALANCE auch extern angewandt werden. Hauptsächlich werden dabei Marketingstrategien für ökoeffiziente Produkte ausgearbeitet und Vorteile von BASF-

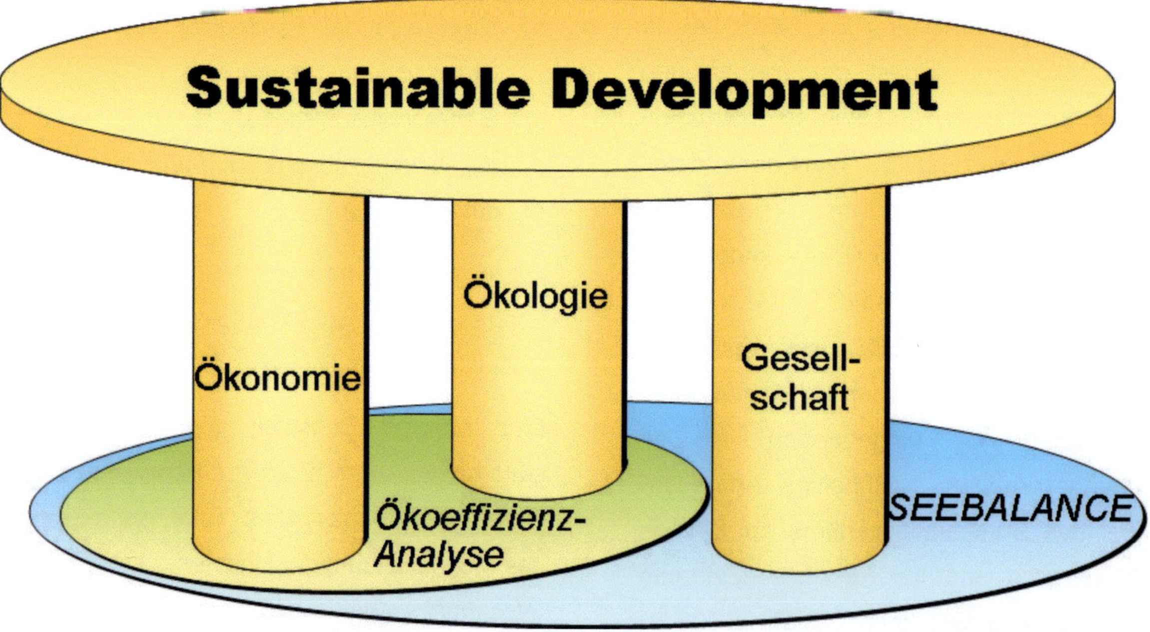

Abb. 06: Drei-Säulen-Modell nach Enquete-Kommission des Deutschen Bundestages (Quelle: BASF SE 2009b)

Produkten bezüglich ihrer Nachhaltigkeit dargestellt. Die Instrumente können dabei helfen, Auswirkungen auf Ökonomie, Umwelt und Gesellschaft komplexer Prozesse oder Produkte über den Lebensweg transparent darzustellen.

Die Instrumente werden auch als Dienstleistungen an Externe angeboten. Externe Kunden können Kunden der BASF SE sein, Zulieferer oder Verarbeiter von BASF-Produkten. Sie können aber auch gänzlich unabhängig von der BASF SE sein.

Darüber hinaus werden die Instrumente für die Meinungsbildung hinsichtlich umweltpolitischer und gesellschaftlicher Fragestellungen verwendet. (SALING et al. 2002a).

5.1.4 Einordnung der SEEBALANCE als Multikriterien-Analyse

Das Kapitel 4.2.5 beschreibt die wesentlichen Grundzüge einer Multikriterien-Analyse (multicriteria analysis; MCA). Die SEEBALANCE der BASF SE gilt als solche, da sie alle wesentlichen Merkmale einer MCA enthält.

Wichtigstes Merkmal einer MCA ist, dass verschiedene ökonomische, ökologische und gesellschaftliche Auswirkungen gleichzeitig berücksichtigt werden können. Die SEEBALANCE berücksichtigt Auswirkungen aus allen drei Nachhaltigkeitsdimensionen und erfüllt so dieses Merkmal (siehe Kapitel 5.2.4).

Ferner vergleicht eine MCA immer verschiedene Alternativen hinsichtlich ihrer Auswirkungen für eine definierte Vergleichseinheit. Auch dies ist ein Grundverständnis der SEEBALANCE (siehe Definition der Alternativen, Kapitel 5.2.2).

In Kapitel 4.2.5 wird ebenfalls beschieben, dass die Auswirkungen mit Hilfe einer Gewichtung in ein Endergebnis zusammen gebracht werden. Die SEEBALANCE hat ein festgelegtes Bewertungsschema (vgl. Kapitel 5.2.5) und entspricht auch in diesem Merkmal einer MCA.

5.2 Durchführung einer SEEBALANCE

Bei der Durchführung einer SEEBALANCE werden mehrere Stationen routinemäßig durchlaufen (vgl. Abb. 07). Dadurch wird erreicht, dass eine immer gleichbleibende Qualität gewährleistet und eine methodische Vergleichbarkeit verschiedener Studien gegeben ist. Abb. 07 zeigt die Vorgehensweise einer SEEBALANCE (SALING et al. 2002a).

Um die Organisation einer Analyse zu erleichtern, arbeitet die BASF Ökoeffizienz-Gruppe mit einer Excel®-basierten Datei. Diese Datei besteht aus zwei Teilen. Der eine Teil muss bei jeder Analyse neu entwickelt werden und enthält alle Sachbilanzen (sowohl ökologische als auch die sozialen In- und Outputs pro Modul), Betriebsdaten, Annahmen und Kosten. Die Zusammenfassung dieses Teils (eine kalkulierte Sachbilanz zu jedem Schritt im Lebensweg) wird mit dem anderen Teil verknüpft, in dem dann die Aggregation und Normierung der Daten vollzogen wird und die Ergebnisse in Form eines SEE-Rankings, der Fingerprints und je einem Diagramm zu jeder Wirkkategorie ausgegeben wird.

Die nachfolgenden Erläuterungen basieren im Wesentlichen auf den Ausführungen von SALING et al. (2002a) ‚The Method' und auf SCHMIDT (2007) ‚Bewertung der Sozioeffizienz von Produkten und Produktionsverfahren'.

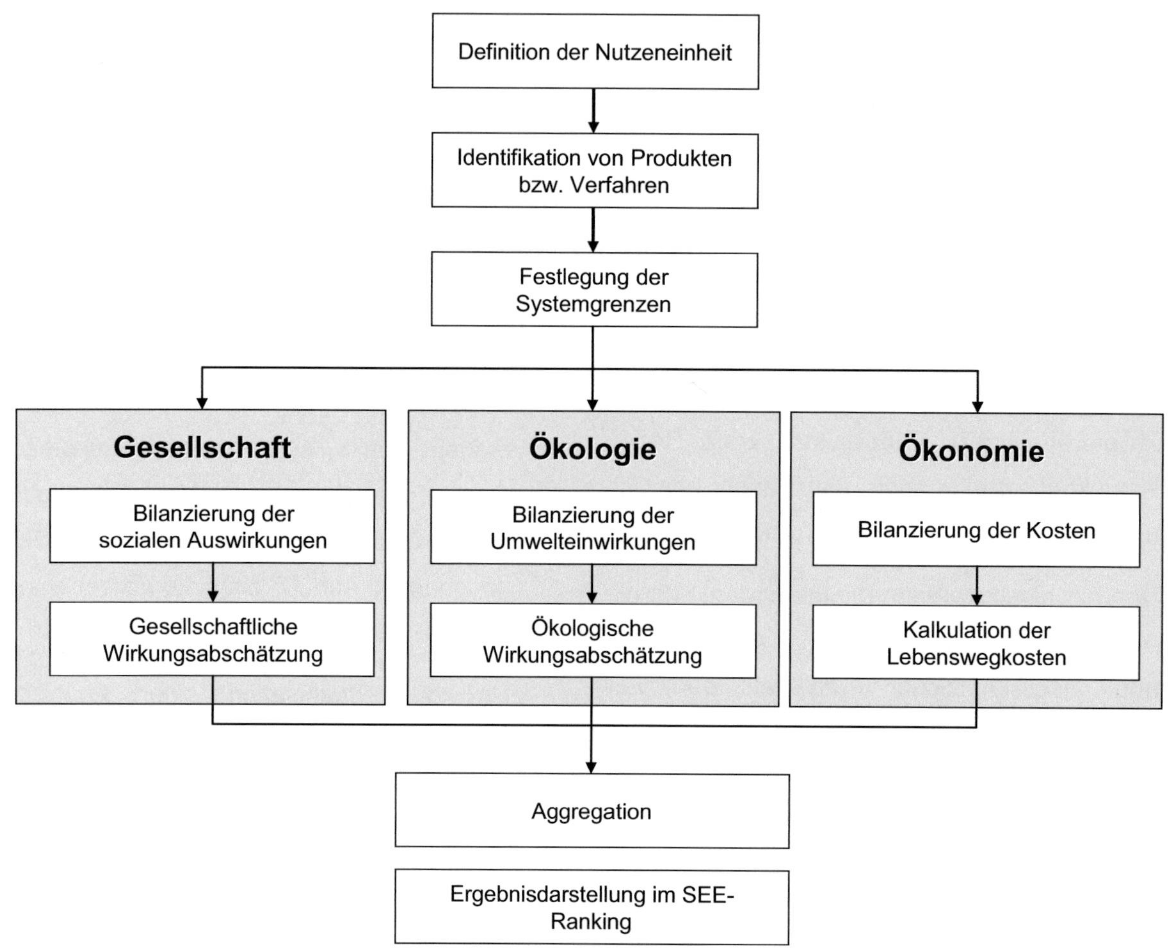

Abb. 07: Durchführung einer SEEBALANCE (eigene Darstellung nach BASF SE 2004)

5.2.1 Definition der Nutzeneinheit

Der erste Schritt einer SEEBALANCE ist die Definition der Nutzeneinheit, diese steht im Mittelpunkt einer SEEBALANCE. Die Nutzeneinheit kann sowohl verschiedene Produkte für einen Produktvergleich als auch unterschiedliche Produktionsverfahren bei einem Verfahrensvergleich einschließen (vgl. SALING et al. 2002a:204). Der Begriff Nutzeneinheit entspricht der funktionellen Einheit nach ISO 14040 (2006:4). Die funktionelle Einheit ist dort als „Quantifizierter Nutzen eines Produktsystems für die Verwendung als Vergleichseinheit in einer Ökobilanzstudie" definiert.

5.2.2 Identifikation von Produkten bzw. Verfahren

Im zweiten Schritt werden die verschiedenen Alternativen, die die definierte Nutzeneinheit erfüllen, bestimmt. Es sollten möglichst viele auf dem Markt befindlichen Alternativen betrachtet werden (vgl. nach SALING et al. 2002a:205), um einen Nischenvergleich auszuschließen.

5.2.3 Festlegung der Systemgrenzen

Im dritten Schritt einer SEEBALANCE werden die Systemgrenzen festgelegt. Sie zeigen den zu bilanzierenden Rahmen einer Analyse und sollten möglichst alle Abschnitte des Lebensweges vollständig abdecken. In der Regel

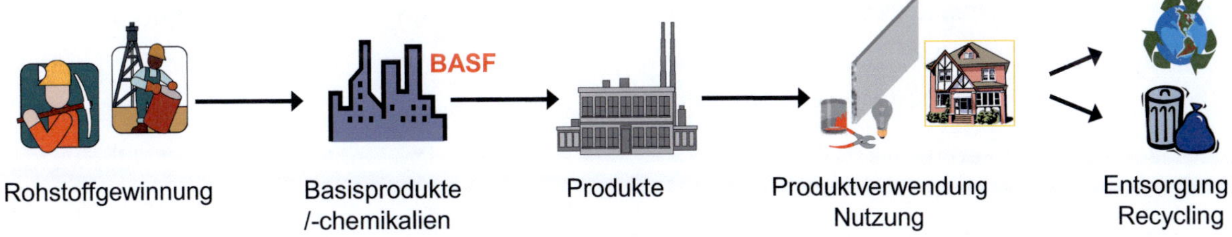

Abb. 08: Lebenswegbetrachtung von ‚der Wiege bis zur Bahre' (Darstellung nach BASF SE 2009b)

werden Herstellungs-, Nutzen-, und Entsorgungsphase des Produkts oder des Verfahrens unterschieden (vgl. Abb. 08). Jeder dieser drei Lebenswegabschnitte wird in weitere zu bilanzierende Teilprozesse unterteilt und detaillierter betrachtet. Hier können weitere Kriterien definiert werden, die das System begrenzen und damit handhabbar machen. Diese sogenannten Abschneidekriterien werden in jeder Analyse festgelegt und diskutiert.

Falls Teile des Lebenswegs bei allen betrachteten Alternativen identisch sind, können die Systemgrenzen enger gefasst werden.

5.2.4 Bilanzierung der drei Nachhaltigkeitssäulen

5.2.4.1 Ermittlung der Kosten

Die ökonomische Bilanz in der SEEBALANCE erfolgt nach PIEPENBRINK & KICHERER (2004) im Sinne des so genannten Life Cycle Costing, (LCC) (vgl. hierzu HUNKELER & REBITZER 2003). Es werden alle Lebensphasen eines Produkts, also Herstellung, Nutzung und Entsorgung bzw. Recycling, in die Kostenkalkulation einbezogen. Es werden nur reale Kosten, die vom Kunden bzw. Hersteller aufzubringen sind, betrachtet. Gemäß PIEPENBRINK & KICHERER (2004:34) gehören dazu „zwar Kosten für den betrieblichen Umweltschutz, zu zahlende Steuern oder die umweltgerechte Entsorgung, nicht aber so genannte Umweltschadensvermeidungskosten, mit denen in anderen Bewertungsverfahren die (meist hypothetische) Vermeidung oder Beseitigung von Umweltauswirkungen errechnet wird. Eine Internalisierung externer Kosten findet also nicht statt".

Bei der SEEBALANCE können je nach betrachteter funktioneller Einheit verschiedene Kostenansätze verwendet werden. In den meisten Fällen werden die Preise, die der Endkunde bezahlen muss, für die Kostenberechnung herangezogen. Darin enthalten sind beispielsweise die Kosten für die Rohstoffe, die Löhne und Gehälter, die Investitionskosten, Steuern, aber auch Gewinne. Zusätzlich werden die Betriebs- und Entsorgungskosten berechnet.

Bei langlebigen Gütern wird die Barwertmethode angewendet. Bei Gegenüberstellungen von verschiedenen Produktionsverfahren werden die Herstellkosten pro Nutzeneinheit errechnet. Es können verschiedene betriebswirtschaftliche Berechnungsverfahren angewendet werden. Bei durch Steuern stark beeinflussten Gütern (z. B. Treibstoffe) werden neben den rein betriebswirtschaftlichen auch volkswirtschaftliche Betrachtungen angestellt. (BASF SE 2009b)

Die anfallenden Kosten werden addiert und ohne zusätzliche Gewichtung der einzelnen

Beträge zusammengefasst. Hiermit lassen sich vor allem kostenintensive Bereiche besser identifizieren und mögliche Potenziale für Kostensenkungen erkennen.

5.2.4.2 Ermittlung der Umweltbelastung

Die ökologische Bilanzierung der Umweltauswirkungen beruht auf den allgemeinen Grundsätzen der Normenreihe ISO 14040&14044 (2006). Im Rahmen der SEEBALANCE werden für die Ermittlung der Umweltbelastung fünf Wirkungskategorien herangezogen (vgl. SCHMIDT 2007:160):[7]

- Energieverbrauch
- Ressourcenverbrauch / Rohstoffe
- Emissionen in Luft, Wasser und Boden (Abfall)
- Flächenbedarf
- Ökotoxizitätspotenzial

Für jeden Schritt eines Lebenswegs (vgl. Abb. 08) wird eine Bilanzierung der obengenannten In- und Outputs (also eine ökologische Sachbilanz) aufgestellt (vgl. Abb. 10). Als Umweltinput werden Primärenergieträger Rohstoffe sowie der Bedarf an Fläche erfasst, als Output gelten alle Emissionen in Luft, Wasser und Boden sowie das Ökotoxizitätspotenzial.

Nach Ermittlung der Input- und Outputströme, werden diese zu Wirkungskategorien aggregiert. Abb. 09 zeigt am Beispiel der Emissionen die Zusammenfassung ökologischer Sachbilanzdaten zu Wirkkategorien. Die Luftemissionen umfassen nach der Abbildung das Versauerungspotenzial, das Treibhauspotenzial, das Ozonzerstörungspotenzial und das Photochemische Ozonbildungspotenzial. Ihnen zugeordnet sind wiederum die wichtigen, diese Effekte verursachenden Gase, wie beispielsweise Kohlendioxid, halogenierte Kohlenwasserstoffe, Methan und Lachgas für das Treibhauspotenzial.

Alle Sachbilanzen werden in einem anschließenden Schritt einer Wirkungsabschätzung unterzogen und können so zu gemeinsamen Einheiten wie zum Beispiel CO_2-Äquivalenten für das Treibhauspotenzial zusammengefasst werden. Die Wirkkategorien werden in einem anschließenden Schritt zueinander gewichtet. (BASF SE 2009b:29):

Energieverbrauch

Zur Erfassung des vollständigen Energieverbrauchs wird der gesamte Bedarf an primären Energieträgern jeder Alternative bilanziert. Das bedeutet, dass sämtliche Energiedaten, beispielsweise Stromverbrauch, auf den Primärenergieverbrauch (einschließlich der Rohstoffgewinnung) zurückgerechnet werden. Der Energieinhalt aller Primärenergieträger, d.h. Rohöl, Erdgas, Steinkohle, Braunkohle, Uranerz, Wasserkraft und Biomasse, die während des gesamten Lebensweges eingesetzt und verwendet werden, wird in Megajoule pro Nutzeneinheit ermittelt. Die erfassten Einzelwerte des Energieverbrauchs werden schließlich zu einem Gesamtprimärenergieverbrauch addiert. In diesem sind der kumulierte Energieaufwand und die in den Produkten enthaltene Energiemenge zusammengefasst. (BASF SE 2009b:30)

[7] Eine Ökoeffizienz beinhaltet andere ökologische Wirkkatergorien als der ökologische Teil einer SEEBALANCE. Die Unterschiede der SEEBALANCE gegenüber der Ökoeffizienz-Analyse sind ausführlich in der Dissertation von Schmidt beschrieben (Schmidt 2007).

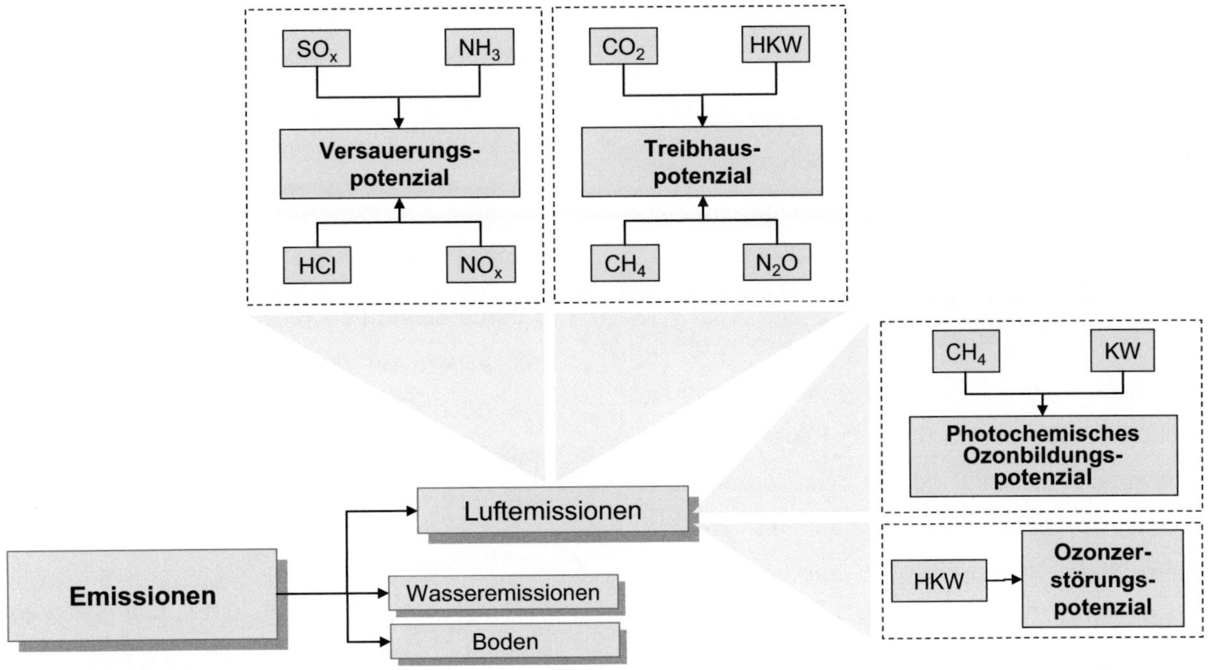
SOx
NH3
Versauerungs-potenzial
HCl
NOx
CO2
HKW
Treibhaus-potenzial
CH4
N2O
CH4
KW
Photochemisches Ozonbildungs-potenzial
HKW
Ozonzer-störungs-potenzial
Emissionen
Luftemissionen
Wasseremissionen
Boden

CO_2 Kohlendioxid

SO_X Schwefeloxid

NO_X Stickoxide

CH_4 Methan

KW Kohlenwasserstoffe

HK Halogenierte Kohlenwasserstoffe

W Ammoniak

NH_3 Lachgas

N_2O Chlorwasserstoff

HCl

Abb. 09: Zusammenfassung der Sachbilanzdaten zu Wirkkategorien am Beispiel der Emissionen (eigene Darstellung nach BASF SE 2009b)

Rohstoffe
Energien
Flächenbedarf
Lebensweg-abschnitt
Luftemissionen
Wasseremissionen
Abfälle
Ökotoxizitätspotenzial

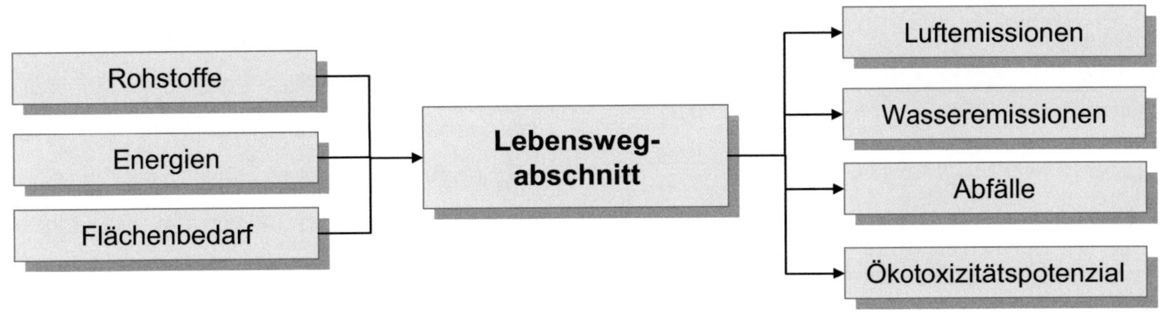

Abb. 10: Ermittlung der ökologischen Sachbilanz für einen Lebenswegabschnitt (nach BASF SE 2009 und SALING et al. 2002a:204)

Ressourcenverbrauch

Beim Ressourcenverbrauch wird zunächst die Rohstoffmenge bestimmt, die für die verschiedenen Lebenswegabschnitte (Produktion, Verwendung aber auch Entsorgung) verbraucht oder erzeugt wird. In der Regel werden Wasser, Kohle, Öl, Gas, Braunkohle, Steinsalz, Schwefel, Phosphat, Eisenerz, Kalkstein, Bauxit und Sand in Kilogramm pro funktioneller Einheit erfasst. Die ermittelten Materialienmengen werden nach der Reichweite ihrer Ressourcen in Jahren und in Abhängigkeit ihrer Reserven in Mio. Tonnen gewichtet. So wird der Verbrauch von Rohstoffen, deren Gesamtmenge[8] gering ist, und solchen, die heute sehr begehrt sind, stärker gewichtet (Übersicht siehe Tab. 06).

Tab. 06: Ermittlung der Faktoren für den Rohstoffverbrauch aus BASF SE (2009:33)

	Reichweite (Jahren)	Reserven (Mio. Tonnen)	Faktor
Steinkohle	147	478.771	0,12
Erdöl	41	164.500	0,39
Erdgas	63	163.314	0,31
Braunkohle	241	142.000	0,17
NCI	1.000	18.000.000	0,01
Schwefel	9.091	600.000	0,01
Phosphor	122	18.000	0,67
Eisenerz	70	71.000	0,45
Kalkstein	500	18.000.000	0,01
Bauxit	197	25.000	0,45
Sand	1.000	18.000.000	0,01

Diese werden daher mit einem hohen Ressourcenfaktor bewertet und der Verbrauch wird damit als umweltbelastender im Vergleich zu ausreichend vorhandenen Rohstoffen eingestuft. Nachwachsende Rohstoffe, bei deren Erzeugung von einer nachhaltigen Bewirtschaftung ausgegangen werden kann, haben hingegen eine unendliche Reichweite und haben somit einen festgelegten Gewichtungsfaktor von 0. (Saling et al. 2002b:15; BASF SE 2009b:32).

Emissionen in Luft, Wasser und Boden

In den meisten Lebenswegabschnitten werden Emissionen verursacht. In der SEEBALANCE wird nach Emissionen in Luft, Wasser und Boden unterschieden. Diese werden zunächst getrennt ermittelt und gewichtet.

Luftemissionen

Tab. 07 zeigt die für die Luftemissionen relevanten Schadstoffe sowie ihre zugehörige Wirkung auf folgende vier Kategorien:

- Treibhausgaspotenzial (Global Warming Potential, GWP)
- Ozonzerstörungspotenzial (Ozone Depletion Potential, ODP)
- Photochemisches Ozonbildungspotenzial (Photochemical Ozone Creation Potential, POCP)
- Versauerungspotenzial (Acidification Potential, AP).

In Abhängigkeit von der Wirksamkeit der verschiedenen Schadgase auf die entsprechende Kategorie wird das Wirkungspotenzial abgeschätzt. So sind beispielsweise halogenierte Kohlenwasserstoffe pro ausgestoßenem Milligramm Gas rund 5000 mal schädlicher als ein Milligramm Kohlendioxid. Für die restlichen Luftschadstoffe wird die Abschätzung des Wirkungspotenzials äquivalent durchgeführt. Es werden für jede einzelne Alternative der Analyse alle Luftschadstoffe ermittelt, normiert und entsprechend ihres Wirkungspotenzials addiert.

[8] Meint die Reserven, die nach heutigem Maßstab wirtschaftlich abbaubar sind.

Tab. 07: Faktoren zur Wirkungspotenzialabschätzung der Luftemissionen nach BASF SE (2009:35) – einige Emissionen fließen in mehrere Wirkungskategorien mit ein.

Luftschadstoffe und Wirkungskategorien	CO_2	SO_X	NO_X	CH_4	KW	HKW	NH_3	N_2O	HCl
GWP (CO_2-Äquivalent)	1			25		4750		298	
ODP (FCKW-Äquivalent)						1			
POCP (Ethen-Äquivalent)				0,007	0,42				
AP (SO_2-Äquivalent)		1	0,7				1,88		0,88

Siehe Legende Abb. 09

Wasseremissionen

Die entstehenden Wasseremissionen werden mit der Rechengröße des ‚kritischen Volumens' beurteilt (vgl. Übersicht Tab. 08). Es wird für jeden in das Wasser abgegebenen Schadstoff die theoretische Menge an Frischwasser ermittelt, die benötigt wird, um das Wasser so zu verdünnen damit das Abwasser den gesetzlich vorgegebenen Grenzwert[9] einhält. Diese Volumenmenge an zugesetztem Frischwasser wird als kritisches Volumen bezeichnet. Beispielsweise liegt der Grenzwert für Kohlenwasserstoff bei zwei Milligramm pro Liter Abwasser. Bei einer tatsächlichen Emission von zehn Milligramm Kohlenwasserstoff pro Liter benötigt man fünf Liter unbelastetes Wasser um den Grenzwert zu erreichen. Je umweltschädlicher ein Stoff ist, desto niedriger ist demzufolge sein Grenzwert und umso höher ist sein Berechnungsfaktor für das kritische Volumen. Für alle Wasserschadstoffe werden so die Berechnungs- bzw. Verdünnungsfaktoren berechnet und die Einzelwerte addiert (SALING et al. 2002a).

[9] vgl. Anhang der Rahmen-Abwasser-Verordnung in Deutschland

Tab. 08: Faktoren zur Berechnung des kritischen Wasservolumens nach BASF SE (2009:38).

	Gesetzlicher Grenzwert	Wirkungs faktor
Chemischer Sauerstoffbedarf (CSB)	75 mg/l	0,013 l/mg
Biochemischer Sauerstoffbedarf (BSB_5)	15 mg/l	0,067 l/mg
N-tot	13 mg/l	0,077 l/mg
Ammonium (NH_4^+)	10 mg/l	0,1 l/mg
P-tot	1 mg/l	1 l/mg
Adsorbierbare Organisch gebundene Halogene (AOX)	1 mg/l	1 l/mg
Schwermetalle	1 mg/l	1 l/mg
Kohlenwasserstoff	2 mg/l	0,5 l/mg
Sulfate (SO_4^{2-})	1000 mg/l	0,001 l/mg
Chloride (Cl^-)	1000 mg/l	0,001 l/mg

Abfälle

Die Bewertung der Abfälle schließt vier Abfallkategorien mit ein: Siedlungsabfälle, besonders überwachungsbedürftige Abfälle (Sonderabfälle), Bauschutt und Abraum (siehe Tab. 09). Diese Gruppen werden gewichtet mit den Kosten, die bei der Wiederaufbereitung,

Behandlung oder Entsorgung der Abfälle entstehen. Es wird also angenommen, je aufwendiger die Aufbereitung und damit auch die entstehenden Kosten sind, desto gefährlicher ist ein Abfall. Durch diese Bewertung werden gefährliche Abfälle stärker gewichtet (vgl. SALING et al. 2002a).

Tab. 09: Faktoren zur Wirkungsabschätzung von Abfällen (BASF SE 2009b:40)

Abfallart	Entsorgungskosten	Wirkungsfaktor
Sondermüll	500 Euro/t	5
Hausmüll	100 Euro/t	1
Bauschutt	20 Euro/t	0,2
Abraum	2 Euro/t	0,02

Flächenbedarf

Für jeden Schritt im Produktlebensweg wird Fläche benötigt. Entsprechend der Art und der Nutzung einer Fläche kann es zu Veränderungen der ursprünglichen Bodenfunktion kommen. Die Beeinträchtigung kann neben einer Verminderung der Funktionalität sogar bis zur Zerstörung der Fläche im natürlichen Sinn führen. Maßgebliche Veränderungen beinhalten das Zerschneiden von Ökosystemen und den Verlust von Lebensraum für Flora und Fauna. Die Fläche wird dadurch zur endlichen Ressource und muss entsprechend bei der ökologischen Bilanz berücksichtigt werden.

In der SEEBALANCE (ebenso wie in der Ökoeffizienz-Analyse) erfolgt die Bewertung des Flächenbedarfs anhand einer Gewichtung, die sowohl von der Flächennutzung als auch der Umwandlung abhängt. Es werden verschiedene Arten der Flächennutzung, bzw. -umwandlung unterschieden. Insgesamt werden sechs Flächenklassen berücksichtigt (siehe Tab. 10). (BASF SE 2009b:42f)

Für die Gewinnung von Rohstoffen oder durch Bebauung wird Fläche z.B. von naturnaher oder halbnatürlicher zu naturfernerer Fläche umgewandelt. In der Regel wird vor allem in unserem Kulturraum heute keine natürliche und naturnahe Fläche mehr umgewandelt, da diese Flächenarten kaum mehr vorhanden sind. Darüber hinaus wird zunächst in Gebieten Fläche umgewandelt, in denen bereits eine Vorprägung stattgefunden hat, d.h. in Ballungszentren, Industrieparks etc. (WESTERICH 2006:44)

Tab. 10: Berechnung des Flächenbedarfs (BASF SE 2009b:43)

	Flächenklasse	Wirkungsfaktor	Flächentyp
I.	natürlich	0	Unbeeinflusste Ökosysteme
II.	naturnah	1	Naturnahe Forstwirtschaft, Waldgebiete
III.	halbnatürlich	1,5	Halbnatürliche landwirtschaftliche Nutzung, Biolandbau, Grünland
IV.	naturfern	2,25	Ackerbau
V.	versiegelt	5,1	Versiegelte und beeinträchtigte Flächen
VI.	versiegelt und zerteilt	7,6	Verkehrsflächen, die Ökosysteme zerteilen (Strassen, Schienen, Wasserstraßen)

Ökotoxizitätspotenzial

Das Ökotoxizitätspotenzial bewertet die potenziellen Auswirkungen von Stoffen auf die belebte Umwelt. Hierzu wird die Wirkung natürlicher oder synthetischer Substanzen auf Teile eines Ökosystems, wie zum Beispiel auf Tiere, Pflanzen und Mikroorganismen untersucht (CHAUCHOT 2006:25). Das Ökotoxizitätspotenzial wird anhand eines von BASF SE entwickelten Bewertungsschemas bilanziert und ist detailliert in ‚Assessing the Environmental-Hazard Potential for Life Cycle Assessment, Eco-Efficiency and SEEBALANCE' von SALING et al. (2005) beschrieben.

Die Berechnung des Ökotoxizitätspotenzials in der SEEBALANCE setzt sich aus der Exposition einer Substanz in die Umwelt und der Gefährlichkeit dieser zusammen (SALING et al. 2005).

Ausführlich wird die Berechnung des Ökotoxizitätspotenzials in Kapitel 8.2.2.2 beschrieben.

5.2.4.3 Ermittlung der Sozialen Auswirkungen

Die sozialen Auswirkungen werden bei der SEEBALANCE auf Grundlage von fünf Betroffenengruppen, den sogenannten Stakeholdern, bestimmt. Folgende Gruppen wurden als wichtigste Stakeholder, die während der Herstellung, Anwendung und Entsorgung von Produkten oder Herstellungsverfahren betroffen sein können, identifiziert (SCHMIDT 2007):

- Arbeitnehmer [Arbeitsbedingungen]
- zukünftige Generationen
- Umfeld und Gesellschaft
- internationale Gemeinschaft und
- Verbraucher

Die sozialen Auswirkungen auf die Betroffenengruppen werden mit Hilfe quantifizierbarer Indikatoren mit Produktbezug bilanziert und sind in Abb. 11 den jeweiligen Stakeholdern zugeordnet.

Ob ein Produkt oder Herstellungsverfahren nach den oben aufgeführten Kriterien sozial nachhaltiger ist als andere definierten die

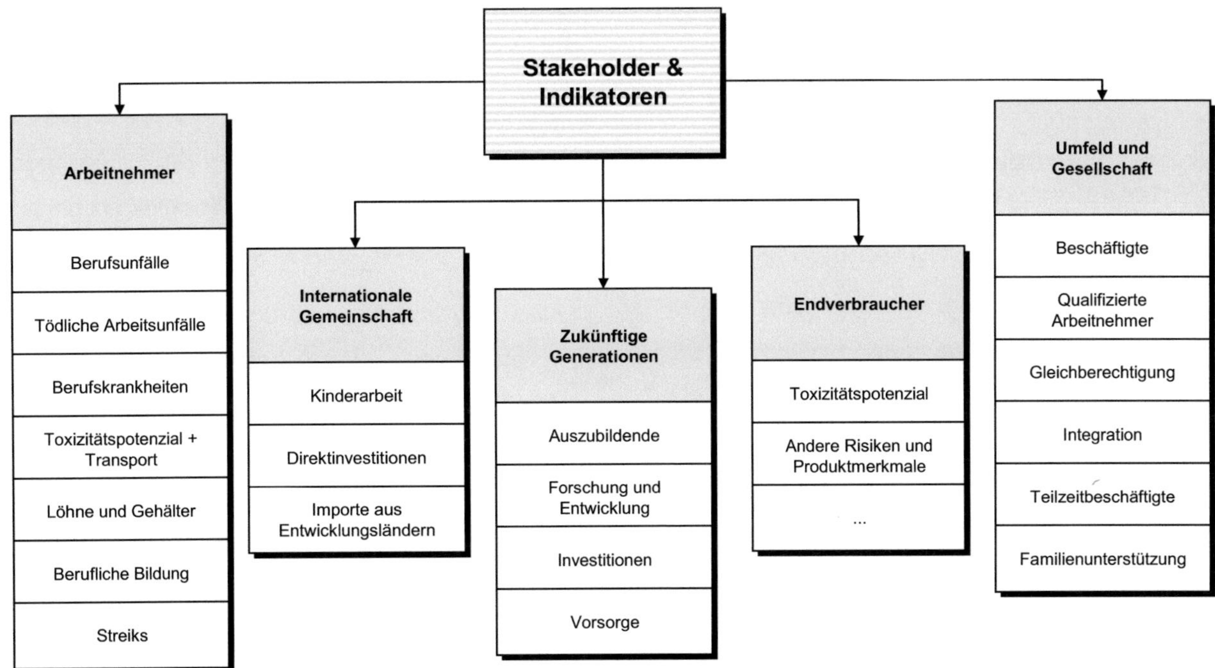

Abb. 11: Die Stakeholder und soziale Indikatoren zur Bewertung sozialer Auswirkungen (BASF SE 2004:26)

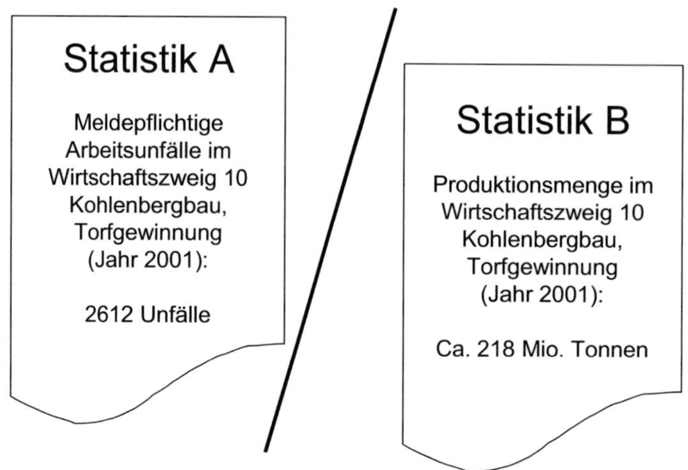

Abb. 12: Wirtschaftszweigansatz: Meldepflichtige Arbeitsunfälle pro Tonne Braunkohle (BMBF 2007:96)

Partner im Rahmen des BMBF-Forschungsprojekts (2007) wie folgt:

"Ein Produkt oder Herstellungsverfahren gilt dann alternativen Produkten oder Verfahren in Bezug auf die soziale Dimension der Nachhaltigkeit als überlegen, wenn es einen größeren Betrag zum Erreichen der sozialen Ziele leistet, die in der internationalen Debatte über die nachhaltige Entwicklung festgelegt werden (oder wenn sein Negativbeitrag kleiner ist)."

5.2.4.3.1 Produktbezug durch die Wirtschaftszweiganalyse

Für die SEEBALANCE ist es notwendig, dass alle sozialen Indikatoren einen quantitativen Bezug zu Produktmengen aufweisen (z.B. ‚Beschäftigte pro kg Produkt'). In der SEEBALANCE wird hierzu die so genannte Wirtschaftszweiganalyse (Sector Assessment) verwendet, die auf der Kombination von Statistiken nach Wirtschaftszweigen und der amtlichen Produktionsstatistik basiert.

Abb. 12 zeigt das Vorgehen anhand der meldepflichtigen Arbeitsunfälle pro Tonne Braunkohle. Nach SCHMIDT (2007) wird der Wert des Indikators (z.B. die Anzahl der meldepflichtigen Arbeitsunfälle) je Branche durch die jeweilige Produktionsmenge der dazugehörigen Branche dividiert. „Als Ergebnis erhält man für jeden Wirtschaftszweig spezifische mengenbezogene Kennzahlen. Diese Kennzahlen lassen sich mit den in der ökologischen Sachbilanz ermittelten Stoff- und Energieströmen verknüpfen. Auf diese Weise ist eine Bilanzierung der sozialen Auswirkungen aller Produktionsschritte möglich." (BMBF 2007:96)

Alle Kennzahlen werden auf Basis der europäischen Wirtschaftszweigklassifikation NACE (Nomenclature générale des activités économiques dans les Communautés Européennes) und der entsprechenden Güterklassifikation CPA (Classification of Products by Activity) gebildet. Die NACE Klassifikation ist in verschiedene Ebenen gegliedert:

- Abschnitte (alphabetischer Code)

- Abteilungen (zweistelliger numerischer Code, kurz 2-Steller)
- Gruppen (dreistelliger numerischer Code, kurz 3-Steller)
- Klassen (vierstelliger numerischer Code, kurz 4-Steller)
- Unterklassen (fünfstelliger numerischer Code, kurz 5-Steller)

Die Abschnitte teilen sich in verschiedene Bereiche auf:

Tab. 11: Abschnitte der Wirtschaftszweigklassifikation (SCHMIDT 2007:106)

Abschnitt	Bennennung
A, B	Land- und Forstwirtschaft, Fischerei
C, D, E	Produzierendes Gewerbe
F	Baugewerbe
G, H, I	Handel und Gastgewerbe sowie Verkehr
J, K	Finanzierung, Vermietung und Unternehmensdienstleister
L-Q	Öffentliche und private Dienstleistung

Tab. 12: Auszug aus der Wirtschaftszweigklassifikation NACE (BASF SE 2004:16)

Hierarchie-Ebene	Codierung		Beispiel
1. Abschnitte	alphabetisch A-Q	D	Herstellung für Waren
2. Unterabschnitte	doppelt alphabetisch CA-DN	DG	Herstellung von chemischen Erzeugnissen
3. Abteilungen	‚2-Steller' 01-99	24	Herstellung von chemischen Erzeugnissen
4. Gruppen	‚3-Steller' 01.1-99.0	24.4	Herstellung von pharmazeutischen Erzeugnissen
5. Klassen	‚4-Steller' 01.11-99.00	24.41	Herstellung von pharmazeutischen Grundstoffen

Tab. 11 und Tab. 12 zeigen einen exemplarischen Auszug aus der NACE Klassifikation und zeigen die Detailtiefe auf der die Kennzahlen gebildet werden können. (BMBF 2007:94ff)

5.2.4.3.2 Berücksichtigte Stakeholder und ihre Indikatoren

Die nachfolgenden Indikatoren lassen sich in positive und negative Indikatoren einteilen. Positive Indikatoren folgen dem Prinzip ‚je höher umso besser für den Stakeholder'. Beispiel: Je höher die Löhne und Gehälter, umso besser für die Beschäftigten. Andererseits gibt es auch negative Indikatoren nach dem Prinzip ‚je niedriger umso besser' wie etwa die Anzahl der Arbeitsunfälle. Die nachstehenden Definitionen der einzelnen Sozialindikatoren sind im Wesentlichen der Dissertation von SCHMIDT (2007:131ff.) entnommen und sind dort näher beschrieben:

Arbeitnehmer

Meldepflichtige Arbeitsunfälle (Anzahl):

Erfasst werden meldepflichtige Arbeitsunfälle. Meldepflichtig sind Unfälle, die eine Ausfallzeit von drei oder mehr Tagen zur Folge haben (HVBG 2002:14).

Tödliche Arbeitsunfälle (Anzahl):

Als tödliche Unfälle werden von den Berufsgenossenschaften „die Fälle mit Tod im Berichtsjahr erfasst, bei denen der Tod innerhalb von 30 Tagen nach dem Unfall eingetreten ist" (HVBG 2002:24).

Anerkannte Berufskrankheiten (Anzahl):

„Anerkannte Berufskrankheiten sind die, bei denen sich der durch die Berufskrankheiten-Anzeige geäußerte Verdacht auf das Vorliegen einer Berufskrankheit im Feststellungsverfahren bestätigt hat" (HVBG 2002:32). Als wichtigste Voraussetzung hierfür "muss zwischen versicherter Tätigkeit und schädigender Einwirkung sowie zwischen dieser Einwirkung und der Erkrankung ein rechtlich wesentlicher ursächlicher Zusammenhang bestehen" (HVBG 2002:26).

Löhne und Gehälter (€):

Die Löhne und Gehälter umfassen das Entgelt für die geleistete Arbeitszeit, Sonderzahlungen und Vergütungen arbeitsfreier Tage (DESTATIS 2003).

Berufliche Bildung (€):

Unter Beruflicher Bildung werden Sach- und Fremdkosten für die berufliche Aus- und Weiterbildung erfasst (BMBF 2007:101).

Streiks und Aussperrungen (Stunden):

Streiks und Aussperrungen, an denen mindestens zehn Arbeitnehmer beteiligt waren und die mindestens einen Tag dauerten oder einen Verlust von mehr als 100 Arbeitsstunden verursachten, werden als „verlorene Arbeitsstunden pro Produktionsmenge erfasst. (BMBF 2007:101)

Toxizitätspotenzial (Punkte) und Transport:

Das Humantoxizitätspotenzial wird anhand eines von BASF SE entwickelten Bewertungsschemas bilanziert. Das prinzipielle Vorgehen ist in ‚Eco-efficiency Analysis by BASF SE: The Method' von SALING et al. (2002a) und ‚Assessment of Toxicological Risks for Life Cycle Assessment and Eco-efficiency Analysis' von LANDSIEDEL & SALING (2002) beschrieben. In Kapitel 8.2.2.2 wird die Bewertung ausführlicher beschrieben.

Neben dem Toxizitätspotenzial werden Transportunfälle erfasst. Anhand der Unfallhäufigkeit auf den Transportwegen Straße, Schiene, Binnenschifffahrt, Seeschifffahrt und Pipeline wird über die Strecken, die bei jeder Alternative auf dem jeweiligen Transportweg zurückgelegt werden, die Zahl der Unfälle berechnet.

Internationale Gemeinschaft

Die sozialen und gesellschaftlichen Auswirkungen auf die internationale Gemeinschaft werden derzeit nur mit einem Indikator abgebildet, den Auslandsdirektinvestitionen in Entwicklungsländern. Die beiden anderen Indikatoren Importe aus Entwicklungsländern und Kinderarbeit können bislang aufgrund der mangelhaften Datenlage nicht integriert werden. Mit den verfügbaren Daten ist es nicht möglich, einen quantitativen Produktmengenbezug herzustellen. (BMBF 2007:106).

Zukünftige Generationen

Auszubildende (Anzahl):

Erfasst wird die Zahl der Personen, die aufgrund eines Ausbildungsvertrages nach dem Berufsbildungsgesetz eine betriebliche Berufsausbildung in einem anerkannten Ausbildungsberuf durchlaufen (BMBF 2007:104).

Aufwendungen für Forschung & Entwicklung (F&U) (€):

Erfasst werden die internen und externen Aufwendungen der Wirtschaft für Forschung & Entwicklung.

Investitionen (€):

Als Investitionen wird von DESTATIS (2007c:8) der „Wert der im Geschäftsjahr aktivierten Bruttozugänge an Sachanlagen" definiert.

Aufwendungen für Vorsorgeeinrichtungen (€):

Zu Aufwendungen für Vorsorgeeinrichtungen werden Arbeitgeberpflichtbeiträge zur Kranken-, Pflege-, Arbeitslosen- und Rentenversicherung, Beiträge zur Unfallversicherung, Aufwendungen für die betriebliche Altersversorgung sowie Aufwendungen für sonstige

Vorsorgeeinrichtungen gezählt (BMBF 2007:106).

Endverbraucher

In der Kategorie ‚Verbraucher' können keine Indikatoren auf der Grundlage von Statistiken definiert werden, da diese abhängig von der Nutzeneinheit und damit von der jeweiligen Studie sind. Lediglich der Indikator ‚Toxizitätspotenzial' wird hier regelmäßig mit abgebildet, wobei dieser auf der gleichen Datenbasis beruht wie das Toxizitätspotenzial für den Arbeitnehmer (BMBF 2007:107). Erfasst wird hier jedoch lediglich das Toxizitätspotenzial eines Stoffes während der Nutzenphase, d.h. in der Anwendung eines Produktes durch den Endverbraucher.

Umfeld und Gesellschaft

Beschäftige (Anzahl):
Zu den Beschäftigten zählen alle am Monatsende im Betrieb tätigen Personen einschließlich tätiger Inhaber und mithelfender Familienangehöriger (SCHMIDT 2007:136).

Qualifizierte Beschäftigte (Anzahl):
Qualifizierte Beschäftigte sind alle Beschäftigten abzüglich ungelernter Arbeiter (z.B. Hilfsarbeiter) (BMBF 2007:103).

Gleichberechtigung (Anzahl):
Der Indikator Gleichberechtigung wird über die Anzahl weiblicher leitender Angestellter in den Wirtschaftszweigen erfasst (BMBF 2007:103).

Integration (Anzahl):
Die Integration schwerbehinderter Menschen ergibt sich aus der Zahl der von Personen dieser Gruppe besetzen Arbeitsplätze (BMBF 2007:103).

Teilzeitbeschäftigte (Anzahl):
Teilzeitarbeit ist das Erbringen einer Arbeitsleistung, die in einer kürzeren Wochenarbeitszeit erbracht wird, als sie von vollzeitbeschäftigten, vergleichbaren Arbeitnehmern geleistet wird (BMBF 2007:103).

Familienunterstützung (€):
Die Familienunterstützungen umfassen "Verheirateten- und Kinderzuschläge, Zuwendungen bei Heirat, Krankheit, Geburt, Tod; bei Unternehmen, die nach dem Bundesangestelltentarif vergüten, die Differenz zwischen dem Ortszuschlag für Ledige und dem tatsächlich gezahlten Ortszuschlag" (DESTATIS 2003:11). Es werden zusätzlich die gesetzlichen Zuschüsse zum Mutterschaftsgeld gezählt (SCHMIDT 2007:104).

5.2.5 Aggregation und Darstellung der Endergebnisse

Die Berechnung der Ergebnisse und deren Darstellung teilen sich in verschiedene aufeinanderfolgende Schritte auf:

- Darstellung der einzelnen Kriterien in Diagrammen
- Aggregation und Gewichtung der Einzelkriterien zu einem Gesamtergebnis
- Zusammenfassung der ökologischen und sozialen Aspekte im ökologischen und im sozialen Fingerabdruck
- Darstellung des Gesamtergebnisses im SEE-Ranking

Einzeldiagramme

Zunächst werden die Ergebnisse der ökologischen und sozialen Kriterien sowie die der Kostenerfassung in Balkendiagrammen wiedergegeben. In diesen werden für jede Alternative die Auswirkungen des Indikators über den gesamten Lebensweg summiert und dargestellt. Häufig ist der Gesamtbetrag nach den Bereichen Produktion, Nutzung und

Entsorgung oder noch detaillierter nach verschiedenen wichtigen Lebenswegschritten aufgegliedert (BMBF 2007:110). Abb. 13 zeigt beispielsweise den sozialen Indikator ‚Beschäftigte pro Nutzeneinheit'. Die beiden miteinander verglichenen Alternativen weisen eine unterschiedliche hohe Zahl an Beschäftigten über den Lebensweg auf. So ist die Produktionsphase von ‚Alternative 1' vergleichsweise arbeitsintensiver als bei ‚Alternative 2', wohingegen die Entsorgung bei ‚Alternative 2' rund dreifach so viele Beschäftigte aufweist. Jedes Balkendiagramm gibt durch diese Darstellung darüber Auskunft, wo die Vor- aber auch Nachteile des jeweiligen Produktes oder Verfahrens liegen. Damit kann Handlungsbedarf erkannt oder das besondere Potenzial einer Alternative festgestellt werden. (BMBF 2007:111). Der blaue Pfeil zeigt immer die Höhenpräferenz des Indikators an: ein Pfeil nach oben steht für ‚je höher desto besser', nach unten ‚je niedriger desto besser'. In diesem Fall, je höher die Anzahl der Beschäftigten desto besser für die Gesellschaft.

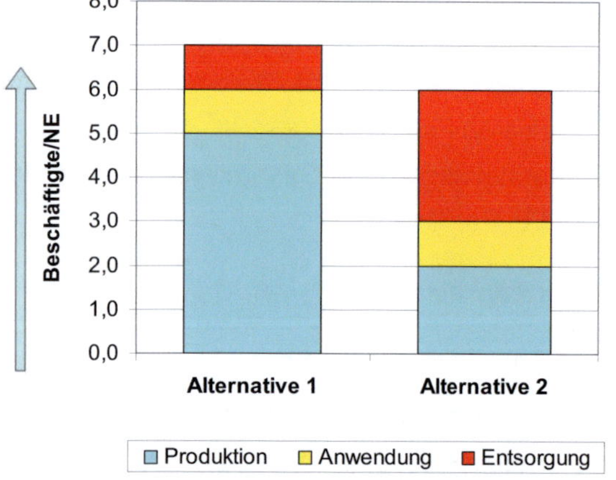

Abb. 13: Einzeldiagramm für die Anzahl der Beschäftigten über den Lebensweg pro Nutzeneinheit

Aggregation und Gewichtung

Die Präsentation eines Gesamtergebnisses auf Grundlage der Einzelergebnisse ist häufig unübersichtlich und schwer zu interpretieren. Die BASF SE hat daher ein Verfahren entwickelt, bei dem die verschiedenen Kriterien kombiniert und zusammengefasst werden, so dass ein Gesamtergebnis berechnet werden kann. Das Verfahren zur Berechnung des Gesamtergebnisses ist immer gleich. Dadurch erwartet sich die BASF SE eine hohe Akzeptanz, da eine Bewertung und eine daran anschließende Entscheidungsempfehlung immer aufgrund derselben Indikatoren und desselben Bewertungsprozesses erfolgt. (SALING et al. 2002a:213)

Der Aggregations- und Bewertungsprozess erfolgt mit Hilfe eines sogenannten Rechenfaktors. Dieser setzt sich wiederum aus zwei Faktoren zusammen: dem Relevanzfaktor und dem Gesellschaftsfaktor. Nach der DIN ISO entspricht die Berechnung der Relevanzen der ‚Normierung' und die Aggregation mit den Gesellschaftsfaktoren der ‚Gewichtung' (DIN ISO 14040). Die Begrifflichkeiten werden im Folgenden äquivalent verwendet.

<u>Der Gesellschaftsfaktor (Gewichtungsfaktor)</u>

Der Gesellschaftsfaktor ist ein subjektiver Faktor, der mit Hilfe von Meinungsumfragen ermittelt wurde. Die grundlegende Frage, die beantwortet wird ist: ‚Wie wichtig ist der Gesellschaft die Reduzierung einzelner Umweltbelastungen bzw. wie relevant werden soziale Auswirkungen eingestuft?'

Die Faktoren bestehen für den ökologischen Teil bereits seit 1997 (vgl. SALING et al. 2002a) und die sozialen Faktoren wurden im BMBF geförderten Projekt zur Weiterentwicklung der Ökoeffizienz-Analyse zur SEEBALANCE abgeleitet (BMBF 2007). Für die ökologischen

Tab. 13. Gewichtungsfaktoren unterschiedlicher Länder, bzw. Kontinente seit 1997 (nach BASF SE 2009b)

	Europa [%]	UBA [%]	USA [%]	Japan [%]	Afrika [%]
Rohstoffe	20	15	25	17	25
Energie	20	13	20	18	20
Flächenbedarf	10	17	5	15	5
Risiko	10	10	10	16	10
Toxizität	20	20	10	16	10
Emissionen	20	25	30	18	30
Wasser	35	44	40	34	40
Abfälle	15	12	30	32	30
Luft	50	44	30	34	30
GWP	50	50	50	28	50
POCP	20	20	20	22	20
ODP	20	20	20	27	20
AP	10	10	10	23	10

Faktoren wurden auch Expertenbefragungen in verschiedenen Ländern durchgeführt (siehe Tab. 13). So berücksichtigen die Gesellschaftsfaktoren, dass nicht jede Umweltkategorie von einer Gesellschaft im gleichen Maße als Belastung empfunden wird. Beispielsweise wird der Flächenbedarf im dicht besiedelten Japan mit 15% deutlich höher bewertet als in den USA (5%). (WESTERICH 2006:44f). Ähnlich verhält es sich mit den sozialen Indikatoren. Diese sind im SALING et al. (2007) aufgeführt.

Der Relevanzfaktor (Normierung)

Im Unterschied zum Gesellschaftsfaktor ist der Relevanzfaktor ein objektiver, mit Hilfe der Methode des ‚spezifischen Beitrags' ermittelter Wert. Betrachtet wird, welchen Anteil die betrachtete Umweltlast an der gesamten Umweltbelastung bzw. welchen Anteil die sozialen Effekte an den gesamten gesellschaftlichen Auswirkungen des jeweiligen Landes hat. Z.B. welchen Anteil die betrachtete Emission an der Gesamtemission in Deutschland hat.

Die in der Analyse errechneten Daten werden mit statistischen Werten für den betreffenden Untersuchungsraum verglichen. Ist der Beitrag der Belastung an der Gesamtbelastung relativ groß, so wird die entsprechende Wirkungskategorie stark gewichtet und umgekehrt. (WESTERICH 2006:44f). Je größer z.B. der Anteil einer Emission an der Gesamtemission des Untersuchungsgebiets ist, umso höher wird der Relevanzfaktor. Durch dieses Verfahren wird verhindert, dass kleine Emissionen, die für die Gesamtemissionssituation z.B. in Deutschland keine Rolle spielen, überbewertet werden und andere, größere und entscheidende Emissionen zu gering bewertet werden.

Mit den Relevanzfaktoren werden während der Rechnung automatisch die Haupteinflussgrößen ermittelt. Je größer der Relevanzfaktor ist, umso wichtiger ist dieser Indikator für das betrachtete Produkt oder Verfahren. Diese Information wird dazu verwendet, die eingesetzten Basiswerte und Modelle zu hinterfragen und die Haupteinflussgrößen des Systems zu ermitteln. (SALING et al. 2002b)

Rechenfaktor

Der Rechenfaktor setzt sich wie folgt zusammen:

Rechenfaktor = √ [Gesellschaftsfaktor x Relevanzfaktor]

Durch die multiplikative Verknüpfung der Wurzel der Gewichtungsfaktoren (siehe Tab. 13) und der Wurzel der berechneten Relevanzfaktoren erhält man die Rechenfaktoren. Dadurch, dass die Relevanzfaktoren je nach den Ergebnissen der einzelnen Analysen unterschiedliche Werte annehmen können, verändern sich auch die Rechenfaktoren entsprechend zu einem spezifisch für jede Analyse geltenden Schema (SALING et al. 2002b)

Die Rechenfaktoren werden sowohl für die Aggregation der Emissionen GWP, AP POCP und ODP zu den Luftemissionen vorgenommen als auch bei den verschiedenen Emissionen für den Fingerabdruck und schließlich bei der Aggregation zu einem Wert auf der ökologischen bzw. sozialen Achse.

Fingerabdrücke

Um die Einzelergebnis der Umweltbelastung und der sozialen Auswirkungen zusammenzufassen und graphisch im sogenannten ökologischen und sozialen Fingerabdruck (fingerprint) darstellen zu können, müssen die Ergebnisse der fünf Umweltkategorien und der fünf Betroffenengruppen normiert werden. Der schlechtesten Alternative in jeder Kategorie bzw. jedes Stakeholders wird jeweils der Wert eins zugewiesen.

Die verbleibenden Alternativen werden relativ dazu mit Werten zwischen null und eins bewertet (SALING et al. 2002:11ff.) Je mehr der Wert einer Alternative gegen null geht, umso günstiger ist sie im relativen Vergleich zu der anderen Alternative. Die Achsen sind sowohl beim ökologischen als auch beim sozialen Fingerabdruck unabhängig von einander, so dass eine Alternative, die z.B. günstig für den Arbeitnehmer ist, durchaus weniger vorteilhaft für die zukünftigen Generationen sein kann. (SALING et al. 2007:111).

Die Darstellung fasst die sozialen und ökologischen Vor- und Nachteile der betrachteten Alternativen zusammen. Abb. 14 zeigt beispielhaft einen ökologischen und

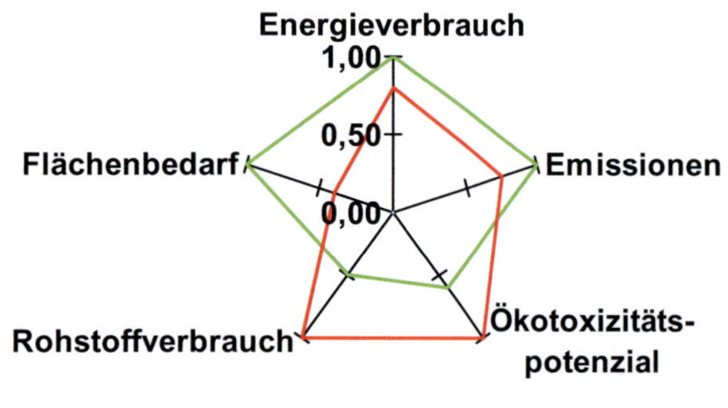

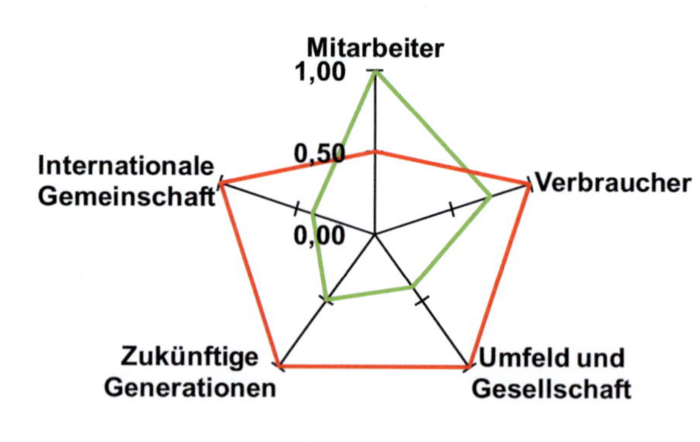

Alternative 1 Alternative 2

Abb. 14: Sozialer und ökologischer Fingerabdruck

sozialen Fingerabdruck.

Gesamtdarstellung: SEE-Ranking

Zum Abschluss einer SEEBALANCE werden alle Ergebnisse in einem SEE-Ranking aggregiert. Hierfür werden die Gesamtkosten, die Umweltbelastung und die sozialen Auswirkungen auf drei Zahlenstrahlen aufgetragen (Abb. 15, links). Je weiter außen eine Alternative liegt, desto ungünstiger ist diese in der betreffenden Achse.

Die drei Achsen sind entsprechend ihrer Wichtigkeit in der betreffenden Analyse gewichtet. Dafür werden die entstehenden Kosten pro Nutzeneinheit zu dem Gesamtumsatz des produzierenden Gewerbes im betrachteten Gebiet ins Verhältnis gesetzt. Dadurch wird ähnlich wie bei der Berechnung von Relevanzfaktoren der Gesamtumweltbelastung, ein Relevanzfaktor zur Berücksichtigung der Gesamtkosten, der Kostenrelevanzfaktor errechnet. Bei diesem Faktor wird berücksichtigt, wie weit die betrachteten Alternativen z.B. am Bruttoinlandsprodukt eines Landes, beteiligt sind. Der Wert ist absolut gesehen sehr klein, kann aber zu Vergleichszwecken herangezogen werden. Dies wird ebenso für die gesellschaftlichen und die ökologischen Faktoren berechnet.

Vergleicht man nun den Kostenrelevanzfaktor mit dem Umweltrelevanzfaktor, kann die dominierende Achse quantitativ ermittelt und das Verhältnis der beiden Achsen zueinander festgelegt werden. Mit diesem System können Analysen, bei denen z.B. ökonomische Faktoren eine höhere Relevanz gegenüber ökologischen Faktoren aufweisen, die Achse der Gesamtkosten stärker berücksichtigt werden und umgekehrt. Somit erhält man ein definiertes Verhältnis von Umwelt zu Kosten, das U/K-Verhältnis. (SALING et al. 2002a).

$$\frac{Relevanz_{Umwelt}}{Relevanz_{Kosten}} = U/K\text{ - }Verhältnis$$

Ebenso verhält es sich für die gesellschaftliche Achse.

Abschließend werden die drei gewichteten Dimensionen der Nachhaltigkeit im so genannten SEE-Ranking, dargestellt (Abb. 15, rechts). Je höher die Sozio-Ökoeffizienz einer Alternative, umso weiter oben befindet sie sich. Alternativen mit schlechter Sozio-Ökoeffizienz liegen im Vergleich weiter unten.

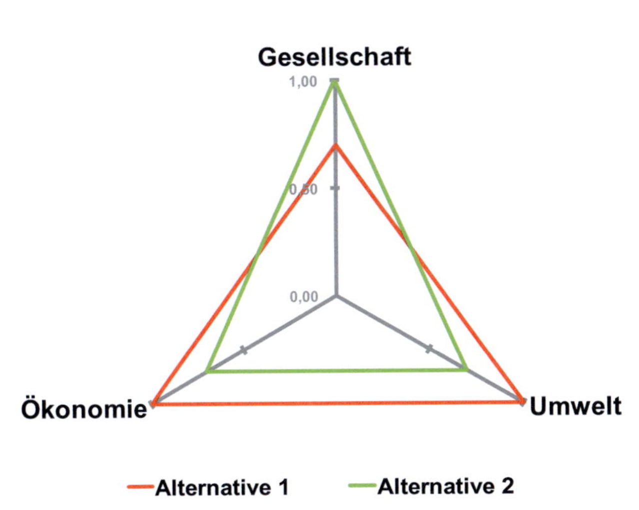

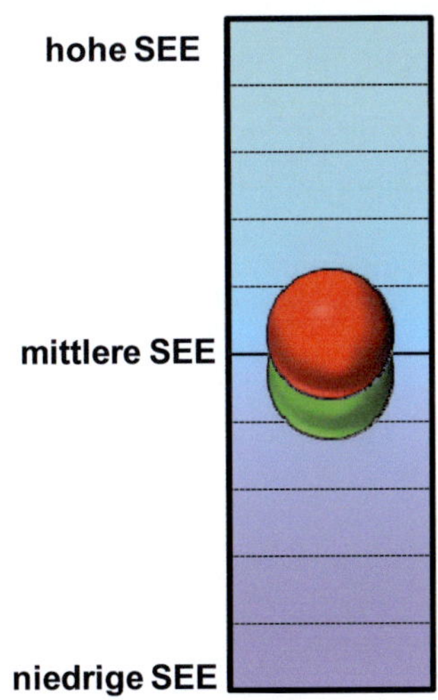

Abb. 15 : SEE-Ranking (SEE steht für Sozio-Eco-Efficiency)

5.3 Zwischenfazit

Das vorliegende Kapitel diente dazu, ein tiefer gehendes Verständnis zur Methode der SEEBALANCE zu erhalten. Hierzu wurden zunächst die Entstehung (siehe Kapitel 1.1.1) und das grundlegende Verständnis (Kapitel 5.1.2) dieses Entscheidungsinstruments reflektiert.

In Kapitel 5.1.3 wurden die Verwendung und die damit verbundenen Möglichkeiten des Instruments in der BASF SE vorgestellt. Das anschließende Kapitel vergleicht und erläutert, warum die SEEBALANCE eine Multi-Kriterien-Analyse ist und ein Instrument zur Unterstützung multikriterieller Entscheidungen.

Der zweite Teil dieses Kapitel gibt detailliert wieder, wie eine SEEBALANCE durchgeführt wird (Kapitel 5.2). Bei diesem Verfahren wird zunächst eine Vergleichseinheit definiert und Alternativen identifiziert, die diesen Nutzen erfüllen. Anschließend werden die Systemgrenzen festgelegt. Danach werden die Kosten, die ökologischen und gesellschaftlichen Kriterien über den Lebensweg bilanziert und summiert. Diese Auswirkungen werden mit einem Gewichtungsschema zusammengefasst. Ein Produkt gilt dann als sozio-ökoeffizienter, wenn es im Vergleich zu alternativen Lösungen ein besseres Verhältnis von Umweltverträglichkeit und gesellschaftlichen Auswirkungen zu Kosten besitzt.

Zusammenfassend lassen sich verschiedene Charakteristika der SEEBALANCE festhalten, die bei den Weiterentwicklungen zu berücksichtigen sind:

- Definition von Sozio-Ökoeffizienz als Verhältnis von Umweltverträglichkeit und gesellschaftlichen Auswirkungen zu den Kosten aus Verbraucherperspektive
- Lebenswegbasierte Betrachtung von Produkten oder Prozessen mit Bezug auf eine festgelegte Nutzeneinheit (bzw. funktionelle Einheit)
- Vergleichende Bewertung von alternativen Produkten oder Verfahren, d. h. keine Absolutbewertung der Nachhaltigkeit
- Aggregation der Bewertungsergebnisse und Berechnung einer Sozial-Umwelt-Kosten-Relation.

6 Methodische Grundkonzeption

6.1 Gründe und Eignung der SEEBALANCE

Generelle Eignung

Aus Sicht der Ökoeffizienz-Gruppe der BASF SE erfüllt die SEEBALANCE wesentliche Anforderungen der technischen Leitlinie für SEAs. Dazu ist aus BASF-Sicht die SEEBALANCE das stimmigste Instrument für eine SEA. Weiterhin greift die BASF SE auf eine mehr als zehnjährige Erfahrung im Ökobilanz-Bereich zurück. Dies ist (seitens der BASF SE) für andere Verfahren wie beispielsweise CBAs nicht der Fall. Dies sind die Gründe, warum die BASF SE die SEEBALANCE als Basis für eine SEA unter REACh verwenden möchte. Und dieses als Grundlage für diese Arbeit vorgegeben hat.

Die BASF SE stützt die generelle Eignung auf verschiedene Aspekte:

Die SEEBALANCE ist eine Multi-Kriterien-Analyse (siehe Kapitel 4.2.5) und die Methode wird bereits namentlich als mögliches Instrument für eine SEA unter REACh genannt (siehe RPA 2006a/b). Viele wesentliche Auswirkungen, die in der Leitlinie für SEAs aufgeführt werden, sind in diesem lebensweg-bilanzierten Ansatz betrachtet (siehe Soll-Ist-Abgleich im nächsten Kapitel).

Auch das Verfahren der SEEBALANCE (vgl. Abb. 07) entspricht in wesentlichen Schritten der einer SEA unter REACh (siehe Abb. 05):

- die *Definition der Ziele* und des *Gültigkeitsbereichs* entspricht der Definition der Nutzeneinheit, der Alternativen und der Systemgrenzen
- der *Schritt der Identifikation und Bewertung* von Auswirkungen ist integrativer Bestandteil der SEEBALANCE-Methode, die Indikatoren sind prinzipiell fest, diese werden entsprechend der jeweiligen Analyse hoch oder niedrig bewertet, je nachdem wie relevant diese in der Studie sind (siehe Kapitel 5.2.5).
- die *Interpretation* und die *Ergebnisse* werden in der SEEBALANCE in Form der SEE-Rankings mit einem nachvollziehbaren Rechenalgorythmus immer auf dieselbe Weise berechnet.

Bewertung von Alternativen in der SEEBALANCE

Wie bereits beschrieben, betrachtet die SEEBALANCE immer eine Nutzeneinheit und vergleicht verschiedene Produkte. Unter REACh kann jedoch der Fall eintreten, dass eine sozioökonomische Analyse für ein Produkt durchgeführt werden soll, für welches keine Alternativen vorhanden sind („Eine Zulassung kann in diesem Fall nur dann bewirkt werden, wenn für diese Anwendung keine geeigneten Alternativen vorliegen und die sozioökonomischen Vorteile die Risiken für die Gesundheit und die Umwelt aufwiegen." siehe Kap. 3.1.2). Damit stellt sich die Frage, in wie fern diese Methode überhaupt geeignet und anwendbar ist, wenn keine Alternativen vorhanden sein dürfen. In der technischen Leitlinie sind trotz dieser Voraussetzung einige mögliche Antwortszenarien angegeben (ECHA 2008:53):

- Verwendung einer alternativen Substanz
- Keine verfügbare Substanz und ein damit einhergehender Funktionalitätsverlust des Endprodukts
- Verwendung eines alternativen Prozesses
- Verlagerung des Produktionsstandorts

Diese Auflistung zeigt, dass es verschiedene Möglichkeiten gibt, wie die Wertschöpfungskette auf ein mögliches Verbot reagieren kann, selbst wenn es kein existentes Substitut für eine SVHC-Substanz gibt (siehe auch Fallbeipiel in Kapitel 11).

Bewertung von Veränderungen in der SEEBALANCE

Die EU-Kommission möchte mit einer SEA immer die Veränderung durch eine Zulassung oder ein Verbot aufgezeigt bekommen. Die Differenz zwischen zwei Alternativen in einer SEEBALANCE gibt die Veränderung nach einem Verbot oder eben einer Zulassung an, z.B.:

- die Veränderung des Preises aus Endkonsumentenperspektive.
- größerer oder verminderter Emissionsausstoß
- größerer oder verminderter Energie-/ Ressourcenverbrauch
- höhere oder niedrigere Anzahl an Beschäftigten

Auch in dieser Hinsicht ist also die SEEBALANCE als SEA unter REACh geeignet.

6.2 Soll-Ist-Vergleich

Ziel dieser Arbeit ist es, ein Bewertungsinstrument für eine SEA unter REACh, aufbauend auf der SEEBALANCE, zu entwickeln (siehe Kapitel 1.3). Nachdem in Kapitel 6.1. die generelle Eignung der Methode bereits diskutiert wurde, sollen im Folgenden insbesondere die Anforderungen an das Indikatorenset betrachtet werden (siehe Kapitel 3.3). Dafür ist es notwendig, die Anforderungen einer SEA unter REACh (*Soll*) mit dem ausgewählten Instrument der SEEBALANCE (*Ist*) (siehe ausführliche Beschreibung in Kapitel 5), zu vergleichen. Es soll geprüft werden, ob die wesentlichen Aspekte der technischen Leitlinie für SEAs in der SEEBALANCE enthalten sind. In erster Linie ist dafür entscheidend, ob die Anforderungen die in der REACh-VO selbst beschrieben sind, in der Methode enthalten sind. Nur untergeordnet sind die Aspekte, die in der technischen Leitlinie enthalten sind. Diese sind nämlich nicht bindend und stellen lediglich eine Empfehlung dar.

Auswirkungen auf die Umwelt

Im Anhang 15 der REACh-VO wird darauf hingewiesen, dass die Auswirkungen auf die „[...] Umwelt, soweit sie die Verbraucher betreffen" untersucht werden sollen (REACH-VO 2006:395). Damit bleibt die Verordnung noch ziemlich unkonkret dahingehend, welche Auswirkungen genau untersucht werden sollen. Die Leitlinie für SEAs hingegen wird dort schon sehr viel konkreter und nennt eine ganze Reihe an Auswirkungen, die in jeder SEA geprüft werden sollten (EChA 2008:205ff.). Vergleicht man die Tabelle aus der Leitlinie für SEAs mit der Liste der bewerteten Indikatoren aus der SEEBALANCE (siehe Kapitel 5), werden folgende Aspekte und Auswirkungen in der SEEBALANCE als nicht bewertet identifiziert:

- Quantität und Qualität von Süßwasser (bearbeitet in der Diplomarbeit von Georg Schöner 2009, IfGG des Karlsruhe Institut für Technologie, basierend auf dem Konzept von Pfister, S., Koehler, A. und Hellweg, S. (2009a): Assessing the Environmental Impact of Freshwater Consumption in LCA. Environmental Science & Technology 2009, 43, 4098-4104, Washington)
- Boden (Versauerung, Kontaminierung und Versalzung, Bodenerosion und Verlust an fruchtbarem Boden) (wird derzeit geprüft in einem Projekt für SEEBALANCE im landwirtschaftlichen Bereich)
- Biodiversität, Flora, Fauna und Landschaften (siehe Ansatz von Thomas Koellner, ETH Zürich, Schweiz: Operational Characterization Factors for Land Use Impacts on Biodiversity and

Ecosystem Services, UNEP/SETAC, http://fr1.estis.net/builder/includes/page.asp?site=lcinit&page_id=337831BE-0C0A-4DC9-AEE5-9DECD1F082D8) (wird ebenfalls derzeit untersucht in einem Projekt für SEEBALANCE im landwirtschaftlichen Bereich)

- Erneuerungsrate von erneuerbaren Ressourcen (wird ebenfalls derzeit untersucht in einem Projekt für SEEBALANCE im landwirtschaftlichen Bereich)
- Fläche (bearbeitet in der Diplomarbeit von Beate Lüdecke an der Fakultät Ressourcenmanagement der FH Hildesheim, Holzminden, Göttingen; derzeit weiter in Bearbeitung in der Diplomarbeit von Christine Horn am IfGG des Karlsruhe Institut für Technologie)
- Andere Risiken

Daneben ist die Bewertung von toxischen und ökotoxischen Stoffen ein äußerst relevantes Thema für eine SEA unter REACh, weil es sich um sehr besorgniserregende Stoffe handelt. Die Bewertung der Humantoxizität wird auch bei der Bewertung der menschlichen Gesundheit noch einmal aufgeführt. In einer früheren Version der Leitlinie für SEAs (RPA 2006a/b) wurde explizit der Kritikpunkt bezüglich der SEEBALANCE-Methode formuliert, dass die Toxizitätsbewertung bzw. deren Gewichtung innerhalb der Gesamtanalyse mit einem festgelegten Faktor (siehe Kapitel 8.3) erfolgt. Für die Toxizitätsbewertung fehlen also die Gesamtwerte zur Berechnung der Relevanzdaten (siehe SEEBALANCE Kapitel 5.2.5). Der Einfachheit halber wurden bislang für die Relevanzwerte die Gesellschaftsfaktoren hinterlegt. Da aber bei einer Chemikalienbewertung unter REACh davon auszugehen ist, dass die Toxizität eine wichtige Rolle spielt, sollte dieses Vorgehen kritisch geprüft werden.

Ökonomische Auswirkungen

Die REACh-VO gibt an, dass die wirtschaftlichen Folgen, wie Auswirkungen auf Investitionen, Forschung & Entwicklung, Innovationen oder Betriebskosten, aber auch die Produktpreise in einer SEA untersucht werden sollen. Viele der genannten Auswirkungen sind implizit auf der Kostenachse der SEEBALANCE enthalten. Andere werden explizit auf der gesellschaftlichen Achse aufgeführt, wie Forschung oder Investitionen.

Weitere Aspekte wie z.B. eine Performanceänderung des Produkts werden durch die Definition der Nutzeneinheit selbst abgedeckt. Käme es zu einer Änderung der Produktqualität, so würde dies in der Definition der Nutzeneinheit einbezogen.

Insgesamt sind die ökonomischen Auswirkungen hinreichend durch die ökonomische Achse, aber auch durch die gesellschaftliche abgedeckt.

Weitergehende Ökonomische Auswirkungen

Von den volkswirtschaftlichen Auswirkungen (siehe Kapitel 3.3.4.5) sind nur wenige explizit in der SEEBALANCE enthalten. Die Auswirkung der Beschäftigung ist beispielsweise auf der gesellschaftlichen Achse der SEEBALANCE enthalten. Die meisten anderen volkswirtschaftlichen Kriterien sind nicht in der Methode enthalten, haben aber nach der Leitlinie für SEAs einen besonderen Stellenwert.

Auswirkungen auf die menschliche Gesundheit & Gesellschaftliche Auswirkungen

Nach der REACh-VO sollen gesellschaftliche Folgen einer Zulassung oder Beschränkung, wie beispielsweise die Arbeitsplatzsicherheit untersucht werden (REACH-VO 2006:394). Die Leitlinie für SEAs führt noch einige weitere

Kriterien auf, wobei Beschäftigung, Qualifikation, Arbeitszufriedenheit (siehe 3.3.4.4) implizit durch Kriterien wie Beschäftigte, qualifizierte Beschäftigte, Auszubildende (jeweils Anzahl), Streiks etc. auf der gesellschaftlichen Achse der SEEBALANCE genügend abgedeckt sind.

Im Anhang der REACH-VO 2006 wird auch darauf hingewiesen, dass die Auswirkungen auf die menschliche Gesundheit in einer SEA berücksichtigt werden sollen. Dieses wird auf der gesellschaftlichen Achse der SEEBALANCE durch unterschiedliche Kriterien bewertet, wie Arbeitsunfälle, Berufskrankheiten und Humantoxizität.

6.3 Priorisierung & Einschränkung des Aufgabengebiets in dieser Dissertation

Der vorherige Abschnitt führt auf, welche unterschiedlichen Auswirkungen in einer SEEBALANCE noch nicht berücksichtigt werden. Aufgrund der vielen zum Teil sehr unterschiedlichen Themenbereiche, wird in dieser Arbeit eine Priorisierung der Themengebiete vorgenommen, da es nicht möglich ist, in einem beschränkten Zeitraum so viele Themengebiete detailliert zu bearbeiten.

Bei der Bewertung der ökologischen Auswirkungen wird bereits eine Fülle an Kriterien in der SEEBALANCE berücksichtigt. Einige der aufgeführten Kriterien wurden in den letzten Jahren zum Teil durch Diplomanden bearbeitet oder befinden sich noch in der Bearbeitung. Viele dieser Themen erscheinen aber auch für eine SEA unter REACh nicht so sehr relevant, wie beispielsweise die Erneuerungsrate von regenerierbaren Ressourcen. Viel wichtiger hingegen ist aber für eine SEA unter REACh die Bewertung der Öko- und Humantoxizität, da es sich in einer solchen Analyse eben um äußerst besorgniserregende Substanzen handelt. Daher wird dieses Themengebiet eingehender untersucht.

Wie oben bereits beschrieben werden bei den ökonomischen Auswirkungen die meisten Aspekte hinreichend abgedeckt. Im Rahmen einer Diplomarbeit könnte trotzdem zu gegebenen Zeitpunkt untersucht werden, inwiefern Umweltschadenskosten oder Krankheitskosten in eine Bilanzierung der Kosten systematisch mit eingeschlossen werden könnten.

Die volkswirtschaftlichen Auswirkungen werden nur unzureichend in der SEEBALANCE berücksichtigt. Einige sind zwar bereits auf der gesellschaftlichen Achse enthalten, dennoch wird dadurch nicht die Wichtigkeit dieses Themas entsprechend der Leitlinie für SEAs widergespiegelt.

Dahingegen sind die Auswirkungen auf die menschliche Gesundheit und die gesellschaftlichen Auswirkungen hinreichend abgedeckt, ausgenommen die Humantoxizität.

Darüber hinaus gibt es einige Aspekte (wie in Kapitel 1.2 aufgeführt), die für eine SEA unter REACh ebenfalls sehr relevant erscheinen. Die Bewertung und Gewichtung der verschiedenen Kriterien ist wichtig. Die BASF-Methode verwendet für die Bewertung der verschiedenen Faktoren zwei Bewertungsfaktoren (siehe Kapitel 5.2.5). Die Gesellschaftsfaktoren wurden in der BASF-Methode in den letzten Jahren nicht aktualisiert. Da es in einer SEA unter REACh um sehr kritische Substanzen geht, erscheint es sinnvoll, diese zu aktualisieren und die Meinung der Gesellschaft neu zu erfragen.

Andere Bewertungsgrößen, wie beispielsweise die Verteilung der Wirkkategorien über die Wertschöpfungskette, werden sowohl in der

REACh-VO (siehe Anhang XVI) als auch in der Leitlinie für SEAs aufgeführt (siehe Schritt 4.2). Dennoch wird dieser Aspekt nicht in dieser Arbeit behandelt. Zum einen weil es sich immer um eine lebenswegorientierte Betrachtung handelt und so bereits die Verteilung der Auswirkungen enthalten sind. Zum anderen, da eine Verbesserung dieses Aspekts nur mit großem Aufwand und Software-Kenntnissen möglich wäre. (weitere Ausführungen in SEE-Datanbank-Management, siehe Kapitel 10).

Zusammengefasst werden also drei Themenkomplexe in dieser Arbeit weiter untersucht:

1. Implementierung eines Indikatorensets für Volkswirtschaftliche Auswirkungen
2. Bewertung & Normierung der Human- und Ökotoxizität in der SEEBALANCE
3. Gewichtung aller Auswirkungen anhand der Gesellschaftsfaktoren.

7 Integration volkswirtschaftlicher Aspekte in die SEEBALANCE unter REACh

7.1 Die Volkswirtschaft

Als Volkswirtschaft wird üblicherweise die Gesamtheit eines Wirtschaftsraumes, also beispielsweise ein Staatenverbund wie die EU, definiert. In diesem sind verschiedene Wirtschaftssubjekte miteinander verbunden, die die wirtschaftlichen Vorgänge in einem Wirtschaftsraum bestimmen und Vorgänge beeinflussen (HARDES 2007). Die wichtigsten Akteure sind die privaten Haushalte, Unternehmen, der Staat und das Ausland.

Bei Untersuchungen der Volkswirtschaft wird üblicherweise erforscht, wie Angebot und Nachfrage, beispielsweise Preise, auf dem Gütermarkt oder Löhne auf dem Arbeitsmarkt, beeinflussen und in welchen Abhängigkeiten diese Teilmärkte untereinander stehen. Berücksichtigt wird auch das Ausland, da dieses mit dem betreffenden Wirtschaftsraum in gegenseitigem Austausch über Handelsströme steht.

Die Volkswirtschaftslehre versucht also, systematische Beiträge zur Klärung komplexer Vorgänge zu leisten. HARDES nennt beispielsweise je nach Akteur verschiedene Fragen, die aus dessen Perspektive bedeutend sind:

Um gesamtwirtschaftliche Ziele, wie z.B. Vollbeschäftigung, Preisstabilität und gerechte Einkommensverteilung erreichen zu können, braucht der Staat vielfältige Informationen über die Ausgangssituation der Volkswirtschaft: die Höhe der derzeitigen Produktion, die bestehende Einkommensverteilung, die Bedeutung einzelner Wirtschaftsbereiche, die interindustriellen Verknüpfungen über die Sach- und Geldvermögensbestände und ihre Veränderungen usw. (BAẞELER et al. 2002:219). Dies ist der Grund, warum für eine SEA volkswirtschaftliche Auswirkungen betrachtet werden sollen.

Tab. 14: Wirtschaftssubjekte und Fragestellungen (HARDES 2007:5)

Unternehmen	Welche Güter produzieren Unternehmen und zu welchem Preis?
Private Haushalte	Welche Einkommen erzielen Haushalte?
Staat	Art und Höhe der Steuern und Ausgaben?
Ausland	Entwicklung der Exportnachfrage?

7.2 Methodische Anforderungen an ein Indikatorenset für volkswirtschaftliche Kriterien

Volkswirtschaftliche Auswirkungen sollen bei einer SEA unter REACh berücksichtigt werden (vgl. Kapitel 3). Diese werden bislang noch nicht explizit und ausreichend in der SEEBALANCE berücksichtigt (vgl. Kapitel 6.3) und sollen daher integriert werden. Es ist sinnvoll, diese Aspekte methodisch äquivalent zu den bestehenden sozialen und ökologischen Indikatoren zu integrieren.

Hierfür sind aus methodischer Sicht im Wesentlichen zwei Gesichtspunkte zu berücksichtigen: Zum einen müssen verschiedene funktionale, wissenschaftliche und praktische Anforderungen an die Indikatoren erfüllt werden, zum anderen müssen die Indikatoren genau so wie die sozialen Indikatoren über den Wirtschaftszweigansatz (vgl. Kapitel 5.2.4.3.1) erstellt werden können.

Beide Gesichtspunkte wurden von SCHMIDT (2007) bei der Entwicklung der sozialen

Indikatoren für die SEEBALANCE ausführlich beschrieben und sollen im Folgenden kurz zusammengefasst werden. (vgl. SCHMIDT 2007:97 ff.)

Tab. 15 zeigt eine Übersicht über die notwendigen Anforderungen an ein lebenswegorientiertes Indikatorenset[10]. Die Anforderungen sind nach funktionalen, wissenschaftlichen und praktikablen Kriterien gegliedert. Die funktionalen Anforderungen spiegeln die prinzipiellen Funktionen, die die zu entwickelnden Indikatoren aufweisen müssen, wider. Beispielsweise ist es erforderlich, dass die Indikatoren nicht nur für die chemische Industrie oder für Deutschland anwendbar sind,

Tab. 15: Anforderungen an Entwicklung des Indikatorensets (vgl. SCHMIDT 2007:99 ff., siehe auch VON HAUFF et al. 2008:85)

Funktionale Anforderungen
Wahl eines LCA-basierten Ansatzes
Möglichkeit zur Aggregation und zur leicht verständlichen Präsentation der Ergebnisse
Branchenübergreifende Anwendbarkeit
Länderübergreifende Anwendbarkeit
Wissenschaftliche Anforderungen
Repräsentativität und Angemessenheit des Indikatorensets
Eindeutige Höhenpräferenz der Indikatoren (Die Höhenpräferenz gibt die Zielrichtung eines Indikators an, also, ob dieser bevorzugt ein Maximum oder ein Minimum erreichen sollte)
Konsistenz des Gesamtansatzes
Datenqualität
Verfahrensdokumentation
Praktische Anforderungen
Einfache Datenverfügbarkeit und Fortschreibungsfähigkeit
Begrenzte Anzahl an Indikatoren
Einfache, zeit- und kosteneffiziente Anwendung

[10] SCHMIDT (2007) verweist im Bezug auf die Anforderungen auf KOPFMÜLLER et al. 2001; KICHERER et al. 2002 und KLÖPFFER 2003.

da auch branchen- und länderübergreifende Vergleiche in einer SEA unter REACh üblich sind. Die wissenschaftlichen Anforderungen hingegen drücken den Anspruch an Indikatoren hinsichtlich der Gültigkeit und der Genauigkeit aus. Die praktischen Anforderungen beschreiben die Anforderungen an das Indikatorenset seitens eines Unternehmens oder einer Organisation, die Indikatoren anzuwenden. Diese Forderung betrifft hauptsächlich die Praktikabilität und Wirtschaftlichkeit.

Der zweite Gesichtspunkt hinsichtlich der methodischen Anforderungen betrifft die Erstellung des Indikators. Wesentlich ist, dass die Indikatoren einen eindeutigen Mengenbezug aufweisen, so dass Indikatoren wie bei den sozialen Indikatoren entsprechend des Wirtschaftszweigansatzes erstellt werden können (siehe SCHMIDT 2007:102ff. und Kapitel 5.2.4.3).

7.3 Inhaltliche Anforderungen an ein Indikatorenset für volkswirtschaftliche Kriterien

7.3.1 Funktionen von Indikatoren [11]

Zur Analyse und Bewertung komplexer Zusammenhänge werden sowohl in der Politik als auch in Unternehmen häufig Kennzahlen bzw. Indikatoren verwendet. Indikatoren werden in verschiedenen Wissenschaftsdisziplinen unterschiedlich definiert. Der Sachverständigenrat für Umweltfragen definiert Indikatoren als „Kenngrößen [...], die zur Abbildung eines bestimmten, nicht direkt messbaren und oftmals komplexen Sachverhalts festgelegt werden“ (SRU 1998:93).

[11] Dieses Unterkapitel ist in Auszügen aus dem Kapitel *Funktion von Indikatoren und Indikatorensystemen für eine nachhaltige Entwicklung* der Dissertation von SCHMIDT (2007) entnommen. Es lehnt sich an dieses Kapitel an, wurde aber stark gekürzt.

Mit einem Indikator wird also nicht der zu untersuchende Sachverhalt selbst gemessen, sondern ein repräsentativer Teilaspekt desselben. Ein Indikator bildet den Sachverhalt folglich nicht exakt ab, sondern besitzt eher den Charakter eines Hinweises in eine bestimmte Richtung (vgl. BEHRENS et al. 2002:15f.). Diese allgemeine Definition passt auch auf produktbezogene volkswirtschaftliche Indikatoren, wie sie im vorliegenden Fall entwickelt werden sollen.

Nachhaltigkeitsindikatoren besitzen sowohl deskriptive als auch normative Funktionen (vgl. SRU 1998; COENEN 2000; KOPFMÜLLER et al. 2001). Die normative Funktion besteht in erster Linie in der Konkretisierung von Nachhaltigkeitszielen, die deskriptive in der Messung der Zielerreichung (z.B. Soll-Ist-Vergleiche). Indikatoren dienen dazu, Leitbilder in konkrete Ziele umzusetzen, die Zielerreichung zu kontrollieren, Schwachstellen zu identifizieren und hieraus Maßnahmen abzuleiten.

Auch im Falle der vergleichenden Produktbewertung kommt den Indikatoren die Funktion der Zielkonkretisierung und der Leistungsmessung zu. Im Unterschied zur bloßen Auflistung von Indikatoren basieren so genannte Indikatorensysteme auf einer klar definierten Struktur, die einen logischen und systematischen Rahmen für die Auswahl der Indikatoren bildet. Ein sinnvoll gewählter Strukturrahmen hilft, die Indikatoren in einer leicht verständlichen, die Entscheidungsfindung unterstützenden Art zu ordnen und Lücken im Indikatorenset zu erkennen (vgl. SCHELLER & ALTWEGG 2001; OECD 2000a).

7.3.2 Vorgehensweise bei der Entwicklung des Indikatorensets

Zur Entwicklung eines Indikatorensystems für volkswirtschaftliche Aspekte in der SEEBALANCE wurden zwei unterschiedliche Herangehensweisen, der top-down- und der bottom-up-Ansatz miteinander verknüpft (siehe COENEN 2000; WAGNER & PETROVIC 2005). Abb. 16 zeigt eine Übersicht über das prinzipielle Vorgehen. Zunächst werden aus den übergeordneten, generellen Anforderungen der Leitlinie für SEAs konkrete Bewertungskriterien abgeleitet (siehe Kapitel 1.1.1.1). Hier fließt eine Vielzahl an verfügbaren Indikatoren aus unterschiedlichen Quellen ein. Aus diesem Prozess entstand eine Liste mit über 70 Kennzahlen, die die übergeordneten Ziele konkretisieren.

Der bottom-up-Ansatz wiederum verfährt genau umgekehrt zum top-down-Ansatz. Ausgehend von den ausgewählten Indikatoren aus dem top-down Ansatz werden diese während des bottom-up-Ansatzes hinsichtlich des verfügbaren statistischen Materials und dem Aufwand der Datenbeschaffung gesichtet (COENEN 2000:51) (vgl. Kapitel 7.3.2.2). Ziel ist es, die übergeordneten Anforderungen mit einer übersichtlichen, möglichst geringen Anzahl an Indikatoren zu repräsentieren. Damit soll der Arbeitsaufwand während einer Analyse handhabbar bleiben.

Eine Übersicht über die Ergebnisse aus top-down und bottom-up findet sich in der Übersicht der Indikatoren (Kapitel 7.4).

Abb. 16: Top-down- und bottom-up-Ansatz zur Entwicklung eines produktbezogenen volkswirtschaftlichen Indikatorensystems (in Anlehnung an SCHMIDT 2007, COENEN 2000:52, WAGNER & PETROVIC 2005)

7.3.2.1 Konkretisierung der Anforderungen seitens der Leitlinie für SEAs (Top-Down)

Basis des Indikatorensystems

Ausgangspunkt für den Einbezug volkswirtschaftlicher Aspekte in die SEEBALANCE ist die Leitlinie für SEAs (ECHA 2008a). Die übergeordnete Zielrichtung ist, volkswirtschaftliche Auswirkungen einer Zulassung bzw. Restriktion im REACh System zu prüfen. Konkret wird aber kein Ziel von volkswirtschaftlicher Nachhaltigkeit in der Leitlinie vorgegeben. Entsprechend der sozialen Nachhaltigkeitsdefinition kann dies wie folgt abgeleitet werden[12]:

„Ein Produkt bzw. Verfahren ist dann gegenüber alternativen Produkten oder Verfahren, die den gleichen Nutzen erfüllen, in Bezug auf die ökonomische (volkswirtschaftliche) Dimension der Nachhaltigkeit vorteilhaft, wenn es einen größeren positiven Beitrag (respektive einen geringeren negativen Beitrag) zur Erreichung der in der europäischen Debatte festgestellten Ziele leistet"

Nach dieser Definition gelten Produkte oder Verfahren aus volkswirtschaftlicher Perspektive als vorteilhaft wenn sie beispielsweise eine höhere Bruttowertschöpfung generieren als ein Vergleichsprodukt.

Die Konkretisierung dieser Ziele wird dadurch vereinfacht, dass die SEEBALANCE eine vergleichende Bewertung ist. Dies bedeutet, dass keine Absolutbewertung der volkswirtschaftlichen Nachhaltigkeit errechnet wird, sondern ein Vergleich zwischen mehreren Alternativen gegenübergestellt wird. Folglich muss kein absolutes Maß für volkswirtschaftliche Nachhaltigkeit definiert werden. Die Frage, wann beispielsweise das Optimum an Wettbewerbsfähigkeit erreicht ist, ließe sich nur sehr schwer beantworten. KATZENBACH formulierte es so, dass eine Zu- oder Abnahme der Zahl der Wettbewerber nicht ohne weiteres als Zu- oder Abnahme des Wettbewerbs zu interpretieren sei (BAßELER 2002:193). Es kann also keine Zahl an Mitbewerbern definiert

[12] Abgleitet aus der Definition der Bewertungsgruppe „Nachhaltige Aromatenchemie" (SCHMIDT 2007:116)

werden, in der die Wettbewerbsfähigkeit am höchsten wäre bzw. das Optimum erreicht. Ein Vergleich der Wettbewerberanzahl gibt jedoch Aufschluss über die Wahrscheinlichkeit eines funktionierenden Marktes.

Weiterhin kommt vereinfachend für den top-down Ansatz hinzu, dass die Zielrichtungen volkswirtschaftlicher Auswirkungen in der Leitlinie selbst bereits schon konkretisiert sind. Folgende Auswirkungen werden in der Leitlinie für SEAs genannt (ECHA 2008a:209):

- Verbesserung der Wettbewerbsfähigkeit innerhalb der EU
- Verbesserung der Wettbewerbsfähigkeit außerhalb der EU
- Verbesserung des internationalen Handels
- Verbesserung der Investitionsflüsse
- Verbesserung der Finanzen der EU und der Mitgliedsstaaten
- Erhöhung der Anzahl der Beschäftigten
- Verringerung anderer Risiken oder negativer Auswirkungen?

Dadurch wird bereits eine Einschränkung volkswirtschaftlicher Auswirkungen, die zu untersuchen sind, vorgenommen.

Ableitung konkreter volkswirtschaftlicher Auswirkungen

Um diese Ziele, die immer noch sehr allgemein gehalten sind, weiter zu konkretisieren und mit Indikatoren zu repräsentieren, wurde eine Liste mit konkreten Kriterien aus der Leitlinie erstellt. Die Frage, die im Vordergrund steht, ist ‚Welche volkswirtschaftlichen Auswirkungen gibt es bei einer Zulassung bzw. Restriktion über den Lebensweg?' Diese Liste wurde erweitert mit Indikatoren aus folgenden Quellen:

- EU-KOMMISSION 2008
- EU-KOMMISSION 2005
- BAVC 2005
- ZENTRUM FÜR WIRTSCHAFTSFORSCHUNG 2004

Daneben wurde auch ein Experteninterview geführt, um wichtige Auswirkungen, die von der EU adressiert werden, mit zu berücksichtigen.

Hieraus ergab sich eine Liste mit über 70 möglichen Indikatoren.

Auswirkungen entlang des Lebenswegs

Der Lebensweg eines Produktes teilt sich üblicherweise in die Abschnitte Produktion-, Nutzungs- und Entsorgungsphase ein. Fast alle volkswirtschaftlichen Auswirkungen, wie beispielsweise Wettbewerbsfähigkeit, Wertschöpfung, Investitionsflüsse oder Beschäftigung, sind ganz offensichtlich sehr eng mit der Produktion und der Entsorgung und hierdurch mit unternehmerischer Tätigkeit verknüpft. Die meisten volkswirtschaftlichen Kenngrößen befinden sich also in diesen beiden Lebenswegphasen. Die Nutzenphase wird durch volkswirtschaftliche Auswirkungen der technischen Leltlinie für SEAs nicht explizit adressiert. Dies ist aber auch nicht unbedingt notwendig, da mit den genannten volkswirtschaftlichen Auswirkungen in der Leitlinie für SEAs insbesondere die Betroffenengruppe der Unternehmen angesprochen werden und weniger der Konsument. Der Verbraucher wird bereits durch verschiedene andere Kriterien, wie Änderung der Performance oder Änderung der Kosten, berücksichtigt. Daher werden die meisten Kriterien entsprechend des von SCHMIDT (2007) entwickelten Stakeholderkonzepts für die SEEBALANCE in den Stakeholder ‚Volkswirtschaft' eingeordnet. Nun könnten die volkswirtschaftlichen Auswirkungen auch auf der Kosten-Achse der SEEBALANCE berücksichtigt werden. Auf dieser Achse sollen aber nur die direkten Kosten aus Sicht des Konsumenten berücksichtigt werden, um die Systemgrenzen der Kostenbetrachtung nicht zu vermischen (SALING et al. 2002a). Durch einen eigenen Stakeholder auf der gesellschaftlichen Achse wird der Volkswirtschaft eine besondere Relevanz zugeordnet, die auch in der Leitlinie für SEAs gefordert wird (EChA 2008a). Zudem werden durch die unterschiedlichen gesellschaftlichen und sozioökonomischen Kriterien verschiedene Ziele verfolgt, die sich durch das Stakeholderkonzept der SEEBALANCE auf der sozialen Seite gut getrennt voneinander bilanzieren und darstellen lassen.

Indirekte volkswirtschaftliche Kenngrößen können nur zum Teil in der SEEBALANCE berücksichtigt werden. Verlieren beispielsweise 100 Arbeitnehmer durch ein Stoffverbot ihren Arbeitplatz und gehen nun zum Mittagessen nicht mehr zu einem Restaurant nahe des Unternehmens, so kann beispielsweise auch dieses einen ihrer Köche nicht mehr beschäftigten. Dieses Beispiel zeigt, wie komplex die Berücksichtigung indirekter Auswirkungen sein kann. Andere volkswirtschaftliche Auswirkungen, die direkt mit dem Lebensweg verbunden sind, werden in der SEEBALANCE wiederum mitberücksichtigt. Dies schließt beispielsweise die Beschäftigten zur Herstellung von vorgelagerten Produkten mit ein. Direkte Folgehandelsströme werden also mitbilanziert. Alle Auswirkungen erster Ordnung, die also direkt mit dem Lebensweg zusammenhängen, sind eingeschlossen.

7.3.2.2 Prozess der Indikatorenauswahl (Bottom-Up)

Ausgehend von den Indikatoren des top-down Ansatzes wurden die Kenngrößen auf verschiedene Kriterien durchleuchtet. Ziel war es, die übergeordneten Anforderungen mit einer übersichtlichen, möglichst geringen Anzahl an Indikatoren zu repräsentieren. Damit soll der Arbeitsaufwand während einer Analyse handhabbar bleiben.

Zunächst wurden die rund 70 Kriterien dahingehend überprüft, ob Sie einen Produktbezug haben. Viele volkswirtschaftliche Kenngrößen haben oft einen Unternehmensbezug oder einen Länderbezug. So wird beispielsweise in der Veröffentlichung von BAVC (2005) zur Wettbewerbsfähigkeit darauf hingewiesen, dass das Autobahnnetz in km je 1000 km² ein Indiz auf die Wettbewerbsfähigkeit eines Landes sein kann. Dieser Indikator ist bezogen auf eine SEA sicherlich nicht die richtige Zielrichtung. Ausgewählt wurden Indikatoren mit einem eindeutigen Produktbezug, wie beispielsweise die Bruttowertschöpfung pro kg Produkt (BAVC 2005, EU-KOMMISSION o.J.). Ein weiteres wichtiges Kriterium bei der Auswahl war, Doppelbewertungen zu vermeiden. Thematische Überlappungen jedoch sind nicht gänzlich zu umgehen, wenn ein möglichst vollständiges Bild der Auswirkungen wiedergegeben werden soll. So wurde bei zwei oder mehr genannten Kriterien, die eine sehr ähnliche Zielrichtung haben, eines ausgewählt.

Nachdem auf diese Weise schon die Anzahl der Indikatoren deutlich reduziert werden konnte, wurden die übrigen Indikatoren auf die Verfügbarkeit von Daten überprüft. Hierzu wurde eine Datenrecherche durchgeführt. Ziel war, geeignete Statistiken zur Bildung der volkswirtschaftlichen Indikatoren nach der Methodik des Wirtschaftszweigansatzes zu bilden. Geprüft wurde, ob statistische Daten vorliegen und mit welchem Aufwand sie zu beschaffen sind. Des Weiteren wurde auch überprüft, ob die Branchenabdeckung des jeweiligen Indikators relativ breit ist (hoher Erfassungsbereich) und ob ein möglichst hoher Detaillierungsgrad vorliegt.

Nach der ersten Erstellung einer Übersicht wurde wiederum überprüft, ob alle Fragen der EU-Kommission hinreichend beantwortet wurden und ob das Indikatorenset bezogen auf die Anzahl der Indikatoren pro zu untersuchenden Auswirkungen ausgewogen war. Nach diesem Prozess wurden diese Indikatoren mit der BASF-Gruppe und externen Gruppen (SETAC Europe 2009, Ökobilanz-Werkstatt 2008, DNW 2008) diskutiert.

Bei der Zuordnung der Indikatoren zu Stakeholdern wurde sehr pragmatisch vorgegangen. Die volkswirtschaftlichen Größen, die bereits vorher in der SEEBALANCE enthalten waren, blieben den entsprechenden Betroffenengruppen zugeordnet. Alle neuen Kenngrößen wurden dem Stakeholder ‚Volkswirtschaft' zugeordnet.

Nach dieser ausführlichen Diskussion wurden die in Betracht gezogenen Indikatoren über den Wirtschaftszweigansatz in ein für die SEEBALANCE nutzbares Format mit Produktmengeneinheit (pro kg Produkt) gebracht. Die so erstellten Kennzahlen wurden in einer ACCESS-basierten Datenbank zusammengetragen (siehe Kap. 10.3). Die Kennzahlen wurden dann in einer Fallstudie (siehe Kap. 11) erprobt.

7.4 Ergebnis: Das volkswirtschaftliche Indikatorensystem

7.4.1 Das Indikatorensystem in der Übersicht

Die ausgewählten Indikatoren des top-down und bottom-up Prozesses sind in Tab. 16 aufgeführt. Es konnten insgesamt acht neue Indikatoren identifiziert werden. Die Tabelle gliedert sich nach den in der Leitlinie für SEAs genannten Auswirkungen (linke Spalte). In der mittleren Spalte sind die Indikatoren für die jeweiligen Auswirkungen, mit dem zugeordneten Stakeholder und der jeweiligen Höhenpräferenz aufgeführt. Hoch steht für ‚je höher desto besser', niedrig für ‚je niedriger desto besser'. (OTT 1978). Beispielsweise wird die Höhenpräferenz eines Indikators, wie Investitionen, positiv bewertet: Je höher die Investitionen sind, die von einer Alternative durchschnittlich ausgehen, desto besser für die Volkswirtschaft und die zukünftigen Generationen.

Das Indikatorenset ist ausgeglichen: pro genannter zu untersuchender Auswirkung konnten mindestens zwei Indikatoren gebildet werden oder sind bereits in der SEEBALANCE enthalten. Viele der aufgeführten Indikatoren geben nicht nur Hinweise auf die links genannte Auswirkung, sondern können auch anderen Auswirkungen zugewiesen werden. Darauf wird bei den Datensteckbriefen detaillierter eingegangen.
Lediglich für die Kategorie ‚Andere Risiken und Auswirkungen' sind keine konkreten Indikatoren aufgeführt. Dies sollte bei jeder Analyse fallspezifisch überprüft werden und gibt Raum für weitere Auswirkungen.

Tab. 16: Übersicht des Indikatorensystems für volkswirtschaftliche Kenngrößen

Potentielle Auswirkungen bzw. Veränderungen auf *:	Indikator [Höhenpräferenz]	Stakeholder
Wettbewerb innerhalb der EU, z.B. Änderung der Anzahl von Produkten für nachgelagerte Nutzer und Konsumenten & Wettbewerb außerhalb der EU, z.B. Vorteile für Hersteller außerhalb der EU	BWS [hoch]	Volkswirtschaft
	Wachstum der BWS [hoch]	Volkswirtschaft
	Anzahl der Unternehmen [hoch]	Volkswirtschaft
	Forschung & Entwicklung** [hoch]	Zukünftige Generationen
Internationalen Handel, z.B. Änderung der Handelsflüsse zwischen EU und nicht-EU Staaten	Warenexporte eines Produktes im Vergleich zu den globalen Exporten des Produktes (wertmäßig) [hoch]	Volkswirtschaft
	Warenexporte eines Produktes im Vergleich zu den Gesamtexporten eines Landes (wertmäßig) [hoch]	Volkswirtschaft
Investitionsflüsse, z.B. Auslagerung von Unternehmen aus der EU	Ausländische Direktinvestitionen** [hoch]	Internationale Gemeinschaft
	Investitionsausgaben** [hoch]	Zukünftige Generationen
Finanzen der EU und der Mitgliedsstaaten, z.B. Veränderung der Staatseinnahmen aus Unternehmenssteuern	Effektiver Durchschnittssteuersatz bezogen auf den Umsatz [hoch]	Volkswirtschaft
	Umsatz [hoch]	Volkswirtschaft
	Subventionen [niedrig]	Volkswirtschaft
	Gesamtzollvolumen*** [hoch]	Volkswirtschaft
Arbeitsmarkt, z.B. Änderung der Nachfrage nach Experten, Arbeitplatzabwanderung	Anzahl der Beschäftigten** [hoch]	Umfeld & Gesellschaft
	Anzahl der qualifizierten Arbeitnehmer** [hoch]	Umfeld & Gesellschaft
	Anzahl der Auszubildenden** [hoch]	Zukünftige Generationen
	Kaufkraft (Löhne und Gehälter**) [hoch]	Arbeitnehmer
Andere Risiken oder Auswirkungen		

** Aus RIP 3.9.*

*** bereits in der SEEBALANCE enthalten, vgl. SCHMIDT (2007)*

7.4.2 Datensteckbriefe

Dieses Kapitel stellt die verschiedenen Indikatoren detailliert vor. Dabei werden die jeweiligen Datenquellen genannt und die Berechnung der Indikatoren aufgeführt. Es wurden bevorzugt Daten aus dem Jahr 2006 verwendet.

Bei der Daten-Recherche wurde darauf geachtet, dass die Daten eine möglichst breite Aufschlüsselung über die Branchen haben, d.h. dass z.B. sowohl Statistiken zur Landwirtschaft, zur chemischen Industrie als auch zu Dienstleistungen vorhanden sind. Des Weiteren wurde auch auf einen hohen Detaillierungsgrad der jeweiligen Branchen geachtet. Die Resultate dazu sind in den jeweiligen Steckbriefen aufgeführt. In der Regel wurden Daten für einen Indikator aus einer Quelle verwendet. Zum Teil war dies aber nur schwer möglich, da in einige Indikatoren Daten aus mehreren Statistiken einfließen mussten.

Bei jedem Indikator sind immer folgende Aspekte systematisch aufgeführt: [13]

- Definition
- Maßeinheit
- Beispielwert
- Höhenpräferenz
- Datenquellen
- Verwendete Erhebungsmerkmale
- Berichtsjahr
- Erscheinungsweise
- Erfassungsbereich und Detaillierungsgrad

Die Indikatoren, die bereits in der SEEBALANCE enthalten waren (markiert mit „**“), werden im Folgenden nicht noch einmal aufgeführt und können ausführlich in der Dissertation von SCHMIDT (2007) nachgelesen werden. Es werden lediglich einige der Auswirkungen beispielhaft aufgegriffen und erläutert, warum sie auch die Fragen seitens der EU beantworten.

7.4.3 Indikator ‚Bruttowertschöpfung'

Bei der Bruttowertschöpfung (BWS) wurden zwei verschiedene Indikatoren definiert. Die BWS (vgl. Tab. 17) und das Wachstum der BWS (siehe Tab. 18).

Die BWS umfasst nach dem Statistischen Bundesamt alle produzierten Güter und Dienstleistungen zu den am Markt erzielten Preisen abzüglich sämtlicher Vorleistungen und ist somit der Wert, der den Vorleistungen durch Bearbeitung hinzugefügt wurde (DESTATIS 2008). Das Statistische Bundesamt berichtet jährlich über die BWS.

Die Daten zur BWS liegen zumindest für die Zweisteller (Abteilungen) für alle Branchen vor. Des Weiteren gibt es für viele Industriezweige wie beispielsweise Bergbau, verarbeitendes Gewerbe und Bau Daten für Drei- und Viersteller. Der Indikator kann ganz einfach aus der Division des Erhebungsmerkmals ‚BWS' und der Produktionsmenge gebildet werden. Der Indikator misst also in einer Analyse die BWS pro Nutzeneinheit. Bei der Normierung (siehe Relevanzfaktor in Kapitel 5.2.5) wird dieser Wert in das Verhältnis zu der BWS einer definierten Region gesetzt, beispielsweise Deutschland oder Europa. Damit wird die Bedeutung des jeweiligen Indikators berechnet. Dies ist insbesondere für den Indikator BWS wichtig, da die Bedeutsamkeit volkswirtschaftlicher Auswirkungen innerhalb einer Region berechnet werden soll.

[13] Vgl. auch Schmidt 2007:128

Die BWS misst den Beitrag jedes Produkts zur europäischen Wirtschaft. Je höher dieser Beitrag ist, desto höher ist auch die Produktion innerhalb der EU. Die Höhe der Produktion innerhalb der EU wiederum gibt einen Hinweis auf die Wettbewerbsfähigkeit im Vergleich zur außereuropäischen Wirtschaft. Im Falle einer nicht effektiven Produktion innerhalb der EU würde nämlich die Produktion aus der EU verdrängt.

Die Produktion ist außerdem eng verknüpft mit der Anzahl der Beschäftigten und kann in einer SEA also auch als zusätzliches Indiz für die Beschäftigungssituation verstanden werden. Darüber hinaus gibt die BWS auch einen Hinweis auf Investitionsflüsse. Investitionen werden getätigt aufgrund von Berechnungen von Zukunftsszenarien, die einen Wettbewerbsvorteil versprechen. Das Wachstum der BWS beschreibt die Steigerung dieser über einen festgelegten Zeitraum. In diesem Fall die Differenz zwischen dem Berichtsjahr 2002 und 2006. Die Datenqualität ist vergleichbar gut wie bei der BWS. Diese Kenngröße wird gebildet durch die Subtraktion der BWS von 2002 zu 2006 und der anschließenden Division der dazugehörigen Produktionsmenge von 2006. Der Indikator gibt damit also explizit einen Hinweis auf die Änderung der BWS über eine definierte Zeit. Und gibt damit neben den Zielrichtungen des Indikators BWS auch einen Hinweis ob es sich beispielsweise um einen wachsenden Markt oder um einen schrumpfenden Markt handelt.

Tab. 17: Datensteckbrief Bruttowertschöpfung

Name des Indikators	**Bruttowertschöpfung**
Definition	Die BWS umfasst nach dem Statistischen Bundesamt „nach Abzug sämtlicher Vorleistungen, die insgesamt produzierten Güter und Dienstleistungen zu den am Markt erzielten Preisen und ist somit der Wert, der den Vorleistungen durch Bearbeitung hinzugefügt worden ist". (DESTATIS 2008a)
Maßeinheit	Euro je Produktionsmenge
Beispielwert	Ca. 0,32 € je kg für die Gruppe 15.31 Herstellung von Frucht- und Gemüsesäften
Höhenpräferenz	Hoch
Datenquellen	DESTATIS (2008a): Produzierendes Gewerbe, Kostenstruktur der Unternehmen des Verarbeitenden Gewerbes sowie des Bergbaus und der Gewinnung von Steinen und Erden. Fachserie 4, Reihe 4.3, Wiesbaden, Tab. 2. DESTATIS (2008b): Kostenstruktur der Unternehmen im Baugewerbe, Fachserie 4, Reihe 5.3, Wiesbaden. DESTATIS (2008c): Beschäftigung, Umsatz, Investitionen und Kostenstruktur der Unternehmen in der Energie- und Wasserversorgung, Fachserie 4, Reihe 6.1, Wiesbaden.
Verwendete Erhebungsmerkmale	Bruttowertschöpfung
Berichtsjahr	2006
Erscheinungsweise	Jährlich
Erfassungsbereich & Detaillierungsgrad	Bergbau und Gewinnung von Steinen und Erden, Verarbeitendes Gewerbe (C + D) – Viersteller (Klassen) Elektrizität, Gas und Wasserversorgung (E) – Dreisteller (Gruppen) Bau (F) – Viersteller (Klassen)

Tab. 18: Datensteckbrief Wachstum der Bruttowertschöpfung

Name des Indikators	Wachstum der Bruttowertschöpfung
Definition	Wachstum der BWS umfasst die Steigerung der BWS innerhalb eines definierten Zeitraums (2002 – 2006).
Maßeinheit	Euro je Produktionsmenge
Beispielwert	Ca. 0,072 € je kg für die Gruppe 15.31 Herstellung von Frucht- und Gemüsesäften
Höhenpräferenz	Hoch
Datenquellen	Siehe Tab. 17 und nachfolgende: DESTATIS (2004a): Produzierendes Gewerbe, Kostenstruktur der Unternehmen des Verarbeitenden Gewerbes sowie des Bergbaus und der Gewinnung von Steinen und Erden 2002. Fachserie 4, Reihe 4.3, Wiesbaden. DESTATIS (2004b): Kostenstruktur der Unternehmen im Baugewerbe 2002. Fachserie 4, Reihe 5.3, Wiesbaden. DESTATIS (2004c): Beschäftigung, Umsatz, Investitionen und Kostenstruktur der Unternehmen in der Energie- und Wasserversorgung 2002. Fachserie 4, Reihe 6.1, Wiesbaden.
Verwendete Erhebungsmerkmale	Bruttowertschöpfung
Berichtsjahr	2002 und 2006
Erscheinungsweise	Jährlich
Erfassungsbereich & Detaillierungsgrad	Bergbau und Gewinnung von Steinen und Erden, Verarbeitendes Gewerbe (C + D) – Viersteller (Klassen) Elektrizität, Gas und Wasserversorgung (E) – Dreisteller (Gruppen) Bau (F) – Viersteller (Klassen)

7.4.4 Indikator ‚Umsatz'

Der Umsatz ist definiert als der Gegenwert in Form von Geld oder Forderungen, der durch den Verkauf von Waren (Erzeugnissen) oder Dienstleistungen sowie aus Vermietung oder Verpachtung einem Unternehmen zufließt. Er entsteht aus der wertmäßigen Erfassung der Tätigkeiten eines Unternehmens.

Die Datengrundlage für diesen Indikator ist sehr gut. Alle Daten konnten aus einer Quelle verwendet werden. Auch der Detaillierungsgrad ist hervorragend. Es konnten Fünfsteller (Unterklassen) erfasst werden. Der Indikator wird aus der Division des Erhebungsmerkmals Umsatz und der Produktionsmenge gebildet.

Der Umsatz ist ein Indiz für die Umsatzsteuern und damit eine Kenngröße für die möglichen Veränderungen diesbezüglich bei einer Zulassung oder Restriktion.

Tab. 19: Datensteckbrief Umsatz

Name des Indikators	Umsatz
Definition	Umsatz ist in der Betriebswirtschaftslehre der Gegenwert in Form von Geld oder Forderungen, der durch den Verkauf von Waren (Erzeugnissen) oder Dienstleistungen sowie aus Vermietung oder Verpachtung einem Unternehmen zufließt. Er entsteht aus der wertmäßigen Erfassung der betrieblichen und nichtbetrieblichen (neutralen) Tätigkeit eines Unternehmens. (WIKIPEDIA 2010)
Maßeinheit	Euro je Produktionsmenge
Beispielwert	Ca. 0,97 € je kg für die Gruppe 15.96 Herstellung von Bier
Höhenpräferenz	Hoch
Datenquellen	DESTATIS (2008d): Finanzen und Steuern. Umsatzsteuer. Fachserie 14, Reihe 8, Wiesbaden.
Verwendete Erhebungsmerkmale	Lieferungen und Leistungen
Berichtsjahr	2006
Erscheinungsweise	Jährlich
Erfassungsbereich & Detaillierungsgrad	Landwirtschaft und Forstwirtschaft, Jagd, Bergbau, Verarbeitendes Gewerbe, Baugewerbe, Handel, Verkehr, Versicherungsgewerbe, (A - O) - Viersteller (Klassen), teils Fünfsteller (Unterklassen)

7.4.5 Indikator ‚Anzahl der Unternehmen'

Als Unternehmen gilt die kleinste rechtliche Einheit, die aus handels- und/oder steuerrechtlichen Gründen Bücher führt und bilanziert. Es wird jeweils das gesamte Unternehmen einbezogen einschließlich aller produzierenden und nicht produzierenden Teile, jedoch ohne Zweigniederlassungen im Ausland. (IfM Bonn 2003)

Die Datengrundlage ist für diesen Indikator vergleichbar gut wie beim Umsatz. Alle Daten konnten aus einer Quelle verwendet werden. Auch der Detaillierungsgrad ist hervorragend.

Wettbewerbswidriges Verhalten ist wahrscheinlicher in Märkten mit Oligopolen oder Monopolen. Je höher die Anzahl der Unternehmen, desto höher ist die Wahrscheinlichkeit für eine polypole Marktstruktur und desto höher die Wahrscheinlichkeit von funktionierenden Märkten.

Daher ist der Indikator ‚Unternehmen' ein Indiz für existierenden Wettbewerb und einen funktionierenden Markt innerhalb der EU (vgl. Antitrust laws § 81 & § 82).

Tab. 20: Datensteckbrief Unternehmen

Name des Indikators	Unternehmen
Definition	Als Unternehmen gilt die kleinste rechtliche Einheit, die aus handels- und/oder steuerrechtlichen Gründen Bücher führt und bilanziert. Es ist jeweils das gesamte Unternehmen einzubeziehen einschließlich aller produzierender und nicht produzierender Teile, jedoch ohne Zweigniederlassungen im Ausland. Rechtlich selbstständige Tochtergesellschaften und Betriebsführungsgesellschaften müssen getrennt berichten. (IfM Bonn 2003)
Maßeinheit	Anzahl je Produktionsmenge
Beispielwert	Ca. 1,7 Anzahl je 1000 t für die Gruppe 01 Herstellung von landwirtschaftlichen Produkten oder Produkten aus der Jagd
Höhenpräferenz	Hoch
Datenquellen	DESTATIS (2008d): Finanzen und Steuern. Umsatzsteuer. Fachserie 14, Reihe 8, Wiesbaden.
Verwendete Erhebungsmerkmale	Unternehmen
Berichtsjahr	2006
Erscheinungsweise	Jährlich
Erfassungsbereich & Detaillierungsgrad	Landwirtschaft und Forstwirtschaft, Jagd, Bergbau, Verarbeitendes Gewerbe, Baugewerbe, Handel, Verkehr, Versicherungsgewerbe, (A - O) - Viersteller (Klassen)

7.4.6 Indikator ‚Warenexporte'

Als Export wird die Menge der von einer Volkswirtschaft in andere Volkswirtschaften gelieferten Güter bezeichnet. Aus Sicht der belieferten Volkswirtschaft stellen die Güterströme Importe dar.

Bei den Warenexporten wurden zwei unterschiedlich gebildete Indikatoren in die SEEBALANCE aufgenommen. Zum einen die Warenexporte pro produzierter Menge. Hierfür wurde jeweils das Erhebungsmerkmal entsprechend des Wirtschaftszweigansatzes durch die dazugehörige Produktionsmenge geteilt. Die Summe über den Lebensweg im Verhältnis zu der gesamt exportierten Menge aus beispielsweise Deutschland gibt ein Indiz dafür, ob bei der Restriktion oder Zulassung Produkte betroffen sind, die einen großen Exportanteil für einen betroffenen Mitgliedsstaat ausmachen und ob es zu einer wesentlichen Veränderung kommen würde (vgl. Tab. 21).

Zum anderen wurde der Anteil der Exporte im Verhältnis der in dem betreffenden Wirtschaftszweig weltweit exportierten Waren gesetzt. Ziel ist, ggf. betroffene Produkte von einer Autorisierung oder Restriktion herauszufinden, die vielleicht zwar in kleinen Mengen exportiert werden, aber deren Hersteller vielleicht die einzigen sind, die dieses Produkt herstellen und exportieren. Die Werte der Exporte Deutschlands (vgl. Tab. 22) wurden durch die entsprechenden Werte aller Exporte des entsprechenden Wirtschaftszweiges geteilt, daraus ergibt sich ein prozentualer Anteil des aus Deutschland exportierten Guts im Vergleich des exportierten Gutes weltweit.

Für die Indikatorenbildung war problematisch, dass zwar die Datenlage für die von Deutschland exportierten Güter sehr gut ist, aber die Datenlage der internationalen Exporte Lücken aufweist. Außerdem gibt es eine andere Gliederung der Waren im Internationalen Raum (ISIC), die Produkte sind zum Teil anders klassifiziert als in der europäisch geltenden Gliederung. Mit Hilfe eines vorgegebenen Zuordnungsschlüssels wurden die internationalen Exporte in die europäische Klassifikation übersetzt. Dieser Schritt führt zu einer gewissen Ungenauigkeit der Zuordnung. Es sollte zukünftig noch einmal überprüft werden, ob dieser Schritt verbessert werden kann.

Tab. 21: Datensteckbrief Warenexporte

Name des Indikators	**Warenexporte**
Definition	Als Export bezeichnet man im Rahmen der volkswirtschaftlichen Gesamtrechnung (VGR) die Menge der von einer Volkswirtschaft in andere Volkswirtschaften gelieferten Güter. Aus Sicht der belieferten Volkswirtschaft stellen die Güterströme Importe dar. (DESTATIS 2008e)
Maßeinheit	Euro je Produktionsmenge
Beispielwert	Ca. 2,69 € je kg für die Gruppe 24.61 Pyrotechnische Erzeugnisse
Höhenpräferenz	Hoch
Datenquellen	DESTATIS (2007d): Außenhandel Deutschland (Sonderanfertigung). Wiesbaden (nicht veröffentlicht). DESTATIS (2008e): Zusammenfassende Übersichten für den Außenhandel – vorläufige Ergebnisse. Fachserie 7, Reihe 1, Wiesbaden.
Verwendete Erhebungsmerkmale	Ausfuhr in Euro
Berichtsjahr	2006
Erscheinungsweise	Jährlich
Erfassungsbereich & Detaillierungsgrad	Landwirtschaft und Forstwirtschaft, Jagd, Bergbau, Verarbeitendes Gewerbe (A-E) - Viersteller (Klassen)

Tab. 22: Datensteckbrief Anteil Exporte am weltweiten Export

Name des Indikators	**Warenexporte eines Produktes im Vergleich zu den globalen Exporten des Produktes (wertmäßig)**
Definition	s. o.
Maßeinheit	Euro je Produktionsmenge
Beispielwert	Ca. 0,137% je kg für die Gruppe 29 Maschinen
Höhenpräferenz	Hoch
Datenquellen	Zu den in Tab. 21 genannten kommt folgende dazu: UN Comtrade. Yearbook
Verwendete Erhebungsmerkmale	Ausfuhr in Euro
Berichtsjahr	2006
Erscheinungsweise	Jährlich
Erfassungsbereich & Detaillierungsgrad	Siehe oben, kalkulierte Viersteller

Die Datenqualität für den Indikator Warenexporte ist sehr gut und es konnten für die Abschnitte A bis E (siehe Tab. 11) Viersteller generiert werden. Ebenso für die globalen Exporte, deren Datenqualität ist aber aufgrund der eben genannten Unsicherheiten insgesamt als noch nicht zufrieden stellend eingestuft. Nicht erfasst bei dieser Recherche wurden Daten für die Abschnitte F-O. Diese Leistungen werden seltener exportiert, wie beispielsweise Bauleistungen oder Versicherungen.

Der Indikator beantwortet die Frage der EU hinsichtlich der Auswirkungen auf den Internationalen Handel. Internationaler Handel ist ein Grundstein von Wohlstand. Handel besteht aus Exporten und Importen. Daher ist der Zusammenhang zwischen dem Indikator und der Fragestellung der EU einfach herzustellen. Je höher die Exporte desto höher der Internationale Handel.

Beide Indikatoren geben aber auch einen Hinweis auf die Wettbewerbsfähigkeit außerhalb der EU. Jedes Land oder Region produziert nach der Theorie des Wettbewerbsvorteils die Produkte mit den größten Wettbewerbsvorteilen aus ihrer Sicht. Davon abgesehen, dass die Formen der Produktion innerhalb der EU kapitalintensiv und wissensbasiert sind, zeigen die Exporte den Grad der Wettbewerbsfähigkeit außerhalb der EU an.

7.4.7 Indikator ‚Subventionen'

Unter Subventionen versteht man laufende Zahlungen des Staates ohne Gegenleistung. Ziel ist, gebietsansässige Produzenten zu beeinflussen, beispielsweise hinsichtlich des Umfangs ihrer Produktion oder den Verkaufspreisen. Der Indikator wurde gebildet aus dem Erhebungsmerkmal Subventionen, dividiert durch die entsprechende Produktionsmenge (DESTATIS 2008f).

Subventionen werden für das Erreichen verschiedener definierter sozialer, wirtschaftlicher und politischer Ziele gegeben. Unabhängig des Ziels der Subventionen haben alle Subventionen folgendes gemeinsam: je höher die Subventionen, desto höher sind die Ausgaben der öffentlichen Hand. Deshalb wirken sich Subventionen negativ auf die finanzielle Lage der EU und der Mitgliedstaaten aus und werden in diesem Zusammenhang als negativer Indikator verwendet. Wenn beispielsweise die Subventionen eines Basisszenarios niedriger sind als die des Antwortszenarios wäre es für den Finanzhaushalt und so für die Volkswirtschaft besser, das Basisszenario beizubehalten. Indirekt werden damit auch negative Auswirkungen von Subventionen mit bewertet, wie beispielsweise dauerhafte Abhängigkeiten oder Schieflagen auf einem Markt.

Die zweite (konträre) Ableitung dieses Indikators, z.B. dass bestimmte (volks-) wirtschaftlich Ziele mit der Subvention erreicht werden und dadurch die Wirtschaft angekurbelt wird, wurden jedoch nicht berücksichtigt.

Tab. 23: Datensteckbrief Subventionen

Name des Indikators	Subventionen
Definition	Subventionen sind laufende Zahlungen ohne Gegenleistung, die der Staat oder Institutionen der Europäischen Union an gebietsansässige Produzenten leisten, um den Umfang der Produktion dieser Einheiten, ihre Verkaufspreise oder die Entlohnung der Produktionsfaktoren zu beeinflussen. Erfasst wurden die Subventionen, die pro Einheit einer produzierten oder eingeführten Ware oder Dienstleistung geleistet werden oder berechnet als Differenz zwischen einem angestrebten Preis und dem tatsächlich gezahlten Marktpreis und alle an gebietsansässige Produktionseinheiten gezahlten Subventionen, die nicht zu den Gütersubventionen zählen (DESTATIS 2008f)
Maßeinheit	Euro je Produktionsmenge
Beispielwert	Ca. 0,23 € je t für die Gruppe 26 Produktion von Glas, Keramik, bearbeitete Steine und Erden
Höhenpräferenz	Niedrig
Datenquellen	DESTATIS (2008f): Volkswirtschaftliche Gesamtrechnung (VGR) Produktions- und Importabgaben sowie Subventionen Gliederung nach Wirtschaftsbereichen 2006. Wiesbaden.
Verwendete Erhebungsmerkmale	Subventionen nach D3
Berichtsjahr	2006
Erscheinungsweise	Jährlich
Erfassungsbereich & Detaillierungsgrad	Landwirtschaft und Forstwirtschaft, Produzierendes Gewerbe, Andere Dienstleistungen (A-P) - Zweisteller (Abteilungen) Produzierendes Gewerbe und Bau (E, F) – Viersteller (Klassen)

7.4.8 Indikator ‚Effektiver Durchschnittssteuersatz bezogen auf den Umsatz'

Der Indikator ‚effektiver Durchschnittssteuersatz' misst die durchschnittlich zu bezahlende Steuer auf Einkommen und Ertrag seitens der Unternehmen, berechnet auf Basis des Umsatzes (Steuern von Einkommen und Ertrag in % vom Umsatz).

Dieser Indikator wurde gebildet über den Umsatz pro Wirtschaftszweig (für Viersteller) und den in Wirtschaftszeigen (Zweisteller) bezahlten effektiven Steuersatz. Am Beispiel der chemischen Industrie (NACE 24) bedeutet das beispielsweise:

Umsatz = 187.222 Mio. €

Durchschnittssteuersatz = 2,1%

➔ Steuern auf Einkommen und Ertrag = 3.931 Mio. €

Der Indikator misst die Auswirkungen auf die Finanzen der EU und deren Mitgliedsstaaten. Die finanzielle Lage der EU und der Mitgliedstaaten beruht auf den öffentlichen Einnahmen und öffentlichen Ausgaben. Es gibt verschiedene Quellen für die öffentlichen Einnahmen. Die Steuern auf Einkommen bilden einen Grundpfeiler. Die öffentlichen Ausgaben oder Zuschüsse an Unternehmen bilden einen Block der Ausgaben.

Tab. 24: Datensteckbrief Effektiver Durchschnittssteuersatz

Name des Indikators	Effektiver Durchschnittssteuersatz bezogen auf den Umsatz
Definition	Der Effektivsteuersatz ist definiert als Quotient aus der tatsächlichen Steuerlast und dem Unternehmensertrag vor Steuern.
Maßeinheit	Euro je Produktionsmenge
Beispielwert	Ca. 3,9 € je kg für die Gruppe 19.2 Produktion von Lederwaren (ohne Lederbekleidung und Schuhe)
Höhenpräferenz	Hoch
Datenquellen	DESTATIS (2008d): Finanzen und Steuern. Umsatzsteuer. Fachserie 14, Reihe 8, Wiesbaden, Tab. 2.3 Deutsche Bundesbank (2009): Monatsbericht Januar 2009, 61. Jahrgang, Nr.1 , http://www.bundesbank.de, ISSN 1861-5872
Verwendete Erhebungsmerkmale	Umsatz und Steuern vom Einkommen und Ertrag in % vom Umsatz
Berichtsjahr	2006
Erscheinungsweise	Jährlich
Erfassungsbereich & Detaillierungsgrad	Umsatz (s.o. Tab. 19): bis zu Fünfsteller (Unterklassen) Steuersatz: Produzierendes Gewerbe, Baugewerbe, teils Handel und Verkehr (14-52)- Zweitsteller (Abteilungen)

Steuern von Einkommen basieren auf den Gewinnen und dem entsprechenden Steuersatz. Obwohl die Intensitäten dieser Treiber von Fall zu Fall unterschiedlich sind, ist ein Aspekt klar: Je höher das Einkommen, desto höher die öffentlichen Einnahmen. Deshalb ist dieser Indikator ‚Steuern auf Einkommen', direkt positiv mit der finanziellen Lage der EU und der Mitgliedstaaten verbunden. Z.B.: je höher die Steuern, desto besser für die Haushaltslage des betreffenden Staates.

7.4.9 Indikator ‚Forschung & Entwicklung'

Forscher und Wissenschaftler sind der Kern einer wissensbasierten Wirtschaft. Forschung & Entwicklung (F&E) können sowohl von öffentlichen als auch privaten Einrichtungen durchgeführt werden. Die Aufwendungen für interne Forschung & Entwicklung in Unternehmen sind ein Indiz für die Innovationskraft des Unternehmens, seine zukünftige Wettbewerbsfähigkeit und daher ein Indikator für die künftige Wettbewerbsfähigkeit der EU. Dieser Indikator ist aber bereits Bestandteil der SEEBALANCE als Indikator für Zukünftige Generationen und wird daher hier nicht weiter aufgeführt (vgl. SCHMIDT 2007:145f.).

7.4.10 Indikator ‚Anzahl der Beschäftigten'

Eine zentrale Frage der EU ist die Frage nach einer Veränderung der Beschäftigung bei einer Restriktion oder Zulassung. Dieser Indikator wird ebenfalls bereits in der SEEBALANCE adressiert (vgl. SCHMIDT 2007:136ff.). Diese Auswirkung ist relevant, da Arbeit neben Kapital der zentrale Faktor der Produktion ist und damit eine zentrale Bedeutung für die Volkswirtschaft hat. Des Weiteren ist die Arbeit ein wichtiger Baustein des Lebens für die persönliche Entfaltung und die Bedeutung jedes einzelnen in der Gesellschaft.

Ebenso gilt dies für die Anzahl qualifizierter Beschäftigter und die Anzahl der Auszubildenden. Je höher desto besser für den Arbeitsmarkt.

Bei diesem Indikator wurden, ebenso wir für die übrigen Indikatoren, nur die direkten Auswirkungen aus der Statistik für die vergangen Jahre abgeleitet. Nicht berücksichtigt wurden beispielsweise möglicherweise zusätzlich entstehende Beschäftigungsverhältnisse, die durch ein höheres Forschungsaufkommen geschaffen würden. Die Erwartung seitens der EU-Kommission ist, dass durch eine Beschränkung mehr Beschäftigung in der F&E entsteht, da nach Alternativen geforscht wird. Prinzipiell wäre es möglich, solche Effekte hier mit zu berücksichtigten. Dies könnte nicht nur bei den Beschäftigten selbst, sondern auch direkt bei den Forschungsaufwendungen geschehen. Hindernisgrund ist, dass bei der Erstellung einer SEA wahrscheinlich keine Informationen darüber vorliegen, wie hoch möglicherweise die Aufwendungen für F&E sein werden und damit die Höhe der Beschäftigung, die in der Zukunft entsteht. (vgl. PEARCE 2004)

7.4.11 Indikator ‚Investitionen'

Sowohl Staaten als auch Unternehmen haben das Ziel, Kapital aus dem Ausland zu ziehen. Beteiligungskapital fließt nur, wenn die Aussicht auf Gewinne höher ist als mögliche Risiken.

Je höher die Investitionen, desto höher ist die Attraktivität der Projekte für Kapitalanleger aus dem Ausland. Deshalb sind die Anlageinvestitionen ein Indikator für Investitionen aus dem Ausland in die EU. Auch dieser Indikator ist bereits in der SEEBALANCE im Stakeholder Zukünftige Generationen integriert.

7.5 Zwischenresümee

Dieses Kapitel gibt zu Anfang einen kurzen Überblick über eine Definition von Volkswirtschaft und die Anforderungen, die seitens der EU in der technischen Leitlinie an volkswirtschaftliche Auswirkungen aufgeführt werden. Anschließend beschreibt es die methodischen und inhaltlichen Anforderungen, die an ein Indikatorensystem im Allgemeinen und im Speziellen an ein Indikatorensystem der SEEBALANCE gestellt werden. Es wird ausführlich beschrieben wie bei der Indikatorenauswahl für ein volkswirtschaftliches Indikatorenset vorgegangen wurde. Anschließend werden alle Indikatoren definiert, die Quellen angegeben und notwendige Berechnungsschritte offengelegt. Auch der Bezug, wie die jeweiligen Indikatoren mit den Fragestellungen der EU zusammenhängen, wird dargelegt.

Für ein volkswirtschaftliches Indikatorenset wurden beispielsweise Indikatoren wie Exporte, Wachstum der Bruttowertschöpfung oder Subventionen gebildet.

Insgesamt gibt das Indikatorenset auf die gestellten Fragen in der Leitlinie für SEAs ausreichend viele Antworten in Form von Indikatoren (praktische Anforderung). Das Set ist ausgeglichen hinsichtlich der Anzahl der Indikatoren pro Fragestellung (wissenschaftliche Anforderung). Alle Indikatoren können mit dem Wirtschaftszweigansatz über den Lebensweg erstellt werden (funktionale Anforderung).

Nichtsdestotrotz kann ein Indikatorenset immer nur, wie eingangs bereits erwähnt, Hinweise auf mögliche Auswirkungen geben. Ein wichtiger Grund dafür ist, dass für solche Indikatoren immer Daten aus der Vergangenheit verwendet werden und in die Zukunft projiziert werden. Diese vergangenheitsorientierte Betrachtung kann nur sehr bedingt eine Aussage über zukünftige Veränderungen geben. Die Veränderung ergibt sich im System der SEEBALANCE immer nur aus der Differenz des Basisszenarios und des Antwortszenarios und auch diese Veränderung ist rein theoretisch und hypothetisch. So lässt sich aus der Anzahl der in der Vergangenheit Beschäftigten für eine definierte Produktion in einem bestimmten Wirtschaftszweig im Vergleich zu einem anderen schließen, wie viele Personen ihren Arbeitsplatz evtl. verloren bzw. wie viele Betroffene es gibt. Aber die Betrachtung schließt weitere, indirekte Effekte nicht mit ein. Es wäre vermessen zu behaupten, dass die Differenz zweier Szenarien den tatsächlichen Verlust beispielsweise an Beschäftigungsverhältnissen ergeben würde, da dies voraussetzen würde, dass Personen mit entsprechender Qualifikation überregional flexibel wären. Trotzdem geben Indikatoren Hinweise auf mögliche Veränderungen.

Außerdem ist ein Indikatorensystem immer eine Momentaufnahme eines definierten Jahres und berücksichtigt in der Regel keine langfristigen Entwicklungen. Im Indikator Wachstum der BWS wurde versucht, eine solche Entwicklung abzubilden, um auch längerfristige Effekte zu berücksichtigen. In der Regel können solche Auswirkungen nur schwer berücksichtigt werden, da allein die Auswahl eines Zeitrahmens schwierig ist.

Das Indikatorenset sollte nach weiteren Fallstudien nochmals daraufhin überprüft werden, ob verschiedene Indikatoren korrelieren: Beispielsweise die Indikatoren BWS und Umsatz oder Umsatz und effektive Steuerlast. Hiermit sollten Doppelbewertungen innerhalb des Indikatorensets vermieden werden.

Eine weitere noch nicht adressierte Anforderung der EU ist, dass nach den Auswirkungen in der EU und in den nicht-EU-Ländern unterschieden werden sollte (REACH-VO 2006, Anhang XVI). Es gibt dabei prinzipiell zwei Probleme. Zum einen die Datenverfügbarkeit für die Indikatoren in der EU/nicht-EU. Und zum anderen die Regionalisierung der Datenbank selbst. Die Datenbank müsste die Möglichkeit bieten, alle Schritte nach den entsprechenden herstellenden Ländern zu berücksichtigen. Damit müssten regionalspezifische bzw. länderspezifische Daten hinterlegt werden. Für die soziale Bilanzierung wurde das bislang in der BASF-Datenbank noch nicht erfasst. Um die sozialen und volkswirtschaftlichen Daten in der Datenbank zu hinterlegen, müsste es die Möglichkeit geben, pro gegebenen Eingangsstrom die Importverflechtungen mit zu berücksichtigen. Beispielsweise bei der Verwendung von Diesel. Diesel wird nur zu einem Bruchteil in Deutschland selbst hergestellt. Der größte Anteil dieses Produkts wird aus anderen Ländern importiert. Die Information, aus welchem Land ein Produkt stammt, müsste flexibel in einer solchen Datenbank eingebaut sein. Dies ist neben der Herausforderung an die Daten für verschiedene Länder, eine Herausforderung bezüglich der Software, die diese Unterscheidung möglich machen sollte.[14]

---

[14] Diese Verflechtungen bestehen in der von der BASF SE genutzen Ökobilanz-Software Boustead, aber hier ist es nicht möglich, eigene Datensätze mit Sozialprofilen zu addieren.

Insgesamt konnte aber mit dem Indikatorensystem ein wesentlicher Beitrag zu den volkswirtschaftlichen Fragestellungen der EU erstellt werden, der handhabbar und zugleich aussagekräftig ist.

8 Bewertung und Normierung der Öko- und Humantoxizität in der SEEBALANCE

8.1 Einleitung

In einer SEA unter REACh geht es um SVHC-Substanzen wie CMR-, PBT- und vPvB-Stoffe oder um ähnlich besorgniserregende Substanzen. Allein diese Gegebenheit macht deutlich, das eine umfassende und adäquate Human- und Ökotoxizitätsbewertung[15] in einer SEA enthalten sein muss. Die Wichtigkeit dieses Themas zeigt sich auch in der technischen Leitlinie zur SEA. Hier werden die menschliche Gesundheit und die Umweltauswirkungen als erste der zu bewertenden Aspekte aufgeführt (EChA 2008). Auch im LCA Bereich hat das Thema Toxizität einen hohen Stellenwert. Bei der Bewertung der Toxizität wird noch ein großer Forschungsbedarf gesehen. Die Methoden werden ständig weiterentwickelt (vgl. REAP et al. 2008a/b), obwohl es einen europäischen Standard zur Bewertung der Toxizität gibt (USETOX, vgl. in ROSENBAUM et al. 2008). Forschungsprojekte laufen auf europäischer Ebene derzeit beispielsweise in der Weiterentwicklung der Charakterisierungsfaktoren für die Ökotoxizität und der Exposition von Chemikalien im Innenraum (LIFE CYCLE INITIATIVE 2009).

Die von BASF SE entwickelte Methode zur Bewertung der Humantoxizität berechnet das Toxizitätspotenzial der Substanzen abhängig von der Gefährlichkeit der Substanz und den Produktionsmengen. Dabei wird immer der gesamte Lebensweg berücksichtigt. Eine Berechnung der Exposition der Substanzen wird nur teilweise für Lebenswegabschnitte mit eingerechnet. SVHC-Substanzen unter REACh kommen aber häufig in vergleichsweise geringen Mengen über den Lebensweg vor. Daher besteht die Gefahr, dass diese nicht adäquat berücksichtigt werden. Bei der Ökotoxizitätsbewertung werden zwar verschiedene Aspekte wie der Abbau oder die Bioakkumulation berücksichtigt, aber es wird nur das Kompartiment Wasser miteinbezogen. Dies hat einen praktischen Grund: Die meisten ökotoxikologischen Daten liegen für Wasserorganismen vor. Die Beschränkung auf dieses Kompartiment kann aber zu einem Problem führen, wenn ein PBT-Stoff nicht Wasser als Zielkompartiment hat, sondern beispielsweise Sediment. Im Extremfall kann ein Antwortszenario in einer SEA, also die Alternative ohne einen CMR oder PBT Stoff, im Vergleich zum Basisszenario eine höhere Ökotoxizität aufweisen, da nicht das relevante Kompartiment berücksichtigt wird.

Des Weiteren werden bislang für die Normierung des Ökotoxizitäts- und des Toxizitätspotenzials in der SEEBALANCE die Relevanzfaktoren numerisch gleich angenommen mit den Gesellschaftsfaktoren (vgl. Kapitel 6.3). Gesamtwerte für ein nationales Ökotoxizitäts-, bzw. Toxizitätspotenzial analog zu Summenwerten für die anderen ökologischen und sozialen Indikatoren stehen bislang nicht zur Verfügung. Ein solcher Wert kann nur mit sehr großem Aufwand erstellt werden. Die Relevanz der Toxizität einer Alternative im Vergleich zum entsprechenden Wert für Deutschland kann deshalb bislang nicht berechnet werden.

Im Rahmen von REACh werden grundsätzlich nur sehr kritische Substanzen einer sozioökonomischen Bewertung unterzogen. Es ist

[15] Im Folgenden wird der Begriff Toxizität als Oberbegriff für Human- und Ökotoxizität gebraucht.

demzufolge davon auszugehen, dass dem Ökotoxizitäts- bzw. Humantoxizitätspotenzial bei diesen Analysen allgemein eine große Bedeutung zukommt. Daher ist es wichtig, einen Relevanzfaktor in die Methode zu integrieren, der eine entsprechende Gewichtung der Toxizität bei hochtoxischen Substanzen ermöglicht. Dieser Aspekt wird bereits im RIP 3.9. (RPA 2006:18) bemängelt und wurde auch von Seibert (2007) in der ersten Fallstudie als Problem bestätigt.

8.2 Ökotoxizitäts- und Humantoxizitätsbewertung in der SEEBALANCE

8.2.1 Entwicklungsziel

Wie oben beschrieben, war das Ziel für die Toxizitätsbewertung zunächst allgemein als Überprüfung der Methode definiert. Im Laufe der Recherche und der Bearbeitung dieses Aufgabengebietes hat sich dieses Entwicklungsziel konkretisiert: Ging es zunächst darum, generell das Bewertungssystem zu überprüfen, anzupassen und zu verbessern, so wurde im Laufe der Arbeit das Aufgabengebiet aufgrund der Komplexizität eingeschränkt. Ziel war dann, die Vor- und Nachteile der BASF-Methode im Vergleich zu einer gewählten Referenzmethode für eine SEA unter REACh genauer zu bestimmen, um anschließend daraus Vorschläge zur Implementierung zu formulieren.

8.2.2 Übersicht über Toxizitätsmodelle im LCA Bereich

Im LCA-Bereich gibt es eine Vielzahl an unterschiedlichen Methoden, um die Human- und Ökotoxizität lebenswegbilanziert zu bewerten. Um eine Referenzmethode zur von der BASF SE verwendeten Methode zu identifizieren, wurde daher zunächst eine Übersicht über die gängigen Methoden erstellt (Tab. 25).

Die Auswahl der Referenzmethode erfolgte nach verschiedenen Kriterien:

- das Referenzmodell beinhaltet eine große Anzahl an Charakterisierungsfaktoren, so dass eine Bilanzierung ohne großen zeitlichen Aufwand erstellt werden kann,
- das ausgewählte Modell unterscheidet sich vom BASF-Ansatz und
- der Referenzansatz ist unter Experten anerkannt und kommt häufig zum Einsatz.

Tab. 25: Übersicht über einige Toxizitätsmodelle im LCA Bereich

Methode	Quelle
BASF SE Tox- und Ökotox Methode	SALING et al. 2005; LANDSIEDEL & SALING 2002
Monoethylenglykol-Äquivalente (Ökoinstitut)	BUNKE & GRAULICH 2003
IMPACT 2002	JOLLIET et al. 2003; PENNINGTON et al. 2005
Eco-Indicator 99	GOEDKOOP et al. 1998
USES-LCA-Methode (=EUSES)	HUIJBREGTS et al. 2000
CALTOX	HERTWICH et al. 2001; MCKONE et al. 2001; MCKONE 2001
LIME	ITSUBO & INABA 2003
OMNITOX base model	ROSENBAUM et al. 2004
EDIP	HAUSCHILD & WENZEL 1998
USETOX (UNEP-SETAC Modell)[16]	ROSENBAUM et al. 2008

Aus diesen Gründen, wurde die USES-LCA-Methode von HUIJBREGTS et al. 2000 verwendet. Für diese Methode liegen über 3400 Bewertungen für Human- und

[16] Das Ziel der „UNEP / SETAC" Initiative ist, die Verbesserung der Life Cycle Werkzeuge zur Vereinfachung der Praxis. Die Initiative ist global tätig und behandelt verschiedene LCA Probleme.

Ökotoxizität vor. Zudem findet bei dieser Methode schon seit Jahren eine kontinuierliche Weiterentwicklung statt. Darüber hinaus wird diese Methode von anderen LCA-Anwendern verwendet (ANTON et al. 2004). Daher werden im Folgenden die USES-LCA- und die BASF-Methode detaillierter beschrieben.

Das UNEP-SETAC Modell (vgl. ROSENBAUM et al. 2008) wurde nicht verwendet, da zum Zeitpunkt der Untersuchung die Charakterisierungsfaktoren noch nicht veröffentlicht waren.

8.2.2.1 Bewertung der Toxizität nach USES-LCA

USES-LCA steht für „Uniform System for the Evaluation of Substances" (angepasst für LCA). USES-LCA ist ein lebenswegbilanzierter Ansatz und berechnet die Öko- und Humantoxizität mit Hilfe von Charakterisierungsfaktoren. Der Ansatz kann Ergebnisse basierend auf einem mittleren Niveau oder dem Endniveau (midpoint und endpoint level[17]) berechnen. Die Veröffentlichungen zur Methode und ihrer Weiterentwicklung sind zahlreich (HUIJBREGTS et al. 2000, HUIJBREGTS et al. 2005a, b, VAN DE MEENT and HUIJBREGTS 2005, VAN ZELM et al. 2007, 2009a, b.)

Das Modell ist nach HUIJBREGTS et al. 2000 ein "multimedia, exposure, and effects model (VAN ZELM et al. 2009). Die Charakterisierungsfaktoren für Human- und Ökotoxizität beziehen demnach den Verbleib (fate), die Exposition (exposure) und die Toxizität von Substanzen (effect) mit ein. Verbleib und Exposition können mit Hilfe dieses Modells ermittelt werden und es wird nach lokalen, regionalen, kontinentalen Gegebenheiten und nach Klimazonen (arktisch, moderat und tropisch) unterschieden. Die Effekte auf Mensch und Umwelt werden von Öko- und Humantoxizitätsdaten abgeleitet (HUIJBREGTS et al. 2000).

Ein Charakterisierungsfaktor setzt sich immer aus den genannten Teilen zusammen.

Gleichung 1: $CF = F \times E \times D$

CF = Charakterisierungsfaktor
F = Verbleib & Exposition (fate & exposure)
E = Effekt (effect)
D = Schaden (damage)

Das Modell berücksichtigt Emissionen in die Luft (städtische und ländliche Luft), Wasser (Süß- und Salzwasser) und Boden (landwirtschaftlich, industrieller und natürlicher Boden). Für die Ökotoxizität werden Faktoren für Süßwasser und für terrestrische und marine Kompartimente berechnet. Für einen gesamten ökotoxikologischen Faktor kann ein Faktor auf Basis der Speziendichte für die drei genannten Kompartimente berechnet werden.

Für die Humantoxizität wird für die Charakterisierungsfaktoren zwischen kanzerogen und nicht-kanzerogen unterschieden und es werden unterschiedliche Aufnahmepfade berücksichtigt, z.B. die Inhalation und die Aufnahme über die Nahrungskette. Für diese Berechnung werden die Basisdaten aus Tab. 26 verwendet.

Der Faktor für Öko- und Humantoxizität wird dann jeweils mit den Emissionen pro Lebenswegschritt multipliziert.

[17] Häufig wird zwischen mittleren Niveau oder dem Endniveau Level unterschieden http://www.scientific-journals.com/sj/lca/Pdf/aId/6940, dabei steht midpoint Level für alle Kategorien auf einem mittleren Level, ohne eine Bewertung bezüglich der Auswirkungen, z.B. ODP. Endpoint Level bezeichnet im Gegensatz dazu Indikatoren, die einen Schaden aufzeigen, de zum Beispiel aus midpoint Indikatoren resultieren, z.B. menschliche Gesundheit.

Tab. 26: Basisdaten zur Berechnung der Humantoxizität für die unterschiedlichen Aufnahmepfade (HUIJBREGTS et al. 2004)

Parameter	Einheit	
Anzahl Menschen		$2{,}7 \times 10^{8}$
Trinkwasser	m³/(PersonxJahr)	$5{,}1 \times 10^{-1}$
Inhalation	m³/(PersonxJahr)	$4{,}9 \times 10^{3}$
Fischproduktion, Süßwasser	kg/Jahr	$8{,}3 \times 10^{8}$
Fischproduktion, marin	kg/Jahr	$1{,}5 \times 10^{9}$
Getreide	kg/Jahr	$1{,}2 \times 10^{11}$
Früchte	kg/Jahr	$4{,}4 \times 10^{10}$
Gemüse	kg/Jahr	$4{,}0 \times 10^{10}$
Fleisch	kg/Jahr	$3{,}6 \times 10^{10}$
Milch	kg/Jahr	$1{,}1 \times 10^{11}$

8.2.2.2 Bewertung der Toxizität nach BASF SE

Ein entscheidender Unterschied zwischen dem BASF SE- und USES-LCA-Ansatz besteht in der Bezugseinheit. Bei der Bewertung der Toxizität nach der BASF-Methode wird jeder Charakterisierungsfaktor für Öko- und Humantoxizität mit den jeweiligen Produktionsmengen pro Lebenswegschritt multipliziert.

Ökotoxizitätspotenzial

Das Ökotoxizitätspotenzial soll die potentiellen Auswirkungen von Stoffen auf die belebte Umwelt erfassen. Hierzu wird die Wirkung natürlicher oder synthetischer Substanzen auf Teile eines Ökosystems, wie zum Beispiel auf Tiere, Pflanzen und Mikroorganismen untersucht (CHAUCHOT 2006:25).

Das Ökotoxizitätspotenzial wird anhand eines von BASF SE entwickelten Bewertungsschemas bilanziert und ist detailliert in ‚Assessing the Environmental-Hazard Potential for Life Cycle Assessment, Eco-Efficiency and SEEBALANCE' von SALING et al. (2005) beschrieben.

Die Berechnung des Ökotoxizitätspotenzials in der SEEBALANCE setzt sich aus der Exposition einer Substanz in die Umwelt und der Gefährlichkeit dieser zusammen (SALING et al. 2005). Das bedeutet konkret, je länger eine Exposition anhält oder je gefährlicher eine Substanz ist, desto höher ist ihr ökologisches Risikopotenzial. Um Substanzen bezüglich ihres Ökotoxizitätspotenzials miteinander vergleichen zu können, wurde ein Bewertungssystem, basierend auf der European Union Risk Ranking Methode (EURAM, dt. in etwa Risikobewertung der Europäischen Union) entwickelt (vgl. SALING et al. 2005).

Das Bewertungsverfahren fokussiert nach SALING et al. (2005:3) das Kompartiment Wasser. Andere Kompartimente wie zum Beispiel Boden, Luft, oder Anreicherung in der Nahrungskette sind nicht Teil dieser Bewertung. Dies hat bislang rein praktische Gründe. Zum einen ist die aquatische Ökotoxikologie meist die relevanteste und zum anderen ist die Verfügbarkeit der notwendigen Daten sehr hoch (SALING et al. 2005). Zur Bestimmung des Ökotoxizitätspotenzials werden verschiedene Faktoren verwendet:

- Potentielle Umweltauswirkung (potential environmental impact, PEI)
- Aquatische Toxizität (aquatic toxicity score, ATS)
- Bioakkumulationspotenzial (potential of bioaccumulation, AP)

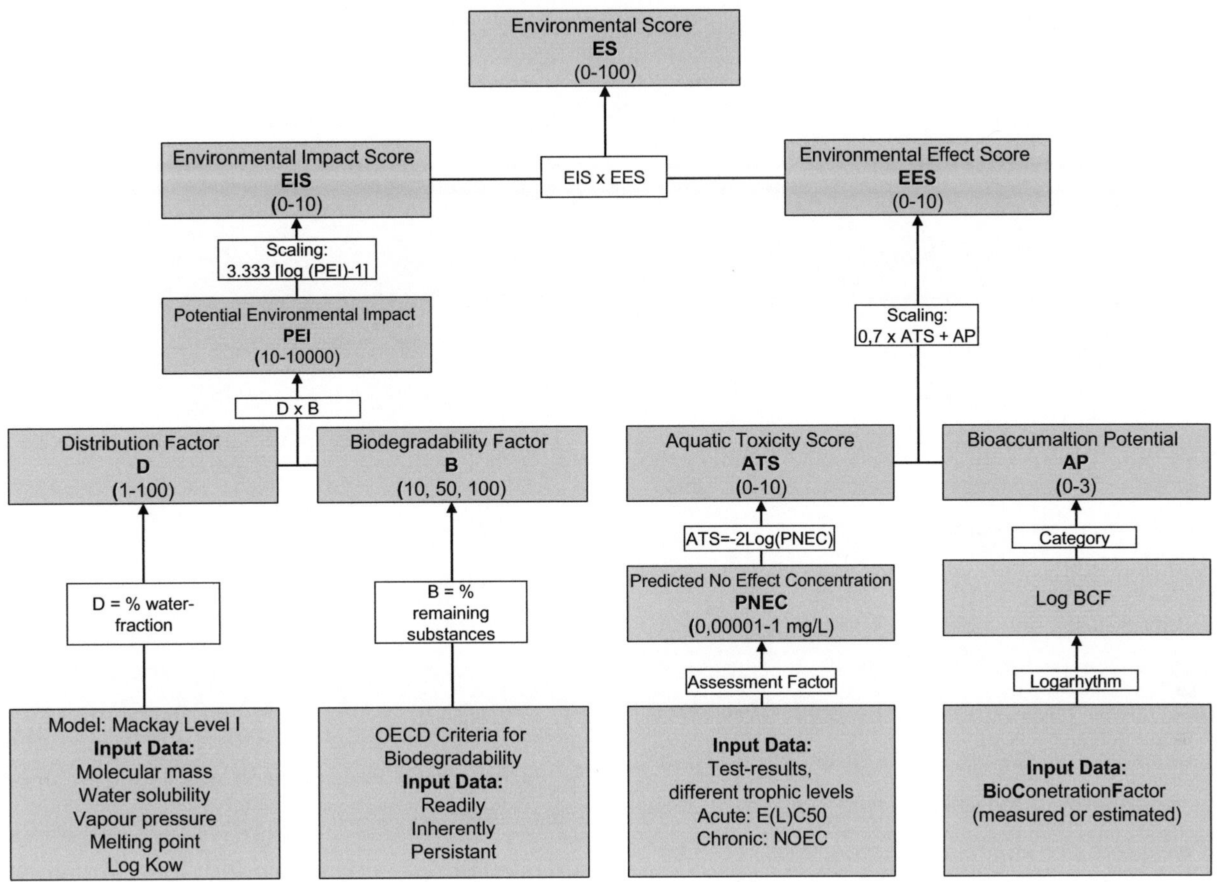

Abb. 17: Übersicht über die Berechnung des Environmental Score (nach SALING et al. (2005:3).

Mit Hilfe der ökotoxikologischen Daten und den chemisch-physikalischen Eigenschaften der Substanz werden diese Faktoren berechnet. Die Potentielle Umweltauswirkung setzt sich aus der Verteilung einer Substanz (distribution factor, D) und dem Abbau (biodegradability factor, B) zusammen. Die Verteilung einer Substanz liegt häufig in Form des Mackay Level I Faktors vor, die Bioabbaubarkeit als OECD Abbautest. Die Aquatische Toxizität findet sich bei den ökotoxikologischen Daten in den Sicherheitsdatenblättern einer Substanz. Dort ist in der Regel auch dokumentiert, ob die Substanz ein Bioakkumultionspotenzial hat.

Aus diesen Daten ergibt sich zusammengefasst für jede bewertete Chemikalie ein Charakterisierungsfaktor, der Environmental Score (ES) (siehe Überblick in Abb. 17)[18].

Multipliziert man diesen Faktor mit den jeweiligen Produktionsmengen in einer SEEBALANCE ergibt sich eine lebenswegbilanzierte Ökotoxizitätsbewertung. Die Bewertung stellt das mögliche Schadpotenzial dar.

Humantoxizitätspotenzial

Die Berechnung des Humantoxizitätspotenzials nach der BASF-Methode ist in ‚Eco-efficiency Analysis by BASF: The Method' von SALING et al. (2002a) und 'Assessment of Toxicological Risks for Life Cycle Assessment and Eco-efficiency Analysis' von LANDSIEDEL & SALING (2002a) beschrieben.

[18] Mehr Details zu den notwendigen ökotoxikologischen Daten, den chemisch-physikalischen Eigenschaften und den Berechnungen in SALING et al. (2005)

Die Basis der Bewertung ist die Einstufung und Kennzeichnung von Chemikalien und Stoffen nach den R-Sätzen der Gefahrstoffverordnung (siehe § 5 GEFSTOFFV). Jedem R-Satz bzw. jeder Kombination von R-Sätzen wird entsprechend ihres Gefährdungspotenzials ein Charakterisierungsfaktor von 0 bis 1000 zugeordnet. Diese Faktoren wurden von der BASF SE mit Hilfe von Toxikologen der BASF SE und Studenten der Universität Leipzig, Fachbereich für Toxikologie erhoben. Tab. 27 fasst die Ergebnisse zusammen.

Konkret bedeutet das zum Beispiel für die Adipinsäure, die eine reizende Wirkung auf Augen hat (R-Satz 36), dass diese Substanz mit dem Charakterisierungsfaktor von 100 multipliziert wird (vgl. SILBERMANN 2008). Allen vorgelagerten Produkten wird ebenso ein Charakterisierungsfaktor zugeordnet. Die so entlang des betrachteten Lebenswegs berechneten Werte werden mit den eingesetzten Stoffmengen multipliziert. So erhält man ein lebenswegbezogenes Toxizitätspotenzial der jeweilig an der SEEBALANCE-Analyse beteiligten Stoffe. (siehe SALING et al. 2002a; SALING et al. 2007:101). Die Exposition der verschiedenen Stoffe entlang des Lebenswegs wird in dieser Bewertung standardmäßig nicht berücksichtigt: Zum einen soll mit dieser Bewertung nicht das reale Risiko, sondern das maximal mögliche angegeben werden (vgl. SALING et al. 2002a). Zum anderen fehlen Daten über Expositionswahrscheinlichkeiten. In einigen Ökoeffizienz- und SEEBALANCE-Analysen wird von dieser Vorgehensweise abgewichen und Expositions- und Sicherheitsfaktoren werden im letzten Produktionsschritt eingesetzt (SALING et al. 2002a). Dieses wird von Fall zu Fall neu diskutiert.

Der BASF-Ansatz betrachtet im Regelfall den ungünstigsten Fall, nämlich dass die gesamte Produktionsmenge exponiert wird. Hintergrund dieser Berechnungsweise ist, dass Verfahren und Produkte, die das Handhaben toxischer Stoffe mit sich bringen, schlechter bewertet werden sollen.

Tab. 27: Auflistung der R-Sätze mit den zugeordneten Charakterisierungsfaktoren (mit CF = Wirkungsfaktor), Quelle: verändert nach LANDSIEDEL et al. (2002)

Gruppe	Beschreibung	R-Sätze	CF
1	schwache Auswirkungen	R36, R38, R36/38, R66, R67	100
2	lokale Auswirkungen	R21, R22, R34, R35, R37, R41, R42, R43, R65, R36/37, R36/37/38, R37/38, R65	300
3	akute, irreversible, toxische Auswirkungen	R20, R24, R25, R20/21, R20/22, R21/22	400
4	schwere irreversible Auswirkungen, reproduktionstoxisch	R23, R27, R28, R29, R31, R33, R39, R48, R60, R62, R63, R64, R68, R20/21/22, R23/24, R23/25, R23/24/25, R24/25, R27/28, R39/23, R39/24, R39/25, R39/23/24, R39/23/25, R39/24/25, R39/27, R39/28, R39/27/28, R68/20, R68/21, R68/22, R68/20/21, R68/20/22, R68/21/22, R68/20/21/22, R42/43, R48/20, R48/21, R48/22, R48/20/21, R48/20/22, R48/21/22, R48/20/21/22, R48/24, R48/25, R48/24/25	550
5	kanzerogen	R26, R32, R40, R45, R46, R49, R61, R26/27, R26/28, R26/27/28, R39/23/24/25, R39/26, R39/26/27, R39/26/28, R48/23, R48/23/24, R48/23/25, R48/23/24/25	750
6		R39/26/27/28	1000

8.2.3 Vorgehensweise

Um das Entwicklungsziel systematisch zu erfassen, wurde eine Fallstudie (case study) durchgeführt. HILL & TURNER definieren den Begriff und die Grenzen einer Fallstudie wie folgt:

"The detailed examination of a single example of a class of phenomena, a case study, cannot provide reliable information about the broader class, but it may be useful in the preliminary stages of an investigation since it provides hypotheses, which may be tested systematically with a larger number of cases. (ABERCROMBIE et al. 1984:34)

Um die Vor- und Nachteile der BASF-Methode zu identifizieren, wurde für einen detaillierten Vergleich eine Referenzmethode (USES-LCA) gewählt und in einem Fallbeispiel verglichen. (vgl. hierzu Kapitel 8.2.2). Mit beiden Modellen wurde eine lebenswegbilanzierte Bewertung der Human- und Ökotoxizität in einem Fallbeispiel erstellt. Verwendet wurde die Fallstudie, welche in Kapitel 11 näher erläutert wird.

Es wurde insbesondere auf Auffälligkeiten während der *Datensammlung*, der Bilanzierung (*Datenanalyse)* und der Ergebnisinterpretation (*Interpretation*) geachtet. Dabei wurden Unterschiede der Modelle und ihre Stärken und Schwächen identifiziert.

Aus den Ergebnissen lassen sich verschiedene Vorschläge zur Implementierung ableiten (vgl. Kapitel 8.2.5).

Bei dieser Untersuchung lagen die Datenbanken für die Bewertung der Toxizität nach der BASF SE vor. Die Datengrundlagen der USES-LCA-Methode hingegen sind zwar frei verfügbar, wurden bis dahin in der BASF Ökoeffizienz-Gruppe jedoch noch nicht genutzt.

8.2.4 Ergebnis: Vergleich der Methoden

8.2.4.1 Datensammlung

Für die Datensammlung des Fallbeispiels sind abhängig von der gewählten Methode für die Toxizität verschiedene Informationen notwendig.

BASF-Methode

Für die BASF-Methode benötigt man zum einen die Produktionsmengen über den gesamten Lebensweg und zum anderen die Öko- bzw. Humantoxizitätspunkte, zum Beispiel: die Verwendung von zwei Kilogramm Chlor pro Nutzeneinheit und 550 Toxizitätspunkte pro Kilogramm Chlor. Damit ergibt sich ein Toxizitätspotenzial von 1100 Toxizitätspunkten pro Nutzeneinheit. Die Produktionsmengen sind durch die Bilanzierung bekannt (Voraussetzung für die Ökobilanzierung). Ferner sind die Punktebewertungen für Ökotoxizität und Humantoxizität zum größten Teil in BASF-Datenbanken abrufbar oder können relativ einfach erstellt werden. Bei der Humantoxizität kann immer ein Wert zugewiesen werden, sobald ein R-Satz für eine Substanz vorhanden ist. Bei der Ökotoxizität muss mehr Information vorhanden sein (vgl. Abb. 17), welche teilweise auch erheblich schwieriger zu erheben ist. Die Bewertung der Ökotoxizität nach BASF SE leitet rechnerisch Daten für organische Substanzen ab. Anorganische Substanzen werden mit festgelegten Standardwerten in die Bewertung eingeschlossen (SALING et al. 2005:5 f.)

Für das Fallbeispiel lagen die meisten Informationen für die Toxizitätsbewertung nach der BASF-Methode vor.

USES-LCA-Methode

Bei der USES-LCA-Methode müssen die Emissionen pro Lebenswegschritt oder für den gesamten Lebensweg und die Charakterisierungsfaktoren je Substanz bekannt sein: zum Beispiel ein Milligramm emittiertes Chlor pro einem Kilogramm produzierten Chlors mit einem Charakterisierungsfaktor von 0,012 1,4-DCB eq. für das Kompartiment Süßwasser. Problematisch ist, dass nicht notwendigerweise alle Emissionen in einer Sachbilanz (life cycle inventory, LCI) enthalten sind die relevant sind. Dies kann unterschiedliche Gründe haben: Zum einen sind Emissionen oft als Summenparameter (z.B. CSB oder AOX) angegeben bzw. in den entsprechenden Effektkategorien (z.B. GWP oder ODP) bereits zusammengefasst, wie dies beispielsweise in verschiedenen Umweltprodukt-Erklärungen (environmental product declarations, EPDs) der Fall ist. Zudem ist es häufig auch nicht trivial, eine Emission (sollte sie denn bekannt sein) eindeutig einem Produkt zuzuordnen, zum Beispiel wenn Koppelprodukte vorliegen.

Da die Emissionen aus den genannten Gründen häufig nicht vorliegen, werden oft anstatt der realen Werte die gesetzlichen Grenzwerte angegeben oder berechnete Werte hinterlegt. Daher kann es zu Überbewertungen von tatsächlich ermittelten bzw. gemessenen Substanzen im Vergleich zu gesetzlichen Grenzwerten kommen. (vgl. z.B. Schaumglas (foam glass) in der ECOINVENT DATABASE 2007).

Die Datenverfügbarkeit für die Charakterisierungsfaktoren (CF) ist hingegen sehr hoch. Mit rund 3400 CF für die Humantoxizität und Ökotoxizität liegen sehr viele Substanzen bereits bewertet vor.

Für das Fallbeispiel ergab sich das Problem, dass die Verfügbarkeit der Emissionen je nach verwendeten Quellen der Ökoprofile sehr unterschiedlich ausfiel. Aus diesem Grund wurde versucht, alle Ökoprofile, die als Grundlage für die Toxizitätsbewertung verwendet wurden, aus einer Quelle zu beziehen, um eine möglichst große Vergleichbarkeit zu haben. Als Basis wurden die Sachbilanzen von Ecoinvent verwendet (ECOINVENT DATABASE 2007).

Problematisch ist, dass einzelne Substanzen, die vermutlich einen hohen Einfluss haben, nicht bewertet sind. So liegen beispielsweise für einzelne Substanzen keine Charakterisierungsfaktoren in der USES-LCA Datenbank vor (HUIJBREGTS 2009) (wie z.B. für Asbest). Dies liegt unter anderem daran, dass die Gefährdung, die von diesem Stoff ausgeht, abhängig ist von der Größe der Fasern und nicht unmittelbar von der emittierten Menge. Die Größe einer Faser bestimmt, ob ein Stoff lungengängig ist. Bei der BASF-Methode hingegen wird der R-Satz des Stoffes verwendet.

8.2.4.2 Datenanalyse

Im Schritt der Datenanalyse wird es notwendig die gesammelten Daten aus Kapitel 8.2.4.1 miteinander zu kombinieren und in die Fallstudie zu integrieren.

BASF-Methode

Für die BASF-Methode bedeutet das, dass die produzierten Mengen über den Lebensweg mit den Öko- bzw. Humantoxizitätsfaktoren multipliziert werden. In der Datenbank zur Toxizitätsbewertung der BASF liegen bereits viele bewertete Produkte mit entsprechender Bilanzierung der Vorkette vor. Aufgrund dieser Vorarbeit, ist dieser Schritt im Fallbeispiel einfach zu realisieren.

Bei der Bilanzierung ist auffällig, dass Produkte mit geringen Mengen aufgrund der stark mengenbezogenen Bewertung auch betreffend des Human- und Ökotoxizitätspotenzials geringer bewertet werden. Im Fallbeispiel ist die Substanz, um die es bei der Autorisierung geht, im Vergleich zu den anderen Produktionsmengen vernachlässigbar klein (SVHC[19] $<1\%_{Gew}$; SALING et al. 2010). Häufig wird in der Ökobilanzierung ein Abschneidekriterium von ein bis zwei Prozent gewählt. Damit wäre die Substanz nicht mehr in der Bilanzierung enthalten. Darüber hinaus ergibt sich das Problem, dass selbst mit einem sehr hohen Charakterisierungsfaktor dieses Produkt in der gesamten Bewertung nur einen geringen Beitrag zum Gesamtergebnis leistet. Dies resultiert daraus, dass der BASF-Ansatz vom ungünstigsten Fall (Worst-Case Szenario) ausgeht und die gesamte Exposition der Produktionsmengen betrachtet. Hintergrund dieser Betrachtungsweise ist, dass Produkte und Prozesse, die das Handhaben von toxischen Substanzen erfordern, vermieden werden sollen, da im schlimmsten anzunehmenden Fall, beispielsweise bei einem Unfall, der gesamte Gefahrstoff emittiert werden könnte.

Im Fallbeispiel macht die untersuchte Substanz (SALING et al. 2010) weniger als 1% der Toxizitätsbewertung vom Basisszenario während der Produktion der Materialien im

[19] In der vorliegenden Dissertation wird die untersuchte Substanz des Fallbeispiels als ‚SVHC' gekennzeichnet, da die Substanz nur in anonymisierter Form in der Dissertation aufgeführt werden darf.

Vergleich zu den anderen Substanzen und Stoffen in der Vorkette aus (siehe Abb. 18, ‚Produktion Material'). PBT- oder CMR-Substanzen kommen teilweise aber in vergleichsweise geringen Mengen vor. Es scheint, dass diese Substanzen zumindest in der Produktionsphase innerhalb der BASF-Methode unterrepräsentiert sind.
Auffällig während der Toxizitätsbilanzierung nach der BASF-Methode ist weiterhin, dass zwischen den Lebenswegschritten Produktions-, Nutzen- und Entsorgungsphase unterschieden wird. Die Schritte werden mit 20%, 70% bzw. 10% gewichtet. Die Begründung seitens der BASF SE ist, dass Produktion und Entsorgung von Fachkräften durchgeführt werden und die Exposition durch Schutzmaßnahmen am Arbeitsplatz und persönliche Sicherheitsvorkehrungen sowie durch einen professionellen Umgang niedriger ist.

Dahingegen kommen in der Nutzenphase Menschen mit Chemikalien in Berührung, die sich im schlimmsten Fall der Gefahr, die von dem Stoff ausgeht, in keinster Weise bewusst sind. In dieser Phase können sowohl Produktionsmengen als auch Emissionen die während des Lebenswegs emittiert werden gesondert mit 70% gewichtet berücksichtigt werden (siehe Abb. 18, ‚SVHC Emissionen'). In der Regel werden in der Nutzenphase aber nicht alle Emissionen über den Lebensweg betrachtet, sondern nur solche, die als relevant erachtet werden. Die Bewertung mit 70% ist zwar nachvollziehbar, aber durch keine Statistik wissenschaftlich belegbar. Diese hohe Bewertung stellt das Vorsorgeprinzip gegenüber dem Verbraucher in den Vordergrund. Die Wertung stellt also ein subjektives Bewertungselement in der BASF-Methode dar.

Im Fallbeispiel wird davon ausgegangen, dass der betrachtete SVHC-Stoff während der Nutzenphase und in vor- und nachgelagerten Lebenswegschritten emittiert werden kann. Diese direkten Emissionen werden mit 70% in der Ökotoxizität bewertet (siehe Abb. 18, ‚SVHC Emissionen'). Andere toxische Emissionen, die während der Produktion, der Nutzenphase oder der Entsorgung emittiert werden, sind aufgrund der schlechten Datenverfügbarkeit hier aber nicht betrachtet. Damit wird zwar, wie seitens der EU-Kommission erwartet, gezeigt, dass die Substanz sehr kritisch ist, aber es ist auch eine eindeutige Worst-Case Betrachtung für die untersuchte Substanz. Für die Humantoxizität wurde dieses Vorgehen analog übertragen. Für das Basisszenario wurde, wie oben erläutert, die SVHC-Emission betrachtet, für das Antwortszenario lagen keine Emissionen vor.

USES-LCA-Methode

Im Schritt der Datenanalyse für die USES-LCA-Methode werden die Emissionen über den Lebensweg mit den Charakterisierungsfaktoren kombiniert. Neben den Schwierigkeiten bei der Sammlung der Daten, ergibt sich bei der Datenanalyse das Problem der Anzahl an Datensätzen. Beim Fallbeispiel wurden pro Lebenswegabschnitt zum Teil bis zu 450 Emissionen bilanziert. Diesen wurde dann der jeweilige Charakterisierungsfaktor zugewiesen. Dies ist, wenn es sich um ein etabliertes System handelt, sicherlich mit einer Software lösbar (z.B. SIMAPRO 7.1).

Während der Datenanalyse gab es bei diesem Ansatz keine Auffälligkeiten. Die Emissionen werden über den gesamten Lebensweg berücksichtigt und es wird nicht nach Lebenswegabschnitten unterschieden.

8.2.4.3 Dateninterpretation

Bei der Dateninterpretation geht es zum einen darum zu prüfen, ob das Ableiten eines Ergebnisses aus der jeweiligen Methode eindeutig geschehen kann und zum anderen ob es Unterschiede zwischen den Ergebnissen in der Fallstudie gibt.

BASF-Methode & USES-LCA-Methode

Abb. 18 und Abb. 19 zeigen die Ergebnisse der Fallstudie für die Ökotoxizität im Kompartiment Süßwasser nach der BASF und USES-LCA-Methode. Die anderen Bewertungen (Humantoxizität, andere Kompartimente für USES-LCA-Methode) werden aufgrund der geringen Verfügbarkeit relevanter Emissionen im Folgenden nicht weiter detailliert aufgeführt. Bei beiden Methoden ist das Ergebnis der Fallstudie eindeutig. Die Rangfolge der Alternativen ist bei beiden Methoden dieselbe: die höhere Ökotoxizitätsbewertung hat das Basisszenario, gefolgt von dem Antwortszenario. In beiden Fällen ist also das Antwortszenario vorteilhafter bezogen auf die Ökotoxizitätsbewertung für Süßwasser.

Die beiden Ergebnisse unterscheiden sich darin, dass die BASF Berechnung stark von den mit 70% gewichteten Emissionen abhängt. Die SVHC-Emission wird dort sehr stark bewertet, andere Emissionen für das Antwortszenario sind hier allerdings nicht betrachtet. Bei der USES-LCA-Methode taucht die untersuchte Substanz zwar auf, aber mit einem wesentlich geringeren Beitrag im Vergleich zu den anderen Emissionen. Dies würde den Schluss zulassen, dass die PBT-Substanz im Vergleich zu anderen Emissionen nicht so relevant ist. Einen großen Beitrag bei der USES-LCA-Methode haben die Emissionen während der Produktion der Materialien.

Zum Thema der Bewertung von PBT-Substanzen haben bereits ARNOT & MACKAY (2008) einen Artikel verfasst, der hinterfragt, ob PBT-Eigenschaften überhaupt mit Mengenangaben verbunden werden können.

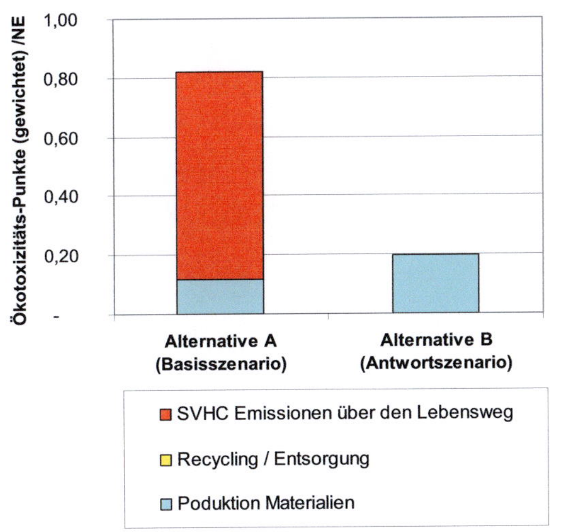

Abb. 18: Bewertung der Ökotoxizität nach der BASF-Methode

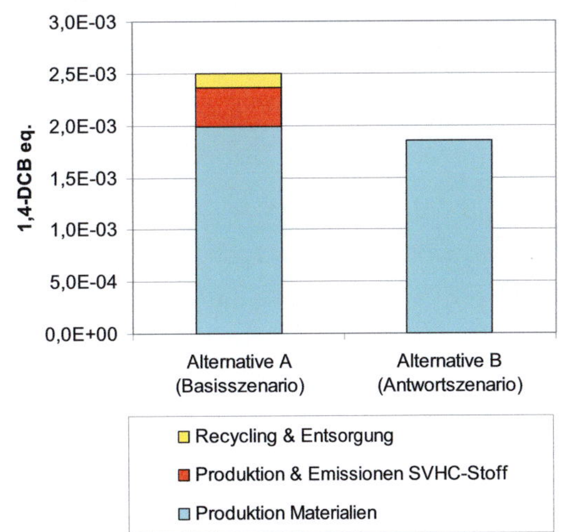

Abb. 19: Bewertung der Ökotoxizität nach der USES-LCA-Methode im Kompartiment Süßwasser

Sie stellen die Frage, ob eine Priorisierung von Substanzen mit PBT-Eigenschaften in einer Regulierung nicht anders ausfallen würde, wenn die Mengenangaben mit diesen Eigenschaften einzeln kombiniert würden. „These results suggest that applying P, B, and T criteria individually can lead to less discriminating priority setting and that the combined exposure and hazard indicators may be preferable" (ARNOT & MACKAY, 2008:4650).

Dies stellt die Einstufung von REACh und damit das Fundament auch der Zulassung in Frage und zeigt die Schwierigkeit während dieser Bewertung auf.

8.2.4.4 Übersicht über Vergleich der Toxizitätsmodelle aus dem Fallbeispiel

Tab. 28 fasst die Ergebnisse des Vergleichs zwischen der BASF- und der USES-LCA-Methode im Fallbeispiel zusammen. Eine Schwäche bei der Umsetzung der USES-LCA-Methode ist, dass es schwierig ist die Emissionen, die zur Bilanzierung notwendig sind, zu erhalten. Dies hängt nicht mit der Methode als solches zusammen, ist aber ein schwerwiegender Nachteil bei deren Umsetzung. Die BASF-Methode zeichnet sich vor allem durch ihre relativ leichte Realisierbarkeit aus. Nachteilig ist, dass immer das maximale Potenzial berechnet wird und so kleine Mengen in der Bewertung keine Berücksichtigung finden. Weiterhin ist die Abschätzung von Lebenswegabschnitten mit 20%/70%/10% nicht wissenschaftlich zu rechtfertigen.

Die BASF-Methode berücksichtigt lediglich das Kompartiment Süßwasser. Inwiefern die Berücksichtigung von mehreren Kompartimenten notwendig ist, konnte leider aufgrund der Nicht-Verfügbarkeit der dafür notwendigen Emissionen nicht überprüft werden. Prinzipiell erscheint es sinnvoll, verschiedene Kompartimente zu berücksichtigen. Inwiefern die Daten beispielsweise der Ökotoxizitätseffekte für verschiedene Kompartimente nicht sowieso korrelieren, kann zu diesem Zeitpunkt nicht genauer bestimmt werden.

Tab. 28: Übersicht des Vergleichs der Toxizitätsmodelle von BASF SE und USES-LCA

	BASF-Methode		USES–LCA-Methode	
	Humantoxizität	**Ökotoxizität**	**Humantoxizität**	**Ökotoxizität**
Ergebnisausgabe: [Einheit]	Potenzial bezogen auf Substanz [Toxizitätspunkte / Produktionsmenge]		Potenzial bezogen auf Emission [Toxizitätspunkte/Emissionsmenge]	
Bewertung	Punktesystem entsprechend der R-Sätze einer Substanz	berücksichtigt Abbau, Verteilung, Effekte und Akkumulation, Kompartiment Wasser	Tox-Äquivalente bzgl. Verhalten, Exposition und Effekte, integriert Inhalation und Akkumulation in die Nahrungskette	Tox-Äquivalente bzgl. Verhalten, Exposition und Effekte in den Kompartimenten Luft, Wasser und Boden
Datenverfügbarkeit der Bezugsgrößen (Produktion, Emission)	+		-	
Erstellung von Charakterisierungsfaktoren	+	o	o	
Handhabbarkeit der Datenmenge während Datenanalyse	o		o	
Bewertung nach Lebenswegabschnitten / Bewertungsablauf	-		/	
Interpretation der Ergebnisse	+		+	

+ positive Wertung
- negative Wertung
o neutrale Wertung
/ kann nicht bewertet werden, da nicht zutreffend

8.2.5 Schlussfolgerungen & Implementierungsvorschläge

Der Methodenvergleich im Fallbeispiel zeigt einige Unterschiede auf. Die meisten dieser Merkmale können vermutlich zumindest für SEAs verallgemeinert werden. Auffällig im Fallbeispiel ist die klare Unterscheidung zwischen einem praxisorientierten Ansatz (BASF-Methode) und einem wissenschaftlich Ansatz (USES-LCA). Die BASF-Methode zeichnet sich durch eine leichte Anwendbarkeit aus, die USES-LCA-Methode vor allem durch ihren konsistenten Bewertungsablauf.

Festzuhalten bleibt, dass sowohl der produktionsmengenbezogene (BASF-Methode) als auch der emissionsbezogene Ansatz (USES-LCA) sinnvoll ist und prinzipiell zwei unterschiedliche Zielrichtungen verfolgt werden. Der BASF-Ansatz zeigt auf, in welchem Lebenswegschritten viel toxische Substanzen verwendet werden, mit der Zielrichtung insgesamt die Verwendung toxischer, Substanzen möglichst hoch zu bewerten, um letztlich ihre Anwendung einzuschränken. Der USES-LCA-Ansatz hingegen summiert die tatsächlichen toxischen Emissionen.

Daher könnte es sinnvoll sein, beide Ansätze zu kombinieren. Dadurch können beide Ziele, Einschränkung der Produktion toxischer Substanzen zum einen und geringe Freisetzung von solchen Stoffen zum anderen, verfolgt werden. Es wäre beispielsweise denkbar, dass man nicht bei der Unterscheidung zwischen den Lebenswegschritten (20%/70%/ 10%) bleibt, sondern eine Unterscheidung zwischen Produktion und Emission/Exposition vornimmt. Hierfür müsste dann aber für beide Ansätze jeweils ein Bewertungsfaktor ermittelt werden, der angibt, wie wichtig die beiden Ansätze zu einander bzw. im Vergleich zu den anderen Umweltkategorien sind. Dies entspricht dem Prinzip eines Relevanzfaktors der BASF-Methode (siehe Kapitel 5.2.5). Der Gesamtwert für den Relevanzfaktor gibt den Wert einer Umweltkategorie in einer definierten Region an. Für die Produktionsrelevanz wird er also erstellt aus der Summe aller produzierten Substanzen multipliziert mit ihren Toxizitätsfaktoren der jeweiligen Substanz (vgl. nachfolgendes Kapitel). Ebenso kann eine Emissionsrelevanz erstellt werden. Hierfür ist es notwendig, alle Emissionen in Deutschland mit ihren entsprechenden Toxizitätspunkten zu multiplizieren und aufzusummieren. Fraglich ist, wie mit Expositionen des Konsumenten gegenüber Substanzen umgegangen werden kann, z.B. Lösemitteldämpfe aus Reinigungsmitteln o.ä. in der häuslichen Anwendung. Außerdem ist unklar, wie diese adäquat in ein solches System eingebunden werden können. Problematisch bleibt, dass alle Emissionen bekannt sein müssten.

Des Weiteren stellt sich die Frage, ob die Bewertung der Humantoxizität nach der BASF-Methode dafür hinreichend ist. Bislang wird beispielsweise die Akkumulation über die Nahrungskette nicht mit bewertet. Bei der Bewertung der Ökotoxizität wird lediglich das Kompartiment Wasser berücksichtigt und nicht wie bei der USES-LCA verschiedene Kompartimente. Eventuell wäre neben dem erst genannten Ansatz zu prüfen, ob für die emissionsbezogene Bewertung nicht komplett der USES-LCA-Ansatz verwendet werden kann. Wenn dieses zu schwierig erscheint, sollte zumindest versucht werden den BASF-Ansatz pragmatisch weiterzuentwickeln, z.B. mit einer konsequenten Bewertung der Exposition.

Wenn beispielsweise die toxischen Emissionen nicht lebenswegbezogen bilanziert werden können, sollten folgende Punkte überprüft werden:

1. Ist es möglich, den produktionsbezogenen Ansatz über Expositionsfaktoren an einen emissionsbezogenen Ansatz anzupassen?
2. Können die Faktoren 20%/70%/10% rechnerisch überprüft und belegt werden?
3. Oder können diese Faktoren flexibel für jede Analyse nach einem festgelegten Schema berechnet werden?

Neben diesen Fragen zur Bewertung der Toxizität bleibt auch abzuwarten, wie das UNEP-SETAC Modell seitens der LCA Gemeinschaft angenommen wird. Sollte die UNEP-SETAC-Methode von allen LCA Anwendern verwendet werden, dann wird mit der Zeit die Datenverfügbarkeit zu Emissionen zumindest während der Produktion zunehmen.

8.3 Normierung der Ökotoxizitäts- und Humantoxizität in der SEEBALANCE

8.3.1 Entwicklungsziel

Die Normierung der Toxizität erfolgte bisher mit folgenden Gesellschaftsfaktoren: 22% für Ökotoxizität und 18% für die Humantoxizität. Das heißt, dass der Relevanzfaktor gleichgesetzt ist mit dem Gewichtungsfaktor (vgl. Kapitel 5.2.5) und daher konstant bleibt. Eine Bewertung von 18% bzw. 22% entspricht rund einem Fünftel der möglichen Belastung und ist im Vergleich zu anderen Kriterien relativ hoch. Zum Beispiel wird das Treibhauspotenzial auf der ökologischen Achse lediglich mit rund 6% seitens der Gesellschaft bewertet.

Die Festlegung der Gewichtung der Toxizität lässt keine Gewichtung im Einzelfall zu: Der Faktor für die Toxizität ändert sich nicht, wenn beispielsweise eine sehr toxische oder kritische Substanz im Lebensweg eines Produktes auftaucht. Umgekehrt wird die Toxizität sehr hoch bewertet, obwohl keine kritischen Substanzen entlang des Lebenswegs vorkommen. Alle anderen ökologischen und sozioökonomischen Faktoren (bis auf die Produktrisiken & -eigenschaften) ändern sich je nach Wichtigkeit in einer Analyse (vgl. Kapitel 5.2.5). Da im Rahmen einer SEA unter REACh sehr toxische Substanzen einer Bewertung unterzogen werden, ist davon auszugehen, dass dem Ökotoxizitäts- und Humantoxizitätspotenzial bei diesen Analysen eine zu geringe Bedeutung zukommt. Darüber hinaus können ‚herkömmlichen' Ökoeffizienz- und SEEBALANCE- Analysen in den Kategorien Human- und Ökotoxizität tendenziell eher eine zu große Bedeutung zukommen. Zum Beispiel, wenn verschiedene Prozesse zur Abwasserrückspülung miteinander verglichen werden und überhaupt kaum Chemikalien verwendet werden.

Ziel ist daher, diese beiden Indikatoren mit einem Relevanzfaktor in die Methode zu integrieren, der eine entsprechende Gewichtung der Toxizität bei hochtoxischen Substanzen ermöglicht (vgl. RPA 2006, SEIBERT 2007).

8.3.2 Vorgehen zur Erstellung des Gesamtwertes für die Normierung

8.3.2.1 Übersicht über das Vorgehen

Zur Erstellung eines Relevanzfaktors nach der BASF-Methode ist es notwendig, das Toxizitätspotenzial in einer definierten Region zu errechnen. Dieser Gesamtwert kann errechnet werden durch die Multiplikation aller toxischen Substanzen mit ihren jeweiligen Toxizitätspunkten. Diese Produkte werden dann aufsummiert (siehe auch SLEESWIJK et al. o.J.). Zur Bestimmung der Toxizität in Deutschland, ist es daher notwendig, die Mengen der Substanzen die in dieser Region vorhanden sind, zu ermitteln. Die Mengen liegen für Stoffe in Form von Produktgruppen in der Gesamtproduktionsstatistik und der Gesamtimportstatistik für die chemische Industrie (NACE 24) und für Brennstoffe beim statistischen Bundesamt vor. Jeder Produktgruppe werden dann nach der Bewertungsmethode der Ökoeffizienz-Analyse Öko- bzw. Humantoxizitätspunkte zugeordnet. Für jede Produktgruppe wird das Toxizitätspotenzial berechnet, welches definiert ist als Toxizitätspunkte multipliziert mit Gesamtmenge (Produktion plus Import). Das Gesamttoxizitätspotenzial ergibt sich aus der Aufsummierung der Toxizitätspotenziale über alle Produktgruppen. Analog wird das

Ökotoxizitätspotenzial ermittelt (vgl. Gleichung 2).

Gleichung 2: $$R = \sum_{1}^{n} M_i \times Tox_i$$

R = *Gesamttoxizitätspotenzial*

i = *jeweiliges Produkt*

M = *Produktionsmenge in kg*

Tox = *Öko- bzw. Humantoxizitätspotenzial in Punkte pro kg*

Die Werte des Gesamttoxizitätspotenzials wurden anschließend in einigen Ökoeffizienz-Analysen alternativ zum bisher verwendeten subjektiven Gewichtungsfaktor verwendet.

8.3.2.2 Grundannahmen zur Erstellung des Humantoxizitätspotenzials

Produktions- und Importmengen

Als Datengrundlage für die Produktionsmengen der chemischen Industrie wurde die Produktionsstatistik aus 2006 verwendet (DESTATIS 2006a). In der Produktionsstatistik sind 849 Produktgruppen angegeben. Zu 489 Produktgruppen gibt es für das Jahr 2006 Mengenangaben in Tonnen oder kg. Die Gesamtmenge beläuft sich auf 123.986.361 t (=100%). Von diesen sind 171 Produktgruppen mit Toxizitätspunkten bewertet (90.585.550 t, 73% der Gesamtproduktionsmenge) und 50 Produktgruppen als nicht toxisch eingestuft (21.029.122 t, 17% der Gesamtproduktionsmenge). Hierfür muss zu den entsprechenden Substanzen lediglich ein R-Satz vorhanden sein. Die verbleibenden 268 Produktgruppen (12.371.690 t, 10% der Gesamtproduktionsmenge) sind bislang nicht eingeordnet, da für diese keine Toxizitätswerte in der BASF-Datenbank vorliegen.

Zusätzlich zu den in Deutschland produzierten Substanzen sind die importierten Stoffe berücksichtigt, da auch von diesen ein Toxizitätspotenzial ausgeht. In der Importstatistik (DESTATIS 2006b) gibt es 1149 Produktgruppen (Gesamtimportmenge 26.178.899 t, 100%). Von diesen sind 346 (15.421.614 t, 59% der Gesamtimportmenge) mit Toxizitätspunkten bewertet und 95 (4.565.424 t, 17% der Gesamtimportmenge) als nicht toxisch eingestuft. Die verbleibenden 708 (6.191.861 t, 24% der Gesamtimportmenge) sind aufgrund der nicht verfügbaren Bewertungen in der BASF-Datenbank bislang nicht berücksichtigt.

Von den insgesamt 150.165.260 t (100%) produzierten oder importierten Chemikalien sind 106.007.164 t (71% der Gesamtmenge) mit Toxizitätspunkten bewertet, 25.594.546 t (17% der Gesamtmenge) als nicht toxisch eingestuft und die verbleibenden 18.563.551 t (12% der Gesamtmenge) nicht eingeordnet.

Sowohl in der Produktionsstatistik als auch in der Importstatistik gibt es die Kategorie ‚Andere chemische Erzeugnisse' (GP-Nr. 2466 48 990) bzw. ‚And. Erzeugnisse d. chemischen Industrie' (WA38249099). Werden diese berücksichtigt, steigt der mit Toxizitätspunkten bewertete Anteil auf 73% und nur 9,5% der Gesamtmenge bleiben nicht eingeordnet.

Zusätzlich zu den chemischen Erzeugnissen sind Zement und Calciumoxid (STATISTICHES BUNDESAMT 2009) und Erzeugnisse der Mineralölindustrie mit Toxizitätspunkten bewertet (MINERALÖLWIRTSCHAFTSVERBAND E.V. 2007). Erzeugnisse der Mineralölindustrie sind: Ottokraftstoff, Dieselkraftstoff, Heizöl, Flugturbinenkraftstoff, Rohöl und Rohbenzin.

Bewertung der Produktgruppen:

Jede Produktgruppe wird in eine der möglichen Toxizitätspunktekategorien eingeordnet und ihr damit einer der Charakterisierungsfaktoren [0, 100, 300, 400, 550, 750, 1000] zugewiesen. Bei Produktgruppen, die nur aus einem Stoff bestehen, wird der Stoff entsprechend dem Sicherheitsdatenblatt bewertet und bestimmt dadurch die Klassifizierung der Produktgruppe. Zum Beispiel wird die Produktgruppe ‚Chlor' (GP-Nr. 2413 11 110, WA-Nr. WA28011000) anhand des Sicherheitsdatenblatts für Chlor klassifiziert.

Sobald mehrere Produkte in einer Produktgruppe zusammengefasst waren, wurde ein repräsentativer Vertreter gesucht und deren Toxizitätspunkte wurden auf die ganze Produktgruppe verallgemeinert.

In der Gruppe ‚andere chemische Erzeugnisse' sind Produkte zusammengefasst, die nicht anderweitig erfasst sind. Da die Natur der enthaltenen Substanzen unbekannt ist, ist die Toxizität dieser Substanzen ebenfalls unbekannt. Durch Nichtberücksichtigung wird implizit angenommen, dass die enthaltenen Substanzen nicht toxisch sind. Eine Abschätzung der maximalen Toxizität ist durch die Zuordnung der maximalen Punktzahl von 1000 möglich. Eine realistischere Abschätzung kann durch die Zuordnung von 400 Punkten erfolgen. Dies entspricht einer Einordnung in die mittlere Kategorie der möglichen Toxizitätspunktekategorien [0, 100, 300, 400, 550, 750, 1000]. Mit den zwar bekannten, aber bislang nicht eingeordneten Produktgruppen kann man analog zu den ‚anderen chemischen Erzeugnissen' verfahren.

8.3.2.3 Grundannahmen zur Erstellung des Ökotoxizitätspotenzials

Zur Berechnung des Ökotoxizitätspotenzials in Deutschland wurde analog wie in Kapitel 8.3.2.2 verfahren. Von den derzeit 300 Einträgen in der Relevanzliste sind knapp 200 Einträge auch ökotoxikologisch bewertet. Dies deckt rund 85% der Menge ab, die toxikologisch bewertet wurde.
Eine Zusammenstellung von circa 1500 ökotoxischen Substanzen ist in der ICCA HPV (ICCA HPV, 2010) Liste verfügbar. Die darin aufgeführten Substanzen werden weltweit in Mengen größer als 1000 Jahrestonnen hergestellt. Detaillierte ökotoxikologische Tests sind dort enthalten. Es wird empfohlen die ökotoxikologische Bewertung zu einem späteren Zeitpunkt zu ergänzen.

8.3.3 Ergebnisse

8.3.3.1 Ergebnisse: Humantoxizitätspotenzial

Das Potenzial für die Humantoxizität in Deutschland beläuft sich auf 258.119.386 Mio. Human-Toxizitätspunkte. Ein Auszug aus der Berechnung des Potenzials ist in Tab. 29 aufgelistet. In der rechten Spalte befindet sich das Ergebnis je Substanz (Toxizitätspunkte je Substanz für Deutschland).

Die wesentlichen Beiträge bei der Berechnung des Gesamtpotenzials sind in Tab. 30 aufgeführt. Die Erzeugnisse der Mineralölindustrie (Rohöl, Diesel, Heizöl, Ottokraftstoff, Rohbenzin) haben einen dominierenden Einfluss (~75%).

Tab. 29: Auszug aus der Berechnung des Gesamtwerts für das Humantoxizitätspotenzial (vollständige Berechnung siehe Anhang A)

Chemikalie/ Chemikaliengruppe	Produktions-menge [t]	Importmenge [t]	Gesamtmenge [t]	Htox-Punkte/ kg Produkt	Toxizitäts-potenzial Htox-Punkte x Menge x (Tsd.)
Ottokraftstoff	25.061.164	1.785.164	26.846.328	1000	26.846.328.000
Dieselkraftstoff	34.280.746	3.385.451	37.666.197	1000	37.666.197.000
Heizöl	30.173.000	12.692.463	42.865.463	750	32.149.097.250
Rohöl	3.514.000	109.417.748	112.931.748	750	84.698.811.000
Rohbenzin	9.158.672	7.174.434	16.333.106	750	12.249.829.500
Chlor	5.068.310	46.698	5.115.008	550	2.813.254.455
Salzsäure	2.161.017	29.599	2.190.616	300	657.184.770
Natriumcarbonat	2.586.913	332.654	2.919.567	100	291.956.690
Benzol	2.150.894	423.103	2.573.997	1000	2.573.996.900
Styrol	921.664	662.209	1.583.873	400	633.549.040
Vinylchlorid	1.970.977	11.826	1.982.803	750	1.487.102.250
Formaldehyd	1.460.780	206.980	1.667.760	1000	1.667.760.400
Glycerin, synthetisch	176.493	22.461	198.954	0	0
Ethylenglykol	298.701	336.362	635.063	300	190.518.870
Butanol	507.291	99.465	606.756	400	242.702.280
Chloroform	80.224	14.065	94.289	1000	94.288.700
Cumol	1.013.642	116.491	1.130.133	300	339.039.750

Nur rund ein Viertel des Potenzials resultiert aus den Stoffen der Chemischen Industrie und anderen benachbarten Industriezweigen.

Tab. 30: Beiträge zu Humantoxizitätspotenzial (Beiträge > 2%)

Stoffklasse	Beiträge zum Human-Toxpotenzial in %
Rohöl	33%
Dieselkraftstoff	15%
Heizöl (leicht & schwer)	12%
Ottokraftstoff	10%
Rohbenzin	5%
Zement	4%
Weitere Chemikalien	21%

8.3.3.2 Ergebnisse: Ökotoxizitätspotenzial

Das Potenzial für die Ökotoxizität in Deutschland beläuft sich auf 12.156.723 Mio. Ökotoxizitätspunkte. Ein Auszug aus der Berechnung des Potenzials ist in Tab. 31 aufgelistet. Die rechte Spalte zeigt das Ergebnis des Ökotoxizitätspotenzials je Substanz in Deutschland, errechnet aus der produzierten und importierten Menge multipliziert mit deren Ökotoxizitätspunkten.

Die wesentlichen Beiträge bei der Berechnung des Gesamtpotenzials sind in Tab. 32 aufgeführt.

Tab. 31: Auszug aus der Berechnung des Gesamtwerts für das Ökotoxizitätspotenzial (vollständige Berechnung siehe Anhang A)

Chemikalie/ Chemikaliengruppe	Produktions-menge [t]	Importe [t]	Gesamtmenge [t]	Ötox-Punkte/ Produkt	ÖToxizitäts-potenzial Ötox-Punkte x Menge x (Tsd.)
Ottokraftstoff	25.061.164	1.785.164	26.846.328	0	0
Dieselkraftstoff	34.280.746	3.385.451	37.666.197	50	1.883.309.850
Heizöl	30.173.000	12.692.463	42.865.463	50	2.143.273.150
Rohöl	3.514.000	109.417.748	112.931.748	50	5.646.587.400
Rohbenzin	9.158.672	7.174.434	16.333.106	50	816.655.300
Chlor	5.068.310	46.698	5.115.008	20	102.300.162
Natriumcarbonat	2.586.913	332.654	2.919.567	19	55.471.771
Benzol	2.150.894	423.103	2.573.997	1	2.573.997
Styrol	921.664	662.209	1.583.873	1	1.583.873
Vinylchlorid	1.970.977	11.826	1.982.803	1	1.982.803
Formaldehyd	1.460.780	206.980	1.667.760	21	35.022.968
Glycerin, synthetisch	176.493	22.461	198.954	0	0
Ethylenglykol	298.701	336.362	635.063	7	4.445.440
Butanol	507.291	99.465	606.756	0	0
Chloroform	80.224	14.065	94.289	5	471.444
Cumol	1.013.642	116.491	1.130.133	20	22.602.650

Tab. 32: Beiträge zu Ökotoxizitätspotenzial (Beiträge > 2%)

Stoffklasse	Beiträge zur Öko-Toxpotenzial in %
Rohöl	47%
Heizöl (leicht & schwer)	18%
Diesel	16%
Rohbenzin	7%
Flugturb.kraftstoffe & andere Leuchtöle	4%
Andere Chemikalien	10%

Die Erzeugnisse der Mineralölindustrie (Rohöl, Diesel, Heizöl, Rohbenzin und Flugkraftstoffe) haben einen dominierenden Einfluss (~90%). Dieser Einfluss ist sogar noch größer als in der Bewertung der Humantoxizität. In der Berechnung des Ökotoxizitätspotenzials sind aber auch weniger Chemikalien berücksichtigt als in der Berechnung zur Humantoxizität. Die restlichen zehn Prozent resultieren aus der Ökotoxizität der bewerteten Chemikalien.

8.3.3.3 Ergebnisse in der Anwendung

Dieses Kapitel stellt die errechneten Relevanzfaktoren in einigen Ökoeffizienz-Analysen vor. Hierzu wurden die Gesamttoxizitätswerte in einigen Studien implementiert. Der Relevanzwert wurde berechnet aus der Summe der Toxizitätspunkte der Produktions- und Entsorgungsphase im Verhältnis zu dem Gesamttoxizitätswert.

Die Ökoeffizienz-Analysen wurden stellvertretend ausgewählt. Es wurde darauf geachtet, dass einige der Studien vermeintliche kritische Stoffe, andere nur unkritische Stoffe enthalten. Tab. 33 fasst die Studien zusammen, die untersucht wurden. Die Studien decken eine große Spannbreite ab. Zum Teil handelt es sich um reine Chemikalienvergleiche (Lösemittel), aber auch Material- und Prozessvergleiche (Wasserwerke) werden geprüft.

Einen Überblick über die Veränderung mit berechneten Relevanzfaktoren im Vergleich zum ursprünglichen Wert ist in Abb. 20 dargestellt. Der blaue Balken zeigt jeweils den ursprünglichen Relevanzfaktor für die Kategorie Humantoxizität. Der rote Balken steht für den errechneten neuen Relevanzfaktor. Die Spannweite zwischen den errechneten Relevanzfaktoren beträgt 1% bis 43%. Dies entspricht den Erwartungen, dass abhängig von der Toxizität in einer Analyse der bisherig genutzte Relevanzfaktor von 20% teils zu niedrig, teils zu hoch ist. Obwohl es sich um eine beliebige Auswahl von Studien handelt, zeigen die Ergebnisse eine Streuung der Wichtigkeit der Toxizität. Trotzdem kam es aufgrund des neuen Relevanzfaktors zu keiner Veränderung der Ökoeffizienz Aussage in den jeweiligen Studien.

Das Fallbeispiel mit der SVHC-Substanz (Siehe Kap. 11) kommt über die Berücksichtigung der Produktion zu einer errechneten Wichtigkeit der Ökotoxizität von 21,5% (Relevanzfaktor). Damit liegt die Anwendung im Mittelfeld. Die Bedeutung des SVHC-Stoffs selbst, spiegelt sich aufgrund des geringen Mengeneinsatzes nicht wider. Vielmehr werden durch die 21,5% die erdölbasierten Vorketten wiedergegeben (siehe Diskussion zu Bewertung von SVHC Stoffen am Ende von Kapitel 8.2.4.4)

Tab. 33: Übersicht über betrachtete Studien (eigene Zusammenstellung)

Studienname	Bearbeitungsjahr	Inhalt
Lösemittel	2001	Vergleich zweier Lösemittel zur Produktion von Wickeldraht
Kunststoff	2005	Vergleich verschiedener Materialien für den Spritzguss
Dämmung	2004	Vergleich von drei Optionen zur Steildachdämmung
Straßenbau	2008	Vergleich verschiedener Alternative im Straßenbau (Zementmörtel versus Asphalt)
Heizung	2009	Vergleich mehrerer Heizungsvarianten in einem Einfamilienhaus
Boiler	2009	Vergleich verschiedener Boilertypen
Erdgas-Pipeline	2009	Vergleich dreier Varianten von Pipelines für Erdgas (Offshore und Onshore)
Wasserwerke	2008	Vergleich von zwei Wasserbehandlungen für Kühlwasserfilterrückspülung (Klären versus Einleiten)

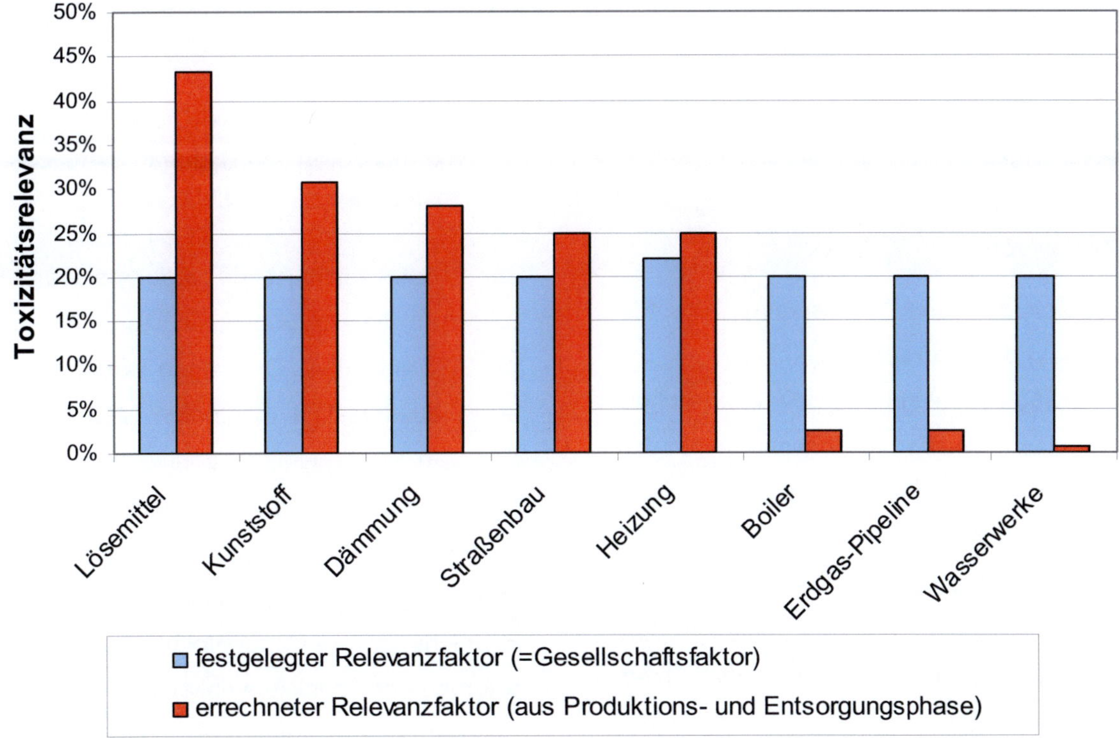

Abb. 20: Übersicht über Toxizitätsrelevanz mit neuem Faktoren (eigene Darstellung)

8.3.4 Diskussion Toxizitätsrelevanz

Mit dem Vorgehen zur Erstellung des Relevanzfaktors sind grundsätzlich einige Probleme verbunden, die im Folgenden diskutiert werden:

Vollständigkeit des Gesamtwerts zur Berechnung der Toxizitätsrelevanz

Für über 350 Produktgruppen der chemischen Industrie sind keine Produktionsmengen in der Statistik erhältlich. Dadurch ist die tatsächliche Gesamtproduktionsmenge des Bereichs NACE 24 ‚Chemische Erzeugnisse' unbekannt. Somit ist unklar, welcher Teil der tatsächlichen Gesamtproduktionsmenge durch die oben beschriebene Herangehensweise abgedeckt ist, bzw. wie groß der Fehler durch Nichtberücksichtigung der unbekannten Produktionsmengen ist. Dieser Fehler kann auch nicht abgeschätzt werden, da nach telefonischer Auskunft des Statistischen Bundesamts keine Gesamtmenge chemischer Produkte errechnet oder abgeschätzt wird. Grund hierfür ist, dass auch dem statistischen Bundesamts die geheim zu haltenden Daten nicht vorliegen. Die Produktionsmengen werden geheim gehalten, wenn beispielsweise weniger als drei Unternehmen ein Produkt produzieren.

Die Analyse betrachtet den Bereich NACE 24 ‚Chemische Erzeugnisse', ergänzt um Produkte der Mineralölindustrie (Ottokraftstoff, Dieselkraftstoff, Heizöl, Flugturbinenkraftstoff, Rohöl und Rohbenzin aus NACE 23) und Zemente und Calciumoxid. Weitere potenziell toxische Stoffe können sich beispielsweise in folgenden Bereichen finden:

- mineralische Rohstoffe (NACE C)
- Tabakerzeugnisse (NACE 16)
- Kokereierzeugnisse, Mineralölerzeugnisse, Spalt- und Brutstoffe (NACE 23)
- Mineralerzeugnisse (NACE 26.82)
- Akkumulatoren und Batterien (NACE 31.4)
- Sekundärrohstoffe (NACE 37)

Der Gesamtwert für die Toxizitätsrelevanz hat zu diesem Entwicklungsstand keinen Anspruch auf Vollständigkeit. Deswegen wird an dieser Stelle ausdrücklich empfohlen, den Gesamtwert um die oben genannten Produktionsgruppen nach und nach zu ergänzen. Für erste Berechnungen erscheint der Gesamtwert zur Berechnung der Toxizitätsrelevanz dennoch ausreichend. Das Gesamttoxizitätspotenzial ist aufgrund der Unvollständigkeit tendenziell eher zu niedrig. Das bedeutet, dass durch die Berechnung in einer Studie der Relevanzfaktor für die Toxizität eher zu hoch ist (teilen durch einen kleineren Nenner führt zu einem größeren Ergebnis). Das heißt, dass die Toxizität in einer SEEBALANCE tendenziell eher zu hoch bewertet wird. Dies erscheint im Zusammenhang mit äußerst kritischen Substanzen in einer SEA unter REACH ein plausibler Ansatz.

Fehlerquellen in der Toxizitätsrelevanz

In der Produktionsstatistik werden verschiedene Stoffe zu Gruppen zusammengefasst. Inwieweit es zulässig ist, ein durchschnittliches Toxizitätspotenzial für diese Stoff-Gruppen zu bilden, sollte geprüft werden. Ein weiteres und wahrscheinlich schwerwiegenderes Problem besteht in der Bewertung der Exposition. In der SEEBALANCE wird zum Teil berücksichtigt, ob eine Substanz in einem offenen, halboffenen oder geschlossenen Prozess eingesetzt wird. Das Risiko, mit einer Substanz tatsächlich in Berührung zu kommen, ist bei einem offenen

Prozess wesentlich höher als bei einem geschlossenen Prozess. Durch Expositionsfaktoren kann diesem Risiko Rechnung getragen (siehe Kap. 8.2.5).

Je nach Expositionswahrscheinlichkeit wird das Toxizitätspotenzial der Substanzen mit einem Korrekturfaktor belegt. Bei hoher Expositionswahrscheinlichkeit werden die Produkte nicht korrigiert und mit dem Faktor eins multipliziert. Dieser Fall tritt zum Beispiel ein, wenn der Konsument bzw. Endverbraucher oder ein Arbeitnehmer direkt mit den Produkten in Berührung kommen. Wenn es sich beispielsweise um ein halboffenes System handelt und die Wahrscheinlichkeit sinkt, dass jemand mit der entsprechenden Substanz in Berührung kommt, wird ein Faktor von 0,1 einbezogen. Ist zu erwarten, dass ein Arbeitnehmer überhaupt nicht mit einer Substanz in Berührung kommt, da diese beispielsweise nur in geschlossenen Systemen verwendet werden darf, wird diese mit dem Faktor von 0,01 bewertet. Alle in der Produktionsstatistik erfassten Stoffe müssten deshalb ebenfalls mit einem solchen Faktor multipliziert werden. Alle Anwendungen des Stoffes und die jeweiligen Mengen müssten für eine solche Bewertung bekannt sein.

Daten hierzu sind – wenn überhaupt – nur mit sehr großem zeitlichen Aufwand zu erheben. Ob und wie ein expositionsabhängiger Relevanzfaktor für das Toxizitäts- und Ökotoxizitätspotenzial in die SEEBALANCE integriert werden kann, muss deshalb noch weitergehend untersucht werden und wurde bei diesem ersten Ansatz nicht mit berücksichtigt.

Bewertung der Nutzenphase

Die errechneten Relevanzfaktoren für die Humantoxizität und die Ökotoxizität gelten jeweils für die Produktionsphase. Die Nutzenphase wird mit diesem System nicht berücksichtigt. Hierin zeigt sich deutlich das eigentliche Problem in der gesamten Bewertung nach dem BASF-System: Die Unterscheidung nach den Lebenswegphasen und deren Gewichtung (20%/70%/10%). Prinzipiell könnte ein Gesamtwert für einen Relevanzfaktor auch für die Nutzenphase erstellt werden. Hierfür müsste festgelegt werden, ob dort nur Emissionen oder Produktionsmengen berücksichtigt werden (vgl. Diskussion in Kapitel 8.2.4.4). Wenn beispielsweise in diesem Lebenswegschritt immer nur die Emissionen berücksichtigt würden, dann könnte ein Relevanzfaktor für diese erstellt werden. Zu diesem Zweck müssten alle Emissionen bekannt sein, die dann jeweils wiederum mit ihren Toxizitätspunkten multipliziert würden. Die Daten hierzu sind nur mit sehr großem zeitlichen Aufwand zu erheben, da eine allumfassende Bilanzierung von toxischen Emissionen in Deutschland zurzeit nicht vorhanden ist. Es gibt zwar das EUROPÄISCHE SCHADSTOFFEMISSIONSREGISTER (EPER) (EPER 2010), aber dort werden lediglich die Emissionen aus industrieller Tätigkeit erfasst (begrenzte Anzahl an Emissionen). Ob und wie ein Relevanzfaktor für die Nutzenphase in die SEEBALANCE integriert werden kann, muss deshalb noch weitergehend untersucht werden und wurde bei diesem ersten Ansatz nicht mit berücksichtigt. Um dieses Ziel umzusetzen, sollte geprüft werden, welche Emissionen daran einen großen Anteil haben könnten. So ist beispielsweise die Berücksichtigung des Verkehrs ein wichtiger Punkt.

Insgesamt sollte aber zunächst weiter beobachtet werden, wie die Entwicklung der Bewertung (Kapitel 8.2) sich fortsetzt.

Übertragbarkeit der Toxizitätsrelevanz auf andere Regionen

Prinzipiell ist es möglich und sinnvoll, die Toxizitätsrelevanz auch für andere Länder und Regionen zu erstellen. Dafür ist es zweckmäßig, ein System (Datenbank) zu erstellen, in dem die Produktionsmengen der Statistiken automatisch eingelesen und die Toxizitätspunkte zugewiesen werden können. Damit wäre eine relativ leichte Übertragbarkeit möglich.

8.4 Zwischenresümee

In diesem Kapitel wurde die Bewertung der Toxizität (Kapitel 8.1) und die Normierung der Toxizität (Kapitel 8.3) näher untersucht.

Ziel im ersten Teil der Toxizitätsbewertung war es, die BASF-Methode mit einer anderen Methode zu vergleichen, um Vorschläge zur Verbesserung abzuleiten. Hierfür wurden beide Methoden in einem Fallbeispiel angewendet und die Datensammlung, die Datenanalyse und die Dateninterpretation untersucht. Hauptproblem bei der BASF-Methode ist der Bruch in der Bewertung zwischen Produktion,- Nutzen- und Entsorgungsphase. Um dieses Problem zu umgehen, sollte ein Massen- und Emissionsbezogener Ansatz kombiniert werden. Es bleibt zu prüfen, inwieweit Daten zu toxischen Emissionen zur Verfügung stehen. Des Weiteren sollte die Diskussion weiter verfolgt werden, inwiefern CMR und PBT Substanzen mit weniger kritischen Substanzen in einem Punktesystem verglichen werden können (vgl. ARNOT & MACKAY (2008).

Das zweite Problem der Toxizitätsnormierung konnte für die Produktionsphase gut gelöst werden. Das Gesamttoxizitätspotenzial wurde durch Multiplikation der Menge der toxischen Stoffe in Deutschland und deren Charakterisierungsfaktoren erstellt. Der Einbezug der Nutzenphase ist noch nicht realisiert. Hierfür muss zunächst geklärt werden, wie die Bewertung in der BASF-Methode geschehen kann. Anschließend sollte noch einmal überprüft werden, wie diese Bewertung der Nutzenphase adäquat in die Gesamttoxizitätsbewertung miteinbezogen werden kann.

9 Ökologische und soziale Gewichtungsfaktoren in der SEEBALANCE

9.1 Einleitung und Zielsetzung

Die Gewichtungsfaktoren geben die Wichtigkeit der einzelnen ökologischen und sozio-ökonomischen Kriterien im Verhältnis zueinander an (vgl. Kapitel 5.2.5). Diese Faktoren haben eine wichtige Stellung innerhalb der SEEBALANCE-Analyse, da sie neben den Relevanzfaktoren dazu beitragen, die Wirkkategorien zu bewerten und in einen Wert zusammenzufassen. Diese Aggregation dient dazu, aus der Vielzahl an Kriterien ein Gesamtergebnis bzw. eine Entscheidung abzuleiten.

In der Ökobilanz-Norm (ISO 14040 & 44 2006) wird Gewichtung als „Umwandlung und eventuelle Zusammenfassung der Indikatorwerte über Wirkungskategorien hinweg unter Verwendung numerischer Faktoren, die auf Werthaltungen beruhen [...]“ definiert (ISO 14040 2006:45). Die Norm sieht die Gewichtung nicht als einen verbindlichen Bestandteil der Wirkungsabschätzung sondern als optional an (siehe Abb. 21:).

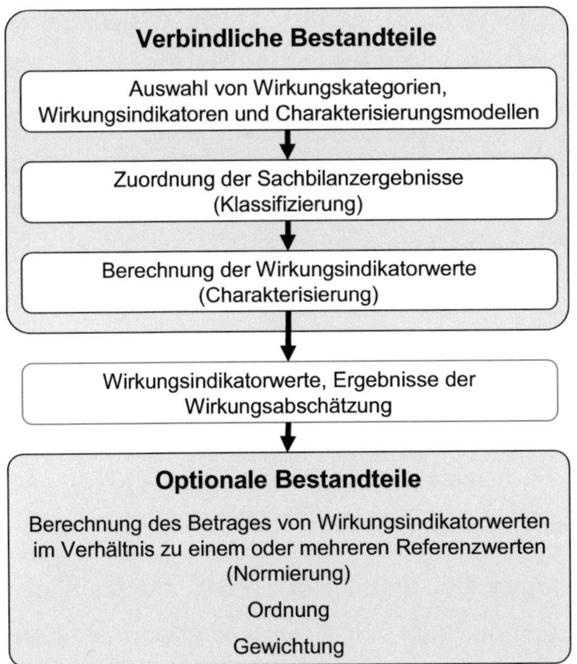

Abb. 21: Bestandteile der Wirkungsabschätzung (ISO 14040 2006:33)

Die Norm weist weiter darauf hin, dass ein Gewichtungsschritt immer auf Werthaltungen beruht und somit nicht wissenschaftlich begründet ist. Die Wichtigkeit einzelner Kriterien kann je nach Präferenzen und Werthaltungen der Einzelpersonen, Organisationen oder gesellschaftlichen Gruppen variieren. Dies kann unter Umständen dazu führen, dass verschiedene Gewichtungsfaktoren zu unterschiedlichen Ergebnissen führen. Die Norm bemerkt jedoch, dass gerade das Einsetzen verschiedener Gewichtungsfaktoren als Sensitivitätsanalyse wünschenswert sein kann, um die Konsequenzen für die Ergebnisse der Wirkungsabschätzung aufgrund verschiedener Werthaltungen abzuschätzen (ISO 14044 2006:43).

Insgesamt wird die Gewichtung innerhalb der Life Cycle Gemeinschaft kontrovers diskutiert. Zum einen gelten die oben geschilderten Grenzen. Zum anderen führt FINNVEDEN (2006:82) auf, dass der Gewichtungsschritt das Zusammenführen von gesellschaftlichen, politischen und ethischen Werten bedeutet und dass nicht nur für die Gewichtungsfaktoren selbst, sondern auch für die Wahl der Gewichtungsmethode. Daher ist es nach FINNVEDEN (1997:163) weder zu erwarten, dass es diesbezüglich einen Konsens zu der Wahl der Methode noch zu den Gewichtungsfaktoren selbst geben wird (vgl. auch UDO DE HAES & JOLLIET 1999:78). Trotz dieser Einschränkung schreibt die Norm vor, dass für vergleichende Ökobilanz-Studien (wie beispielsweise die SEEBALANCE der BASF) die zur Veröffentlichung vorgesehen sind, keine Gewichtung angewendet werden darf (DIN ISO 14044:45). Da die Gewichtung aber ein üblicher Schritt in der Praxis ist (vgl. hierzu FINNVEDEN et al. 2006) kommentieren Udo de HAES & JOLLIET (1999), dass die Gewichtung nicht unter dem Schirm der DIN durchgeführt wird, sondern in einem der Norm nachgelagerten Schritt eingefügt werden kann. In einem solchen Fall ist explizit darauf hinzuweisen, dass die Gewichtung nicht Teil der Norm ist. Gewichtungsmethoden im LCA-Bereich werden, obwohl hierüber kein Konsens besteht, in der Praxis häufig verwendet, wie beispielsweise in: Eco-Indicator 99, EDIP97& EDIP2003 oder Swiss Ecoscarcity Method (vgl. Übersicht in NETZWERK LEBENSZYKLUSDATEN 2009). Der Hauptgrund hierfür liegt darin, dass nur durch die Zusammenführung und Gewichtung der einzelnen Kriterien in ein Gesamtergebnis ein eindeutiges Ergebnis sichtbar ist und Entscheidungen abgeleitet werden können.

Aus dem oben genannten Grund verwendet auch die Ökoeffizienz-Gruppe der BASF SE seit Entwicklung der Ökoeffizienz-Analyse ein Gewichtungsschema. Die Gewichtungsfaktoren bestehen für den ökologischen Teil bereits seit 1997 (vgl. SALING et al. 2002a) und ein Teil der sozialen Faktoren wurde 2004 in dem BMBF geförderten Projekt zur Weiterentwicklung der Ökoeffizienz-Analyse zur SEEBALANCE abgeleitet (SALING et al. 2007). Da nicht für alle Wirkkategorien Faktoren vorliegen (vgl. Neuentwicklung der volkswirtschaftlichen Effekte in Kapitel 7), wurden innerhalb dieses Projektes zwei Befragungen durchgeführt: die Einschätzung der Gesellschaft zur Bewertung der ökologischen Kriterien und die Einschätzung der Gesellschaft zur Bewertung der sozioökonomischen Faktoren. So konnte für alle Kategorien ein aktueller Gewichtungsfaktor erstellt werden.

9.2 Methodenüberblick zur Erstellung von Gewichtungsfaktoren im LCA Bereich

Es gibt verschiedene Möglichkeiten Gewichtungsfaktoren für Ökobilanzen zu erstellen und zu klassifizieren. POWELL et al. (1997:11) unterscheiden beispielsweise zwischen:[20]

- Methode der ökologischen Knappheit (distance to target)
- Monetarisierungsansätze wie Umweltkontrollkosten (environmental control costs) oder Umweltschadenskosten (environmental damage approach)
- Scoring Techniken

Daneben werden in der Literatur aber auch andere Klassifizierungen vorgestellt, wie beispielsweise von HUPPES et al. (2007:44). Diese unterscheiden die Methoden nach der angegebenen Präferenz (stated preferences) oder offenbarten Präferenz (revealed preferences). Bei den angegebenen-Präferenz-Methoden werden Personen direkt zu ihrer Präferenz befragt. Bei den offenbarten Präferenzen werden die geäußerten Präferenzen in verschiedenen Situationen als Basis für Gewichtungsfaktoren verwendet. Als typische angegebene Präferenzen gelten beispielsweise die Zahlungsbereitschaft oder die Methode der ökologischen Knappheit und als offenbarte Präferenzen die Reduktionskosten (impact reduction cost of actual policies) oder Marktpreismethode (hedonic pricing). Weitere Klassifikationsmöglichkeiten beschreiben beispielsweise POWELL et al. (1997) oder HOFSTETTER (1999).

Ungeachtet der Klassifizierung der Methoden zur Erstellung von Gewichtungsfaktoren sollen

[20] In diesem Kapitel werden nur Gewichtungsfaktoren aus dem ökologischen Bereich vorgestellt. Hintergrund ist, dass die Erfahrungen zur Wirkungsabschätzung im sLCA noch sehr wenig umfangreich sind.

im Folgenden einige Methoden beispielhaft kurz vorgestellt werden. Hierbei liegt der Fokus auf Monetarisierungsansätzen, der Methode zur ökologischen Knappheit und Scoring-Techniken.

9.2.1 Monetarisierungsansätze

Es gibt eine Vielzahl an Monetarisierungsansätzen: Hierbei geht es immer darum, einer definierten Umweltkategorie einen monetären Wert zuzuordnen oder einen solchen Wert abzuleiten.

Bei der Erstellung der Gewichtungsfaktoren nach dem Umweltkontrollkosten-Ansatz (environmental control costs) werden die Gewichtungsfaktoren aus den notwendigen Ausgaben – den sogenannten Kontrollkosten – für beispielsweise die Überwachung von Emissionen abgeleitet (POWELL et al. 1997). Wenn also die Kontrollkosten für Emission A bei 2 €/kg der entsprechenden Emission liegen und für eine Emission B diese Kosten lediglich bei 1 €/kg liegen, dann wird der Emission A ein doppelt so hoher Gewichtungsfaktor zugewiesen wie dem Wert B (POWELL et al. 1997). Die Höhe der Kontrollkosten ist folglich ein Maß dafür, wie hoch die Bereitschaft ist, gesetzte Umweltstandards abhängig von den technischen Möglichkeiten zu erreichen. Inhaltlich geht dieser Ansatz in eine ähnliche Richtung wie die Methode der ökologischen Knappheit (vgl. nachfolgendes Kapitel), da die Kontrollkosten höher sein werden, je weiter man vom Ziel entfernt ist.

Ein anderer Monetarisierungsansatz ist der Umweltschadenskosten-Ansatz (environmental damage cost). Hierbei sind die Umweltschadenskosten als monetarisierter Wert von Umweltschäden zu verstehen. KLAUS et al. (2000:140f.) und KYTZIA & SEIDL (1999:35f.) unterscheiden die Schadensansätze im Bereich Natur folgendermaßen:

1. Kostenbezogene (objektive) Methoden:

a) Kosten des Schadens: Hierbei werden Kosten erhoben, die beispielsweise durch Artenverlust oder das Verlorengehen von nicht entdeckten Wirkstoffen entstehen.

b) Kosten der Schadensvermeidung: Es werden etwa Ausgaben zur Förderung der Artenvielfalt oder Prämien für ökologischen Anbau erhoben.

c) Kosten der Reparatur: Hierbei handelt es sich um Aufwendungen für Reparaturen, sofern dies überhaupt möglich ist. Z.B. Kosten für den Aufbau von Genbanken oder Baumaßnahmen, um die Erosion durch fehlende Bodenbedeckung zu verhindern

d) Kosten der Kompensation: Aufwendungen, die getätigt werden müssen, um Schäden zu kompensieren. Weil in Kalifornien beispielsweise wilde Bienen ausgerottet wurden, muss die Bestäubung von Kulturpflanzen mit gemieteten Bienen gesichert werden.

2. Nachfrageorientierte (subjektive) Methode:

a) Aufwandmethode: Sie ermittelt versteckte Wertschätzungen für Naturgüter in ökonomischen Handlungen, zum Beispiel Reisekosten, um einen Naturpark zu besuchen (vgl. auch POWELL et al. 1997) (revealed preferences).

b) Zahlungsbereitschaftsanalyse (willingness to pay): Sie wird bei vollständig fehlenden Märkten angewendet. In einer Befragung wird versucht herauszufinden, wie viel die Befragten bereit wären, für die Bereitstellung eines Produktes oder einer Dienstleistung zu zahlen. (vgl. auch POWELL et al. 1997) (stated preference).

c) Marktpreismethode (hedonic pricing): Hierbei wird der Anteil an Marktpreisen errechnet, der auf ökologische Qualität eines Gutes zurückzuführen ist, zum Beispiel der zusätzliche Wert eines Grundstückes, wenn es sich im Grünen befindet, oder der Mehrpreis von Biogemüse. (POWELL et al. 1997).

Ein Beispiel für die Erstellung von Gewichtungsfaktoren mit einem Monetarisierungsansatz haben FINNVEDEN et al. (2006) veröffentlicht (vgl. Tab. 34). Hierbei wurden die Gewichtungsfaktoren aus den verfügbaren Ökosteuern in Schweden abgeleitet. FINNVEDEN ordnet den Ansatz selbst als Zahlungsbereitschaftsmethode ein, in diesem Falle die Bereitschaft seitens der Gesellschaft.

Tab. 34: Auszug der Gewichtungsfaktoren abgeleitet aus Ökosteuern (FINNVEDEN et al. 2006) in Schwedischen Kronen (SEK)

	Gewichtungsfaktor	
	Min	Max
Biotische Ressourcen	0 SEK/MJ	0.069 SEK / MJ
GWP	0,63 SEK/kg	
ODP	1,2 SEK/kg	
POCP	48 SEK/kg	480 SEK/kg
AP	18 SEK/kg	

Bei diesen Gewichtungsfaktoren wird beispielsweise ein Kilogramm Emissionen mit Versauerungspotenzial (AP) 15-mal so hoch bewertet wir ein Kilogramm mit Ozonzerstörungspotenzial (ODP)

Der wesentliche Unterschied der Schadenskosten zu den Kontrollkosten ist, dass ein entstandener Schaden aufgrund einer Umwelteinwirkung zumindest theoretisch wesentlich höher oder niedriger sein kann als die für dieselbe Umweltkategorie angegebenen Kontrollkosten. In der Regel werden die Kontrollkosten niedriger sein als die Schadenskosten, da man ansonsten den Schaden in Kauf nehmen würde und die Schadenskosten bezahlen würde. In diesem Fall, so argumentieren POWELL et al. (1997), stellen die Kontrollkosten ein Minimum der Schadenskosten dar. Hierbei stellt sich dann die Frage, welcher Wert dann für eine Gewichtung verwendet werden sollte. Zudem kann ein gesetzter Standard bei den Kontrollkosten abhängig sein von politischen Zielen oder auch von lokalen Gegebenheiten (siehe auch Ansatz von FINNVEDEN et al. 2006). Der Vorteil bei den Schadenskosten ist, dass bereits einige ökonomische Werte für Umweltkategorien und gesellschaftliche Aspekte vorhanden sind (vgl. POWELL et al. 1997) und die Handhabung vergleichsweise einfach ist. Eine vorherige Aggregierung, zum Beispiel zu CO_2eq, ist dann nicht notwendig, da die Schadenskosten je nach Emission unterschiedlich sein können. Außerdem können die so kalkulierten ‚externen Kosten' zu den Realkosten dazuaddiert werden (POWELL et al. 1997).

Problematisch beim Schadenskostenansatz ist aber, dass die Berechnung der Faktoren selbst zum einen sehr zeitaufwendig ist und zum anderen nur begrenzt möglich ist, da nicht immer Daten verfügbar sind. So liegen beispielsweise keine oder nur sehr unterschiedliche Informationen zu den Schadenskosten von Toxizität von Substanzen vor (FINNVEDEN et al. 2009). Auch wenn die Faktoren in einem monetären Wert angegeben sind, enthalten auch diese Werthaltungen (PEARCE 1994).

9.2.2 Methode der ökologischen Knappheit (distance to target Ansatz)

Die Methode der ökologischen Knappheit (distance to target Ansatz) leitet Gewichtungsfaktoren aus dem Vergleich der aktuellen Belastung der Umwelt (Ist-Menge) mit der gesellschaftspolitisch als zulässig angesehenen Belastung (Toleranzmenge) ab. Das Verhältnis von Ist-Menge zu Toleranzmenge charakterisiert die ökologische Knappheit (BAFU 2009, POWELL et al. 1997). Als Beispiel nennt POWELL die Konzentration eines emittierten Schadstoffes von 1,1 mg/m³ und einen gegebenen Standard (Toleranzmenge) von 1 mg/m³. In diesem Fall liegt eine Abweichung von 10% zum gegebenen Ziel vor. Der entsprechende Umweltfaktor wird dann mit 10% bewertet, da die Emission 10 % über der festgelegten Norm liegt. Je höher also ein Umweltaspekt von der festgelegten Norm entfernt liegt, desto höher wird dieser gewichtet.

Tab. 35: Ökofaktoren 2006 (Auszug aus BAFU 2009:11) (UBP = Umweltbelastungspunkte)

	Ökofaktor	UBP pro
CO_2	0,31	g CO_2-eq
Stickstoff (als N) in Wasser	64	g N
CSB	2,3	g
Cadmium in Boden	310000	g
Primärenergieträger	3,3	MJ-eq
Sonderabfälle	27	g

Tab. 35 zeigt einige Ökofaktoren von FRISCHKNECHT et al. (BAFU 2009). Diese Faktoren sind gültig für die derzeitige schweizerische Situation und zeigen beispielsweise, dass die Bewertung von Sonderabfällen rund achtmal höher liegt als die Primärenergieträger.

Der Vorteil dieses Ansatzes ist, dass er vielseitig einsetzbar ist und einfach zu handhaben. Aber auch dieser Ansatz beruht auf politisch erstellten und erreichbaren Werten und ist danach ausgerichtet, was technisch machbar und überprüfbar ist. Damit handelt es sich nicht um einen wissenschaftlich basierten Wert (vgl. POWELL et al. 1997). Zudem sind politisch bestimmte Ziele zum Teil durch Strömungen getrieben und wenig transparent (HIRD 1994; LINDEUER 1996).

Ein weiterer Nachteil dieses Ansatzes ist, dass nur Umweltkategorien eingeschlossen werden können, für die eine Norm oder ein Standard definiert sind. Zwar könnte man mutmaßen, dass die Kategorien ohne Standard auch ohne Relevanz in der Bewertung sind, doch dies muss nicht zwangsläufig so sein (POWELL et al. 1997). Nachteilig ist ebenfalls, dass Umweltkriterien unter der Toleranzmenge als nicht relevant eingestuft werden (POWELL et al. 1997). Problematisch ist darüber hinaus, dass auf der einen Seite einige Kriterien von globaler Auswirkung sind (z.B. Treibhausgase) und auch globale Reduktionsziele vorliegen. Im Gegensatz dazu hat der Wasserverbrauch keine globalen Folgen und müsste daher auf die regionalen Gegebenheiten weit unterhalb von nationalen Betrachtungen detailliert untersucht werden. Hier gibt es noch keine verbindlichen Richtlinien, wie eine konkrete Berechnung von Umweltbelastungspunkten auszusehen hat. Außerdem sind die gesetzten Ziele von Zeitrahmen abhängig und können von Land zu Land stark variieren (FINNVEDEN 1996).

9.2.3 Scoring-Ansatz

Bei Scoring-Ansätzen (Punktebewertung) werden verschiedenen Umfragekriterien Punkte zugeordnet und daraus Gewichtungsfaktoren abgeleitet. Hierbei kann die Bewertung durch eine Expertengruppe, die Gesellschaft oder eine andere eingegrenzte Befragungsgruppe erfolgen (POWELL et al. 1997:13). Für Scoring-Ansätze gibt es verschiedene Methoden, wie beispielsweise das Rating (Bewertung), die Rangordnung (Ranking), die Max Difference Scaling Methode (MaxDiff; vgl. Beschreibung TNS Infratest 2008c) oder den Analytischen Hierarchieprozess (Analytic Hierarchy Process, AHP).

WALZ hat zum Beispiel eine Umfrage mit verschiedenen ökologischen Kriterien mit der AHP-Methode erfragt und Gewichtungsfaktoren daraus abgeleitet (WALZ, R. 2000, WALZ, R. o.J.).

Hierbei wurden rund 120 Personen aus Industrie, Forschungsinstituten/Universitäten, Behörden und Verbänden etc. zu verschiedenen Kriterien in einem Zweiervergleich befragt. Tab. 36 zeigt die Ergebnisse dieser Umfrage. Wie zu sehen ist, wurden beispielsweise die Treibhausgase mit 16,5% und die Eutrophierung mit 5,3% bewertet; damit sind die klimarelevanten Gase rund 3-mal wichtiger eingestuft.

Tab. 36: Umfrage mit AHP Methode; Sensitivitätsanalyse 1 (WALZ, R. o.J.)

Umweltkategorien	Gewichtungsfaktoren in %
Treibhaus	16,5
Eutrophierung	5,3
Versauerung	4,6
Tox. Kontamination	12,6
Trop. Ozonbildung	2,1
Abfall	1,6
Lärm	1,3
Naturraumbeanspruchung	11,2
Energie/Materialverbrauch	15,6
Strat. Ozonzerstörung	16,5
Strahlung	12,7

Der wesentliche Vorteil von Scoring-Ansätzen liegt darin, dass verschiedenste Kriterien abgefragt werden können (POWELL et al. 1997:13). Also auch ökologische und sozioökonomische Kriterien gleichzeitig. Problematisch erscheint dagegen, dass die Ergebnisse der Umfragen nicht reproduzierbar sind (POWELL et al. 1997, LINDEIJER 1996). Die Praktikabilität von Expertenbefragungen ist umgekehrt abhängig von der Vollständigkeit der Kategorien und der Anzahl der Teilnehmer. D.h. die Praktikabilität ist höher je weniger Kategorien zur Bewertung stehen und je weniger Teilnehmer es gibt (POWELL et al. 1997). Dies wiederum gibt kein repräsentatives Bild wieder. Die Transparenz von Scoring-Ansätzen ist wiederum abhängig von der gewählten Methode. Einige Methoden klassifizieren, charakterisieren und verlieren dadurch an Transparenz (POWELL et al. 1997). Die Transparenz kann aber beispielsweise dadurch erhöht werden, dass statistische Werte (z.B. Standardabweichung) angegeben werden.

Generell problematisch bei Scoring Ansätzen ist aber, dass sich die befragten Experten (Panel) zwar durch einen hohen Wissensstand zu den betreffenden Themengebieten auszeichnen, eventuell aber nicht die gesellschaftlichen Interessen widerspiegeln. Dagegen stehen repräsentative gesellschaftliche Umfragen, bei denen die Befragten aber nicht das notwendige Fachwissen zu dem gefragten Thema besitzen.

9.2.4 Zusammenfassung und Auswahl der Methode

In den vorangehenden Kapiteln wurden verschiedene Ansätze zur Erstellung von Gewichtungsfaktoren für ökologische Kriterien vorgestellt. Die Ansätze sind hinsichtlich der Vorgehensweise und natürlich auch im

Ergebnis unterschiedlich. Dieses Kapitel vergleicht die Ansätze hinsichtlich Transparenz, Praktikabilität, Umfang und Einbezug der Gesellschaft. Anschließend sind die entscheidenden Gründe zur Wahl der Methode dieses Projektes aufgeführt. Hierbei wurde insbesondere darauf geachtet, dass die Methode auch für eine Gewichtung der sozioökonomischen Kriterien verwendet werden kann.

Tab. 37 fasst die Merkmale der Ansätze zusammen. Hinsichtlich der Transparenz sind die Methoden der Monetarisierung und der Ansatz der Ökologischen Knappheit zu bevorzugen. Die Scoring-Methoden zeichnen sich vergleichsweise durch eine niedrigere Transparenz aus. Alle Methoden sind relativ leicht anwendbar, die Verwendung der Gewichtungsfaktoren ist aber bei allen drei Methoden auf die jeweilige Region begrenzt. Die Notwendigkeit eines Konsenses im Experten-Panel schränkt die Praktikabilität der Scoring-Ansätze ein. Beim Umfang der Methoden gibt es einige Unterschiede. Bei den Scoring-Ansätzen lassen sich sowohl ökologische als auch sozioökonomische Kriterien abfragen, wohingegen bei der Methode zur Ökologischen Knappheit eine Norm oder ein Standard zu der entsprechenden Kategorie vorliegen muss. Dies ist beispielsweise bei Kategorien wie der Arbeitszufriedenheit oder bei den Ausgaben zu Investitionen nicht möglich. Die Monetarisierungsansätze sind begrenzt durch in der Literatur vorliegende monetarisierte Werte. Beispielsweise liegen keine Informationen über die Kosten von Toxizität vor. Darüber hinaus können die Differenzen zwischen Literaturangaben sehr schwanken (FINNVEDEN et al. 2006). Der Umfang ist aber auch stark abhängig von der gewählten Methode, so lassen sich beispielsweise mit der Zahlungsbereitschaft sehr viele der Kriterien abfragen, wohingegen mit Kontrollkosten nur definierte Kriterien abgefragt werden können. Der direkte Einbezug der Gesellschaft kann bei den Monetarisierungsansätzen mithilfe der Zahlungsbereitschaftsmethode und bei den Scoring-Ansätzen mit einer repräsentativen Befragung gewährleistet werden.

Tab. 37: Bewertung von Methoden zur Erstellung von Gewichtungsfaktoren (Aufbau angelehnt an POWELL et al. 1997)

	Monetarisierungsansatz	Ökologische Knappheit	Scoring-Ansatz
Transparenz	Klare Methode, hohe Transparenz	Klare Methode, hohe Transparenz	Niedrigere Transparenz, durch Zusammenfassung, kann durch statistische Werte wie Standardabweichung etc. erhöht werden
Praktikabilität	Leicht anwendbar aber nur gültig für die entsprechende Region	Leicht anwendbar, aber nur gültig für die entsprechende Region	Leicht anwendbar, im Panel ist ein Konsens notwendig
Umfang	Abhängig von Ansatz	Norm/Standard muss vorhanden sein (schwierig z.B. bei Arbeitszufriedenheit, Investitionen,...)	Sehr hoch, alle Kriterien sind abfragbar
Direkter Einbezug der Gesellschaft	Direkt oder indirekt, abhängig von gewählter Methode	Indirekt	Direkt möglich bei gesellschaftlicher Umfrage, bei Experten-Panel nur indirekt möglich

In dieser Dissertation wurden die Gewichtungsfaktoren mit Hilfe von Scoring-Ansätzen erstellt.[21] Hierfür gibt es zwei wesentliche Gründe: Zum einen bieten Scoring-Ansätze die Möglichkeit, Gewichtungsfaktoren für unterschiedliche Kriterien zu ermitteln, wie beispielsweise für die ökologischen und sozioökonomischen Kriterien der SEEBALANCE. Dies ist wichtig, da die Gewichtungsfaktoren mit dem gleichen Ansatz erstellt werden kann, um eine gewisse Konsistenz zwischen diesen beiden Säulen sicherzustellen. Zum anderen ist es für die Ökoeffizienz-Gruppe der BASF SE besonders von Bedeutung, dass die Gesellschaft einbezogen wird. Dies wird bereits dadurch deutlich, dass in der SEEBALANCE der Gewichtungsfaktor als Gesellschaftsfaktor definiert ist (vgl. Kapitel 5.2.5). Da die BASF SE als multinationales Unternehmen natürlich gewisse Interessen vertritt, möchte die Ökoeffizienz-Gruppe der Kritik, diese Interessen in den Vordergrund zu stellen, entgehen und basiert die Gewichtungsfaktoren auf einem möglichst breiten Konsens. Die Ansicht, dass Indikatoren für den Nachhaltigkeitsbereich nicht alleine von Experten konstruiert und gemessen werden sollen, sondern dass es grundsätzlich der Entscheidung durch die Gesellschaft bedarf, formulierte bereits RADERMACHER (1998).

Die ökologischen Kriterien wurden daher mittels einer repräsentativen Umfrage und die sozioökonomischen Faktoren durch eine öffentliche Expertenumfrage ermittelt.

[21] Die Entscheidung für eine Methode hat die Ökoeffizienz-Gruppe der BASF getroffen.

9.3 Ermittlung der Gewichtungsfaktoren für die SEEBALANCE

9.3.1 Ermittlung der ökologischen Gewichtungsfaktoren

9.3.1.1 Auswahl der Methode

Für die ökologischen und sozioökonomischen Faktoren wurden jeweils Scoring-Ansätze verwendet. Jedoch wurden unterschiedliche Methoden angewendet. Zunächst wurden in 2008 die Gewichtungsfaktoren für die Ökologie gemeinsam mit TNS Infratest nach der Maximum Difference Methode ermittelt. Der Fokus lag zunächst auf den ökologischen Gewichtungsfaktoren, da diese zum einen länger verwendet werden und zum anderen, weil mehr Ökoeffizienz-Analysen als SEEBALANCE-Analysen durchgeführt werden. Ein weiterer Grund für die Wahl der Maximum Difference Methode bzw. eines Scoring-Ansatzes lag darin, eine repräsentative Umfrage durchzuführen. Die Maximum Difference Scaling Methode eignet sich nach TNS Infratest insbesondere bei Umfragen, bei denen die Liste der Abfragekriterien sehr umfangreich ist, da dem Befragten jeweils nur eine Auswahl der Kriterien vorgelegt wird.

9.3.1.2 Erklärung der Methode: Maximum Difference Scaling

Die Maximum Difference Scaling Methode ist eine von Jordan Louviere entwickelte Methode, um Informationen zu Einstellungen unterschiedlicher Themen zu erfragen und die Wichtigkeit der Kriterien (nachfolgend Items genannt) zu berechnen. Hierbei geht es darum, eine Vielzahl von Kriterien zueinander in Beziehung zu setzen (TNS INFRATEST 2008c). Bei der Maximum Difference Scaling Methode werden jedem Befragten verschiedene Sets von Abfragekriterien aus einer vollständigen Liste von Kriterien vorgelegt. Üblicherweise sind es drei bis fünf Items. Die Zusammenstellung dieser Sets erfolgt nach einem von TNS Infratest erstellten sogenannten experimentellen Design. Der Befragte muss in jedem Set das aus seiner Sicht wichtigste und unwichtigste (bzw. bei drei Kriterien das zweitwichtigste) Kriterium auswählen. Die Annahme, die hinter diesem Vorgehen steht, ist, dass der Befragte, die wichtigste bzw. zweitwichtigste Präferenz bzw. Wichtigkeit innerhalb des Auswahlsets wiedergibt (TNS INFRATEST 2008c). Das experimentelle Design wird seitens TNS Infratest anhand der Anzahl der Items, der Stichprobengröße und der inhaltlichen Komplexität erstellt. Dieses Design ist so konzipiert, dass jeder Befragte jedes Item gleich häufig an erster, zweiter oder dritter Stelle sieht und die Häufigkeit der Items und Item-Kombinationen ausgewogen ist. Das Design ist wie folgt aufgebaut: Ein Befragter bewertet ein Set mit 4 Attributen (= Items): A, B, C und D. Wenn der Befragte A als Bestes und D als Schlechtestes auswählt, so sind mit zwei Antworten fünf der sechs möglichen Paarvergleiche innerhalb dieses Sets abgedeckt: Nämlich: A>B, A>C, A>D, B>D, C>D, einzig der Vergleich zwischen B und C kann nicht beantwortet werden. In einem Set mit 5 Attributen werden auf diese Weise 7 von 10 möglichen Paarvergleichen beantwortet (TNS INFRATEST 2008c).

9.3.1.3 Durchführung zur Ermittlung der Gewichtungsfaktoren

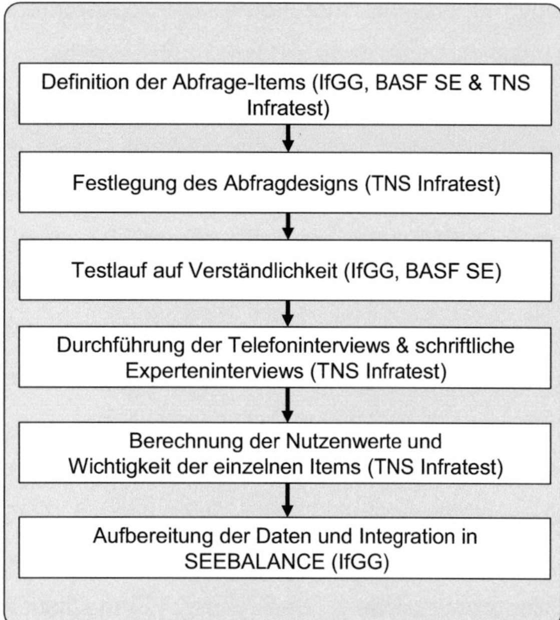

Abb. 22: Ablaufschema zur Ermittlung der ökologischen Faktoren (verändert nach TNS INFRATEST 2008c)

Abb. 22 zeigt den Ablauf zur Ermittlung der ökologischen Gewichtungsfaktoren. Zunächst wurden die Items, also in dieser Untersuchung die ökologischen Kriterien, allgemeinverständlich formuliert. Hierbei wurde seitens des IfGGs, der BASF SE und TNS Infratest darauf geachtet, dass die Definition der Items klar formuliert ist und jeder Befragte das gleiche Verständnis von dem Abfragekriterium hat. Dafür wurde auf Fachbegriffe wie beispielsweise Ozonzerstörungspotenzial (vgl. in Kapitel 5.2.4.2) verzichtet.

Tab. 38 listet alle ökologischen Kriterien auf. Anschließend wurde von TNS Infratest das experimentelle Design berechnet und das Layout des Fragebogens erstellt. Der Fragebogen wurde dann seitens des IfGGs und der BASF SE in einem Testlauf überprüft.

Tab. 38: Ökologische Abfrageitems

Reduzierung des Energieverbrauchs
Reduzierung des Verbrauchs endlicher Rohstoffe, wie Erdöl, Kohle, Erze etc.,
Reduzierung der Verringerung von Naturflächen durch Bebauung
Reduzierung gesundheitsgefährdender Wirkungen für den Menschen (z.B. durch Inhaltsstoffe oder giftige Substanzen)
Reduzierung von Unfällen, wie z.B. Arbeitsunfälle oder sonstige Unfälle während der Herstellung und Nutzung von Produkten
Reduzierung von Treibhausgasen bzw. der globalen Erwärmung
Verringerung des Sauren Regens bzw. des Waldsterbens
Verringerung von Sommersmog, also der Belastung der Luft durch Feinstaub und Ozon
Reduzierung der giftigen Wirkungen auf Tiere und Pflanzen
Verringerung der Wasserverschmutzung natürlicher Gewässer
Reduzierung von Haus-, Industrie- und Sonderabfällen und
Verringerung des Ozonlochs

Die Befragung erfolgte bei den bevölkerungsrepräsentativen telefonischen Umfragen mittels einer Omnibus-Befragung mit CATI-System (Computer Aided Telephone Interviewing) durch TNS Infratest in den Ländern Deutschland, Großbritannien und USA. Deutschland und Großbritannien sollen dabei Europa repräsentieren, die USA den Nordamerikanischen Kontinent.[22] Darüberhinaus

[22] Grund hierfür ist, dass die meisten seitens der BASF SE durchgeführten Ökoeffizienz-Analysen in diesen

wurden Experteninterviews mittels einer schriftlichen Befragung (Word-Dokument) durchgeführt. Hierbei wurden Experten aus Industrie, Behörden, Universitäten und Verbänden ausgewählt und befragt.

Die Omnibus-Befragungen wurden jeweils nach den relevanten soziodemographischen Kriterien für die verschiedenen Länder bevölkerungsrepräsentativ gewichtet. Während der Befragung sollte der Interviewte in jedem Auswahlset das wichtigste und das zweitwichtigste Abfrageitem kennzeichnen. Alle Items aus Tab. 38 werden jedem Befragten in unterschiedlicher Zusammenstellung und Reihenfolge vorgelegt. Dabei werden immer drei Abfrageitems zusammen abgefragt und sollen bewertet werden.

Im Bezug auf die ökologischen Kriterien der SEEBALANCE der BASF SE lautet eine Frage beispielsweise:

„Bitte vergleichen Sie die nachfolgenden drei Faktoren und kreuzen Sie an, in welchem Bereich eine Reduzierung der Belastung für Mensch und Umwelt aus Ihrer Sicht am Wichtigsten und in welchem Bereich am Zweitwichtigsten wäre.“

Eine Reduzierung der Belastung wäre am Wichtigsten bzw. am Zweitwichtigsten in den folgenden Kategorien:

- *Bebauung von Naturflächen*
- *Haus-, Industrie- und Sonderabfällen*
- *Energieverbrauchs*

(Auszug aus Fragebogen, siehe Anhang C)

Anschließend wurden die Wichtigkeiten für jedes Item seitens TNS Infratest berechnet. Diese wurden seitens des IfGGs abschließend grafisch aufbereitet und in die Ökoeffizienz-Analyse bzw. SEEBALANCE integriert.

9.3.1.4 Datenanalyse

Die Datenanalyse erfolgte seitens TNS Infratest. Hierbei wurden auf Basis der Antworten der Befragten mittels multivarianter Verfahren Nutzenwerte für jedes Item berechnet. Die berechneten Nutzenwerte wurden anschließend so von TNS Infratest reskaliert, dass sie auf einer Skala von 0 bis 100 aufgetragen werden konnten. Das Ergebnis sind die individuellen Wichtigkeiten (TNS INFRATEST 2008c, STEVEN 2003). Die Daten wurden von TNS Infratest nicht weiter nach statistischen Merkmalen ausgewertet.

Für einen Vergleich zwischen den Ländern wurde die Korrelation mit dem Rang-Korrelationskoeffizient (r_s) nach Spearman berechnet (vgl. KRUKER MEIER & RAUH 2005).

$$r_s = 1 - \frac{6 \times \sum_{i=1}^{n} d_i^2}{n \times (n^2 - 1)}$$

Eine Besonderheit für die Untersuchung besteht darin, dass die Umweltkategorien in der Ökoeffizienz-Analyse bzw. der SEBBALANCE in Haupt- und Unterkategorien unterteilt werden (vgl. Schachtelung in Abb. 25). Zu den Hauptkategorien zählen Energie und Ressourcenverbrauch, das Toxizitäts- und Risikopotenzial, der Flächenbedarf und die Emissionen. Die Emissionen fassen verschiedene Unterkategorien zusammen, wie Emissionen in Luft, Wasser und Boden. Die Problematik dieser Schachtelung soll hier kurz aufgeführt werden und das Vorgehen bezüglich der Datenanalyse von TNS erläutert werden.

Eine gleichzeitige Abfrage von Oberkategorien und untergeordneten Bereichen ist in einer

Regionen erstellt werden und daher die Sichtweisen in diesen Regionen von besonderer Relevanz sind.

Maximum Difference Scaling-Analyse nicht vorgesehen, da bei dieser Umfragemethode alle Abfragekriterien gleichrangig behandelt werden. Trotzdem wurden in dieser Umfrage, auf Empfehlung von TNS Infratest, Items mit unterschiedlicher Hierarchie abgefragt. In der Auswertung wurden dementsprechend die Oberkategorien aus den dazugehörigen Unterkategorien gebildet. D.h. GWP, AP, POCP und ODP ergeben gemittelt die Bewertung für Luftemissionen usw. (vgl. Abb. 23).

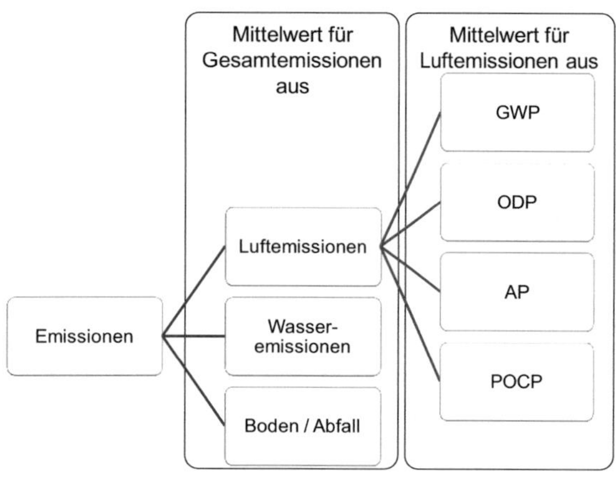

Abb. 23: Bewertung der Wichtigkeit durch Bildung des Mittelwerts mit der Maximum Difference Scaling Methode

Da die Ergebnisse aus der Maximum Difference-Analyse, die Wichtigkeiten auf einer 100er-Skala, metrisch skaliert sind, ist aus statistischer Sicht eine Mittelwertbildung zulässig. Um in den Mittelwerten eine mögliche unterschiedliche Relevanz der abgefragten Unterbereiche zu berücksichtigen, sind in diese Mittelwerte anteilsmäßig die Wichtigkeiten der Unterbereiche eingegangen. Es handelt sich also um gewichtete Mittelwerte.

Aus inhaltlichen Gesichtspunkten ist die Mittelwertbildung ebenfalls vertretbar, sofern durch die Unterbereiche alle wichtigen inhaltlichen Dimensionen der Gesamtkategorie bzw. des Oberbereichs abgedeckt werden.

9.3.1.5 Vor- und Nachteile der gewählten Methode

Die Maximum Difference Scaling Methode eignet sich nach TNS INFRATEST (2008c) insbesondere bei Umfragen, bei denen die Liste der Abfragekriterien sehr umfangreich ist, da dem Befragten jeweils nur eine Auswahl der Kriterien vorgelegt wird. Zudem muss sich der Befragte nicht an einer vorgegebenen Skala orientieren, sondern muss sich entscheiden, welche der vorgegebenen Items er für wichtig bzw. unwichtiger hält. Dadurch wird eine Quantifizierbarkeit der Items untereinander möglich. Zudem wird durch diesen Entscheidungszwang die Bewertung der Items für den Befragten leichter. Darin liegt aber auch ein Nachteil, da der Befragte eine Bewertung abgeben muss und beispielsweise Kriterien, die er für gleich wichtig hält nicht gleich werten kann.

Problematisch ist außerdem, dass die Befragung eine hierarchische Gliederung zulässt. Das heißt, dass zum Beispiel Items die aus mehreren Unterkategorien bestehen, abgefragt werden können und dann später über eine Aggregation zusammengeführt werden können. Prinzipiell ist dies natürlich positiv zu bewerten, schwierig wird es erst, wenn kein Konsens über Gliederung der Ober- und Unterkategorien herrscht. (vgl. hierzu auch die Diskussion in Kapitel 9.3.1.4).

9.3.2 Ermittlung der sozioökonomischen Gewichtungsfaktoren

9.3.2.1 Auswahl der Methode

Die sozioökonomischen Gewichtungsfaktoren wurden ebenfalls mittels eines Scoring-Ansatzes erfragt. Die gewählte Methode wurde in diesem Fall ein Rating Ansatz und die

Umfrage wurde Anfang 2009 durchgeführt. Der Fokus lag dabei nach wie vor darauf, eine möglichst repräsentative Umfrage zu machen, aber mit einem deutlich niedrigeren Kostenaufwand als für die repräsentative Umfrage mit TNS Infratest. Daher wurde für die Methode ein Rating Ansatz ausgewählt. Diese Methode zeichnet sich durch ihre leichte Handhabbarkeit in der Durchführung und der Auswertung aus. Um den Aufwand niedrig zu halten, wurde anstatt von Telefoninterviews eine schriftliche, online-basierte Umfrage durchgeführt. Hierfür wurde der Fragebogen auf einer für diesen Zweck eingerichteten und gestalteten Internetseite präsentiert. Eine online-basierte Befragung wurde gewählt, da diese Art der Befragung eine hohe Transparenz für verschiedene Stakeholder bietet und einen großen Teilnehmerkreis ermöglicht. Zudem ist eine einfache Verbreitung durch Versenden des Internet-Links möglich.

Da diese Art der Umfrage kein repräsentatives Bild abgibt, ist nicht ausgeschlossen, dass eine Umfrage für die sozioökonomischen Kriterien zu einem späteren Zeitpunkt nach der Maximum Difference Methode in einer repräsentativen Befragung wiederholt wird.

9.3.2.2 Erklärung der Methode

Das Rating ist eine gängige Methode, um herauszufinden, wie verschiedene Kriterien beispielsweise im Bezug auf ihre Wichtigkeit bewertet werden. Die Methode bewertet nicht die Kriterien zueinander, sondern jedes für sich. Hierbei wird jedem Befragten eine Skala zwischen einem Minimum und Maximum vorgegeben. Der Befragte weist jedem Kriterium eine Wertung auf der Skala zu, je nach eigener Präferenz.

Mit dieser Aufteilung hat der Befragte die Möglichkeit, Kriterien die er für gleich wichtig hält, ähnlich zu bewerten und andere in Relation dazu als wichtiger oder unwichtiger.

Die Grundannahme ist, dass der Befragte die Kriterien, die er für sehr relevant hält, hoch bewertet und andere, die er für weniger relevant hält, niedriger bewertet.

9.3.2.3 Durchführung zur Ermittlung der Gewichtungsfaktoren

Abb. 24 zeigt den Ablauf zur Ermittlung der sozioökonomischen Gewichtungsfaktoren.

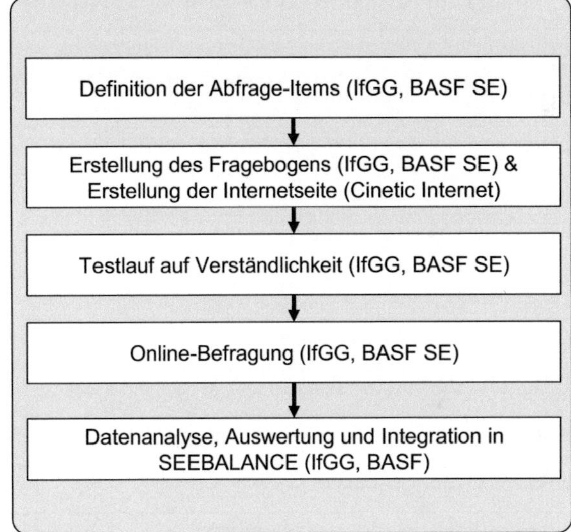

Abb. 24: Ablaufschema zur Ermittlung der sozioökonomischen Faktoren (eigene Darstellung)

Zunächst wurden auch hier wieder die Items möglichst allgemeinverständlich formuliert. Tab. 39 listet die sozioökonomischen Abfrageitems auf.

Tab. 39: Sozioökonomische Abfrageitems

Reduzierung der Anzahl der Arbeitsunfälle
Reduzierung der Anzahl tödlicher Arbeitsunfälle
Reduzierung der Anzahl von Berufskrankheiten
Reduzierung gesundheitsgefährdender Wirkungen auf Arbeitnehmer (z.B. durch giftige Substanzen)

Erhöhung der Löhne und Gehälter
Erhöhung der Ausgaben für berufliche Weiterbildung
Reduzierung von Streiks und Aussperrungen (als Indikator für Arbeitszufriedenheit)
Reduzierung gesundheitsgefährdender Wirkungen auf Konsumenten (z.B. durch giftige Substanzen)
Reduzierung von Produktrisiken auf den Konsumenten
Erhöhung der Beschäftigtenanzahl
Erhöhung der Anzahl der qualifizierten Beschäftigten (z.B. mit Ausbildung)
Verbesserung der Gleichberechtigung
Verbesserung der Integration (beispielsweise der Erhöhung der Anzahl von Behindertenarbeitsplätzen)
Erhöhung der Anzahl der Teilzeitbeschäftigten
Erhöhung der Familienunterstützung
Erhöhung der Anzahl der Auszubildenden
Erhöhung der Ausgaben für F&E
Erhöhung der Investitionen
Erhöhung der Aufwendungen für Vorsorge
Abschaffung der Kinderarbeit
Erhöhung der ausländischen Direktinvestitionen
Erhöhung der Importe aus Entwicklungsländern
Erhöhung des Umsatzes
Erhöhung der Bruttowertschöpfung
Erhöhung der Anzahl der Unternehmen (als Indikator, ob ein Monopol vorhanden ist)
Erhöhung des effektiven Steuersatzes (aus Sicht des Staates)
Reduzierung der Subventionen
Erhöhung der Exporte
Erhöhung des Anteils der Exporte am weltweiten Export
Erhöhung des Wachstums der Bruttowertschöpfung [23]

Neben den klaren Formulierungen und der Verständlichkeit der Ausdrücke wurde darauf geachtet, dass der Fragebogen logisch aufgebaut und ohne weitere Erläuterung verständlich und ausfüllbar ist. In der durchgeführten Umfrage wurde beispielsweise für die sozioökonomischen Faktoren wie folgt gefragt:
Wie wichtig ist Ihnen

- die Reduzierung der Anzahl der Arbeitsunfälle (mit einer Skala von eins bis zehn mit wichtig bis sehr wichtig)
- die Erhöhung der Löhne und Gehälter (mit einer Skala von eins bis zehn mit wichtig bis sehr wichtig)

(siehe vollständiger Fragebogen im Anhang D)

Jedem dieser Items wurde also die Skala von eins (wichtig) bis zehn (sehr wichtig) zugewiesen. Die Skala wurde so eingeteilt, um die Befragten dazu zu ermutigen, die gesamte Skala auszunutzen. Die Gefahr besteht bei einer Bennennung von ‚unwichtig' zu ‚wichtig', dass alle Kriterien mit ‚wichtig' bewertet werden und keine Differenzierung erfolgt.

Neben der Abfrage der Items wurde auch abgefragt, aus welchem Land der Befragte kommt, so dass später eine Auswertung für die unterschiedlichen Länder erstellt werden konnte. Auf die Abfrage anderer personenbezogenen Merkmale wie beispielsweise Geschlecht, Berufsbereich, etc. wurde verzichtet, um den Fragebogen möglichst kurz und so die Abbruchquote möglichst gering zu halten.

Mit Hilfe eines Internetauftritts[24] wurde der Fragebogen mit einer Einführung und Begründung zu der Befragung auf der BASF

[23] Es wurde in der Umfrage nicht nach dem Wachstum der Bruttowertschöpfung, sondern nach dem Exportwachstum gefragt. Dieser Indikator konnte aus methodischen Gründen so aber nicht gebildet werden und wurde dann als Wachstum der Bruttowertschöpfung umdefiniert.

[24] Die grafische Umsetzung des Internetauftritts hat die Firma Cinetic aus Karlsruhe [http://www.cinetic21.de] übernommen.

SE Internet-Seite[25] in dem Zeitraum von 11.05.2009 bis 08.06.2009 online geschaltet. Um die Rücklaufquote zu erhöhen, wurden Experten aus dem LCA-Bereich von Hochschulen, Behörden und Industrievertreter angeschrieben und gebeten, an der Umfrage teilzunehmen und den Link weiterzuverteilen. Anschließend wurde die Umfrage – wie im nachfolgenden Kapitel beschrieben – ausgewertet.

9.3.2.4 Datenanalyse

Für die Auswertung der sozioökonomischen Daten wurde zunächst für jede befragte Person eine personenbezogene Auswertung vorgenommen. Hierfür wird der jeweilige Indikator pro Person durch die Summe aller Indikatorenwerte pro Person geteilt und anschließend der Mittelwert ($\bar{x}$) über alle Personen gebildet.

Gleichung 3: $\bar{x} = \frac{1}{n}\sum_{i=1}^{n} x_i$

Zu den Mittelwerten wird die entsprechende Standardabweichung (s) errechnet.

Gleichung 4: $s = \sqrt{\frac{\sum_{i=1}^{n}(x-\bar{x})^2}{n-1}}$

Die Bewertung der Stakeholder ergibt sich aus der Summe der jeweiligen gemittelten Indikatoren. Anschließend werden die Indikatoren pro Stakeholder auf 100% normiert. Die errechneten Ergebnisse – aufgeteilt nach Ländern und Befragten – befinden sich in Anhang D.

Zudem wird für den Vergleich zwischen den Ländern die Korrelation mit dem Rang-Korrelationskoeffizient (r_s) nach Spearman berechnet (vgl. KRUKER MEIER & RAUH 2005)

$$r_s = 1 - \frac{6 \times \sum_{i=1}^{n} d_i^2}{n \times (n^2 - 1)}$$

Das Signifikanzniveau (Irrtumswahrscheinlichkeit) wird nicht berechnet, weil die Anzahl der Befragten nicht sehr groß war.

9.3.2.5 Vor und Nachteile der gewählten Methode

Ratings zeichnen sich vor allem durch die Einfachheit aus, da diese Art der Befragung und Bewertung weit verbreitet ist und keiner großen Erläuterungen bedarf. Zudem sind Online-Interviews leichter zu realisieren als direkte Interviews und sind durch den geringeren Zeitaufwand wesentlich kostengünstiger. Weiterhin werden die erhobenen Daten sofort auf dem Server verfügbar. Online-Fragebögen geben auch die Möglichkeit einer großen Reichweite und einer einfachen Internationalisierung. Ein weiterer Vorteil ist die hohe Verfahrenstransparenz von Online-Fragebögen, da diese Untersuchungen öffentlich sind.

Problematisch bei Ratings ist, dass eine direkte Ableitung von Präferenzen zu den Kriterien nur dann möglich ist, wenn die vorgegebene Skala für alle Kriterien gleich verwendet wird. Häufig neigen aber Befragte dazu, lediglich einen Teil der Skala auszunutzen, also beispielsweise nur das obere Drittel. Auch wenn die Befragten die Skala unterschiedlich ausnutzen, kann es somit zu einer Verzerrung kommen. Außerdem werden Skaleneinteilungen in verschiedenen Ländern unterschiedlich verwendet. Zudem kann es je nach Anzahl und Umfang der Items zu Ermüdungseffekten bei den Befragten kommen, die dann zu inkorrekten Antworten führen (TNS INFRATEST 2008c, STEVEN 2003).

[25] http://www.basf.com/group/corporate/de/sustainability/eco-efficiency-analysis/index

Nachteilig bei Online-Umfragen ist zum Beispiel, dass keine repräsentative Stichprobe gegeben ist und dass es prinzipiell bei Online-Umfragen ohne Passwortschutz die Möglichkeit gibt, dass dieselbe Person mehrfach an der Umfrage teilnimmt.

9.4 Ergebnisse

9.4.1 Ökologische Gewichtungsfaktoren

Die Umfrage der ökologischen Gewichtungsfaktoren wurde zum einen bevölkerungsrepräsentativ im Rahmen einer telefonischen Mehrthemenumfrage von TNS in den Ländern Deutschland, Großbritannien und USA durchgeführt, zum anderen wurde eine schriftliche Umfrage mit Experten durchgeführt. Bei der bevölkerungsrepräsentativen Umfrage konnten in Großbritannien 1007, Deutschland 1005 und USA 1003 Interviews realisiert werden und bei den Expertenbefragungen 34. Der Befragungszeitraum erstreckte sich vom 28.11 bis zum 15.12.2008.[26] Die Busbefragung wurde jeweils nach den relevanten soziodemographischen Kriterien für die Länder bevölkerungsrepräsentativ gewichtet.

Bei der Expertenbefragung kann keine Aussage über die teilnehmende Personen getroffen werden, da nicht rückverfolgt wurde, welche der angefragten Experten den Fragebogen an TNS zurückgeschickt haben.

Die Ergebnisse der repräsentativen Umfrage und der Experteninterviews sind in Tab. 40 zusammengefasst. Die Ergebnisse sind so aufgelistet, dass die ersten sechs Oberkategorien zusammen 100% ergeben, die sechs folgenden ergeben zusammen gezählt die Emissionen – also eine der Oberkategorien. Die Emissionen sind also nach den drei Emissionsarten in Wasser, Boden (Abfall) und Luft unterteilt, wobei die Luftemissionen sich aus Treibhauspotenzial, Ozonzerstörungspotenzial, Versauerungspotenzial und Sommersmog zusammensetzen. Die Summe der Luftemissionen wurde daher nicht noch einmal gesondert aufgeführt. Von den Oberkategorien wurden bei der zusammengefassten Bewertung die Emissionen am höchsten und das Toxizitätspotenzial am zweithöchsten bewertet. Mit etwas Abstand folgen der Energie- und Ressourcenverbrauch mit je rund 17,5%. Der Flächenbedarf und das Risikopotenzial wurden insgesamt am niedrigsten eingeschätzt. Innerhalb der Emissionen wurden die Wasseremissionen am höchsten bewertet, gefolgt von den Abfällen und den Luftemissionen. Bei den Luftemissionen ist das Treibhauspotenzial am höchsten bewertet. Großbritannien und die USA korrelieren bezüglich ihrer Ränge mit 99,3%. Deutschland mit den USA mit 97,9%, Deutschland und Großbritannien ebenfalls sehr hoch mit 98,6%. Die Bewertung der Experten korreliert weniger mit der Zusammenfassung (93,01%).

[26] Großbritannien: 28.11. - 30.11.2008
Deutschland : 01.12. - 02.12.2008
USA: 03.12. - 09.12.2008
Experteninterviews: 03.12. - 15.12.2008

Tab. 40: Ergebnisse der repräsentativen Umfrage für Deutschland, Großbritannien, USA und der Experten (Quelle: TNS 2008a) im Vergleich zu den bisher verwendeten europäischen Gewichtungen

	2001	2008				
	Europa	Deutschland	Groß-britannien	USA	Zsfg.	Experten
Energieverbrauch	20,0%	17,1%	17,8%	17,2%	17,4%	19,3%
Ressourcen	20,0%	17,1%	18,0%	17,3%	17,5%	22,1%
Flächenbedarf	10,0%	12,3%	12,5%	12,8%	12,5%	11,0%
Toxizitätspotenzial	20,0%	21,7%	18,7%	19,5%	20,0%	18,6%
Risikopotenzial	10,0%	7,4%	10,7%	12,8%	10,5%	10,7%
Emissionen	20,0%	24,5%	22,3%	20,5%	22,3%	18,4%
Wasseremissionen	7,0%	8,8%	7,6%	8,2%	8,2%	7,0%
Abfälle	3,0%	5,8%	5,7%	5,5%	5,7%	4,0%
Treibhauspotenzial	5,0%	3,5%	3,3%	2,4%	3,0%	3,9%
Ozonzerstörungspotenzial	2,0%	2,7%	2,2%	1,6%	2,1%	1,6%
Versauerungspotenzial	1,0%	2,1%	2,2%	1,5%	1,9%	0,8%
Sommersmog	2,0%	1,6%	1,3%	1,3%	1,4%	1,1%

Die Experten bewerteten sowohl den Energieverbrauch als auch den Ressourcenverbrauch höher, niedriger wurden das Toxizitätspotenzial, die Emissionen, das Versauerungspotenzial und der Sommersmog eingestuft. Die Korrelation zwischen der einstigen Bewertung (2001) und der neu erhobenen Bewertung liegt mit 92,31% auch relativ hoch. Tendenziell wurden der Energie- und Ressourcenbedarf in 2001 etwas höher bewertet, die Emissionen insgesamt etwas niedriger. Die Unterschiede sind aber insgesamt eher gering. Die Veränderung der Gewichtungsfaktoren von 2001 zu 2008 führt nach Integration der Faktoren in die Ökoeffizienz-Analyse nur zu einer geringen Veränderung der Ökoeffizienz-Ergebnisse selbst. Kapitel 11.6.2.1 zeigt die Veränderung auf das Gesamtergebnis im gewählten Fallbeispiel.

Neben der oben genannten Unterteilung nach Ober- und Unterkategorien gibt es auch eine zweite Variante der Unterteilung (Schachtelung). Hierbei gibt es andere Hierarchiestufen. Die Emissionen werden nicht nach Luft, Wasser und Boden aufgeteilt, sondern nach lokalen und globalen Emissionen. Zu den globalen Emissionen gehören GWP und ODP und zu den lokalen Emissionen AP, POCP, Wasser- und Bodenemissionen. Hintergrund für die Aufteilung ist, dass die Emissionen auf unterschiedlichen Ebenen Effekte hervorrufen. Abb. 25 zeigt die Unterschiede dieser Bewertung auf die Gewichtung der Kategorien. Der Rang-Korrelationskoeffizient liegt für Deutschland zwischen Variante 1 und 2 bei 90,91% und ist damit niedriger als die Unterschiede zwischen den Ländern nach der Bewertung von Variante 1. Aber auch diese unterschiedliche Aufteilung der Umweltkategorien führt in der Ökoeffizienz-Analyse lediglich zu geringen Veränderungen im Bezug auf das Gesamtergebnis.

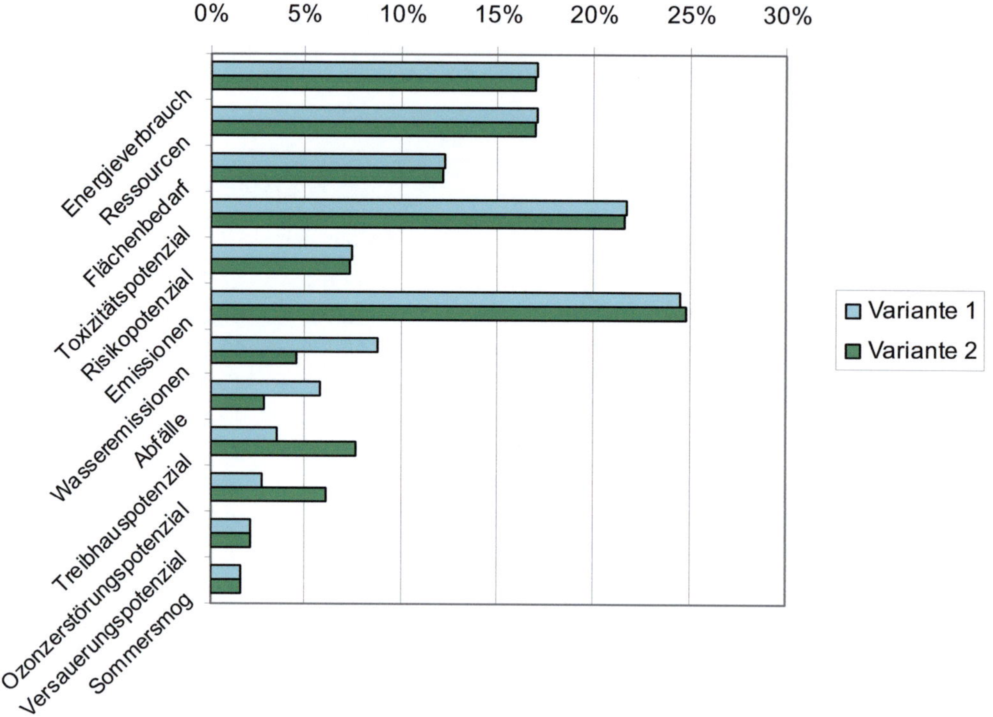

Abb. 25: Ergebnisse der Umfrage für Deutschland nach der Schachtelungsvariante 1 und 2 (eigene Darstellung)

9.4.2 Sozioökonomische Gewichtungsfaktoren

Die Umfrage der sozioökonomischen Gewichtungsfaktoren wurde mittels eines Online-Fragebogens durchgeführt. Dieser war im Zeitraum von 11.05.2009 bis 08.06.2009 auf der BASF SE Internetseite geschaltet[27]. Der Rücklauf dieser Umfrage lag bei 78 Experten aus verschiedenen Ländern. Abb. 26 zeigt die Herkunft der teilnehmenden Experten. Rund drei Viertel der Befragten kommen aus Deutschland, 12% aus Brasilien, weitere 13% aus anderen europäischen Ländern und 1% aus Südafrika.

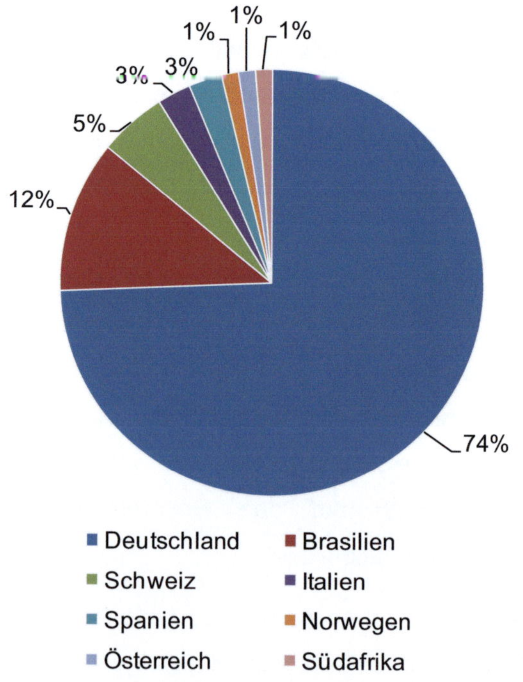

Abb. 26: Länderherkunft der teilnehmenden Experten (eigene Darstellung)

[27] Internetlink: http://cops.basf.com/de/sustainability/umfrage.htm

Die Ergebnisse sind für Deutschland, Brasilien und Europa in Tab. 41 dargestellt, hierin sind alle europäischen Teilnehmer in Europa ungewichtet zusammengefasst. Die Werte sind auf 100% pro Land normiert und liegen zwischen zwei und fünf Prozent. Die Standardabweichung schwankt zwischen 0,3% und maximal 1,6%. Die Korrelation nach Spearman ist für Deutschland und Brasilien mit rund 75% relativ niedrig.

In allen Ländern sind die Indikatoren Kinderarbeit, Sicherheitsaspekte, wie tödliche Arbeitsunfälle oder Berufskrankheiten, Toxizität für Arbeitnehmer und Konsumenten und die Produktrisiken vergleichsweise hoch bewertet. Relativ niedrig bewertet sind dahingegen einige der volkswirtschaftlichen Aspekte wie Exporte oder Umsatz, Teilzeitbeschäftigte oder Streiks. Deutlich unterschiedlich wurden beispielsweise die Erhöhung der Anzahl der Beschäftigten, die Löhne und Gehälter, die Anzahl der Unternehmen und die Familienunterstützung eingestuft. So wurden die Beschäftigtenanzahl und die Löhne und Gehälter in Brasilien deutlich höher als in Deutschland bewertet. Dies könnte damit zu erklären sein, dass die Arbeitslosenquote in Brasilien etwas höher ist, als in Deutschland. In 2007 lag die Quote in Brasilien um rund 2,5% und in 2008 immerhin noch um 0,7% über der in Deutschland (CIA WORLD FACTBOOK 2008). Die Höhe der Arbeitslosenquote kann als Indiz dafür gesehen werden, wie wichtig dieses Thema in dem entsprechenden Land ist. Je höher die Arbeitslosenquote ist, desto wichtiger wird der Bevölkerung eine Erhöhung der Beschäftigtenzahlen sein. Wobei davon auszugehen ist, dass es hier keinen linearen Zusammenhang zwischen der Arbeitslosenquote und der Wichtigkeit dieses Kriteriums geben wird, da dies unterschiedlich von Land zu Land und dem entsprechenden Sozialsystemen sein kann. Auch eine Erhöhung der Löhne und Gehälter wurde in Brasilien als deutlich wichtiger als in Deutschland eingestuft; dies korreliert mit der Armutsgrenze. Rund ein Drittel der Bevölkerung in Brasilien lebt unterhalb der Armutsgrenze (CIA WORLD FACTBOOK 2008) und daher ist die Erhöhung der Löhne und Gehälter ein vergleichsweise wichtiges Thema im Vergleich zur Erhöhung der Beschäftigten. Beim Indikator Auszubildende verhält es sich genau umgekehrt. Die Erhöhung der Anzahl Auszubildender wird in Deutschland höher bewertet, was vermutlich daran liegt, dass der Begriff der Ausbildung in Deutschland einen hohen Stellenwert hat.

Tab. 41: Errechnete Ergebnisse der Gewichtungsfaktoren für Brasilien, Deutschland und Europa (eigene Zusammenstellung)

	Brasilien	Std.abw.	Deutschland	Std.abw.	Europa	Std.abw.
Arbeitsunfälle	4,4%	0,6%	4,1%	1,5%	4,1%	1,4%
tödliche Arbeitsunfälle	4,7%	0,9%	5,0%	1,6%	4,9%	1,5%
Berufskrankheiten	4,2%	0,5%	4,4%	1,1%	4,4%	1,0%
Humantox (Arbeitnehmer)	4,0%	0,9%	4,6%	1,4%	4,6%	1,3%
Löhne und Gehälter	3,8%	0,5%	2,9%	1,0%	2,9%	1,0%
berufliche Weiterbildung	3,5%	0,4%	3,5%	1,1%	3,4%	1,1%
Streiks und Aussperrungen	2,8%	1,2%	2,4%	1,2%	2,4%	1,2%
Humantox (Konsument)	4,4%	0,7%	4,9%	1,4%	4,8%	1,3%
Produktrisiko	4,2%	0,6%	4,6%	1,2%	4,6%	1,2%
Beschäftigte	3,9%	0,6%	3,1%	1,3%	3,1%	1,3%
qualifizierte Beschäftigte	3,7%	0,5%	3,5%	1,0%	3,4%	1,1%
Gleichberechtigung	3,1%	0,9%	3,5%	1,2%	3,5%	1,1%
Integration	3,4%	0,7%	3,3%	1,1%	3,3%	1,1%
Teilzeitbeschäftigte	2,5%	1,3%	2,8%	1,3%	2,8%	1,2%
Familienunterstützung	3,2%	0,4%	3,9%	1,0%	3,8%	1,0%
Auszubildende	2,3%	0,9%	3,5%	1,0%	3,4%	1,1%
F&E	3,5%	0,6%	3,7%	1,2%	3,6%	1,2%
Investitionen	3,7%	0,5%	3,2%	0,9%	3,1%	1,0%
Aufwendungen für Vorsorge	3,4%	0,8%	3,3%	0,8%	3,3%	0,8%
Kinderarbeit	4,7%	0,9%	4,4%	1,5%	4,5%	1,5%
ausländische Direktinvestitionen	2,6%	1,1%	2,2%	1,1%	2,2%	1,1%
Importe aus Entwicklungsländern	2,9%	1,2%	2,5%	1,1%	2,6%	1,1%
Umsatz	2,3%	1,3%	2,4%	1,2%	2,3%	1,2%
BWS	3,1%	1,0%	3,0%	1,2%	2,9%	1,3%
Unternehmen	3,6%	0,3%	2,7%	1,1%	2,8%	1,2%
effektiver Steuersatz	2,4%	0,9%	2,0%	1,2%	2,1%	1,2%
Subventionen	2,7%	1,1%	3,1%	1,3%	3,3%	1,3%
Exporte	2,2%	1,0%	2,7%	1,2%	2,8%	1,1%
Exporte am weltweiten Export	2,4%	0,9%	2,6%	1,2%	2,6%	1,2%
BWS - Wachstum	2,3%	0,9%	2,4%	1,1%	2,4%	1,1%

Abb. 27 zeigt die Ergebnisse grafisch aufbereitet für Deutschland. Die Stakeholder ergeben sich aus der Summe der jeweiligen Indikatoren. Die Bewertung der Stakeholder korreliert also mit der Anzahl der Indikatoren. Sind die Stakeholder entsprechend der Anzahl der Indikatoren bereinigt (also die Stakeholder geteilt durch die Anzahl der Indikatoren), so sind die Konsumenten und die Arbeitsbedingungen der Beschäftigten am höchsten eingestuft.

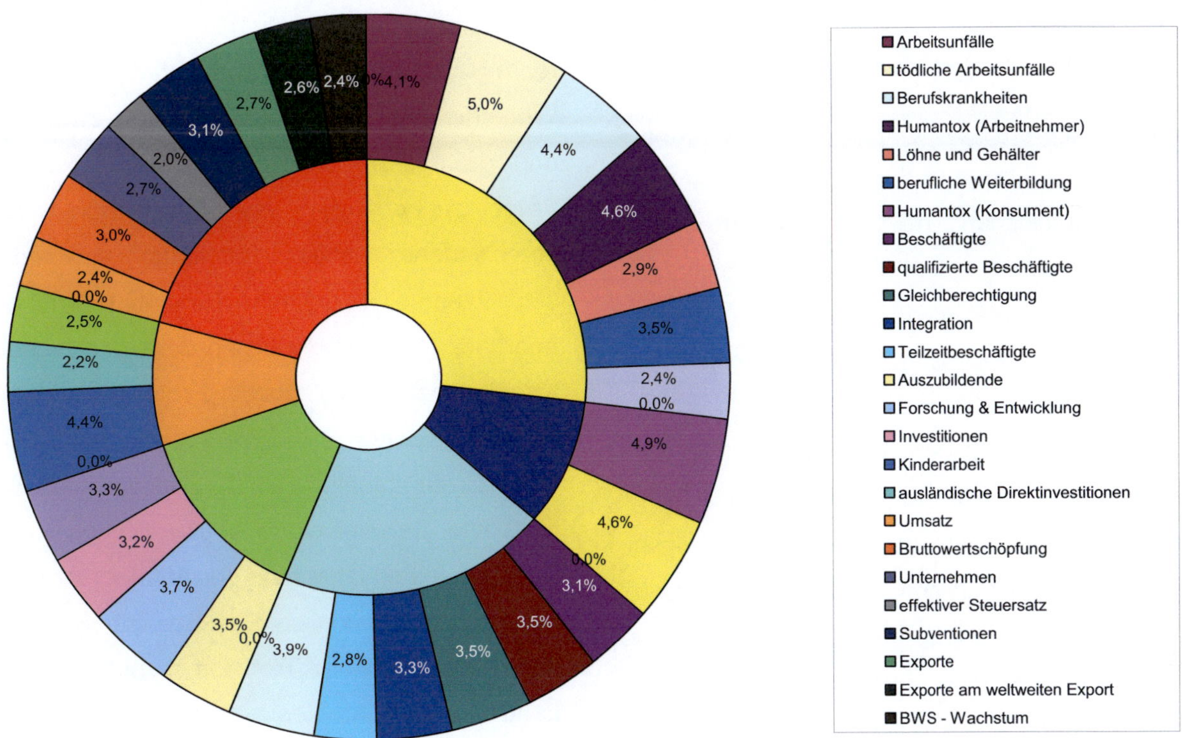

Abb. 27: Sozioökonomische Gewichtungsfaktoren für Deutschland (eigene Darstellung)

9.5 Zwischenfazit

Gewichtungen werden im LCA-Bereich sehr kontrovers diskutiert (Kapitel 9.1). Trotzdem werden sie unter Verwendung verschiedener Gewichtungsmethoden (Kapitel 9.2) erstellt und in der Praxis angewendet wie z.B. Eco-Indicator99. Auch die Faktoren zur Gewichtung in der SEEBALANCE wurden in dieser Dissertation neu erstellt. Aus wissenschaftlicher Perspektive gibt es weder eine eindeutige Begründung Gewichtungsfaktoren zu erstellen noch eine Begründung zur Wahl einer Methode (vgl. Kapitel 9.2.4). Der wesentliche Grund zur Erstellung von Gewichtungsfaktoren ist ein rein pragmatischer, nämlich dass eine Ökoeffizienz-Analyse bzw. SEEBALANCE am Ende ein eindeutiges Ergebnis liefern soll. Eine darauf basierte Entscheidung kann nur gefällt werden, wenn es ein Gesamtergebnis gibt. Für dieses Gesamtergebnis ist eine Wertung der verschiedenen Kriterien unerlässlich – ob nun eine Gewichtung vorgegeben ist oder nicht. In dem Fall, dass keine Gewichtung vorgegeben ist, findet eine Bewertung der verschiedenen Kriterien je nach Studie statt. So verhält es sich beispielsweise bei vergleichenden Ökobilanzen ohne zuvor erstellte Gewichtungsfaktoren. Auch hier wird am Ende einer Analyse eine Entscheidung für bzw. gegen ein entsprechendes Produkt gefällt. Dies hat eine geringe Akzeptanz, aufgrund einer geringeren Transparenz. Vorgegebene Gewichtungsfaktoren haben den Vorteil, dass das gleiche Maß für alle Analysen angewendet wird und haben damit eine vergleichbar höhere Akzeptanz. Daher wird seitens der BASF SE der Weg von zuvor festgelegten Gewichtungsfaktoren bevorzugt, da in diesem Fall immer dieselben Gewichtungsfaktoren für jede Analyse verwendet werden und nicht eine beliebige

Bewertung in Abhängigkeit der untersuchten Fragestellung. Dies gewährleistet eine höhere Akzeptanz der Analysenergebnisse.

Aus methodischer Sicht ist positiv zu bewerten, dass sowohl für den ökologischen als auch den sozioökonomischen Teil ein Scaling-Ansatz verwendet wurde. Mit den in Kapitel 9.2 vorgestellten Ansätzen der Monetarisierung und der Methode der ökologischen Knappheit wäre ein gleiches Vorgehen für den sozio-ökonomischen und den ökologischen Teil nur schwer möglich gewesen (Kapitel 9.2.4). Dahingegen ist nicht zufriedenstellend, dass zwei unterschiedliche Scaling-Methoden verwendet wurden, nämlich die Maximum Difference Methode für die ökologischen Faktoren und ein Rating Ansatz für die sozio-ökonomische Gewichtung. Positiv bei der Maximum Difference Methode für die ökologischen Kriterien ist, dass eine Wichtigkeit der Kriterien zueinander erstellt wird. Dahingegen ist negativ zu bewerten, dass es aufgrund von nicht eindeutigen Hierarchiestufen zu unterschiedlichen Ergebnissen kommen kann und die Korrelation für Deutschland abhängig von diesen Stufen bei 91% lag (Kapitel 9.4.1). Ansonsten ist dieser Ansatz sehr gut auf die Fragestellung anwendbar, da eine ‚erzwungene' Bewertung dazu führt, dass eine deutliche Differenzierung zwischen den Items vorhanden ist. So konnte beispielsweise deutlich gezeigt werden, dass die Emissionen und das Toxizitätspotenzial den Befragten sehr wichtig sind, andere Aspekte, wie Fläche und Risikopotenzial vergleichsweise unwichtiger. Auffällig ist die relativ hohe Korrelation der Gewichtungsfaktoren zwischen den verschiedenen Jahren (2001 & 2008). Obwohl die in 2001 erstellten Faktoren aus Expertenbefragungen abgeleitet wurden und damit nicht repräsentativ sind, sind die Unterschiede nicht groß. Daher stellt sich in diesem Zusammenhang die Frage, ob der Aufwand einer repräsentativen Umfrage gerechtfertigt ist.

Weiterhin fällt die hohe Korrelation zwischen den gewählten Ländern auf. Dies lässt die Frage zu, ob die Gewichtungsfaktoren für verschiedene Länder überhaupt notwendig sind. Eventuell ist die hohe Korrelation damit zu begründen, dass die meisten der ökologischen Kriterien bereits als globale Probleme erkannt sind und daher die Unterschiede zwischen USA, Großbritannien und Deutschland nicht so groß sind. Beispielsweise ist die Wichtigkeit der Energiebereitstellung oder der Abfallverwertung in allen Ländern ähnlich. Eine Bewertung dieser Faktoren in einem Rohstoff exportierenden Land wie Saudi Arabien wäre sicherlich deutlich niedriger als in einem der drei befragten Länder. Daher wäre es zum einen interessant, Gesellschaftsfaktoren für sehr unterschiedliche Länder zu erstellen und zum anderen ist es empfehlenswert die erstellten Gewichtungsfaktoren in weiteren Ökoeffizienz-Analysen anzuwenden und zu prüfen ob ein signifikanter Einfluss auf das Endergebnis besteht.

Der Rating-Ansatz zur Erstellung der sozialen Gewichtungsfaktoren ist ein sehr einfacher Ansatz in der Durchführung. Negativ ist, dass die Wichtigkeit zwischen den Kriterien nicht erzwungen wird und – wie anfangs erwähnt – häufig eine Bewertung im oberen Bereich gewählt wurde. Dies trifft in der vorliegenden Umfrage zum Teil zu. Anscheinend neigen viele Befragte eher dazu, eine zu hohe Bewertung abzugeben und nicht zu differenzieren. Auffällig ist, dass die Ergebnisse alle in einem Bereich zwischen ca. zwei und fünf Prozent liegen. Einige Aspekte sind deutlich höher bewertet als andere, wie beispielsweise Kinderarbeit oder Sicherheitsaspekte. Die Korrelation für die sozioökonomischen Gewichtungsfaktoren zwischen Deutschland und Brasilien ist niedriger. Dies entspricht der Erwartung, dass die Bewertung abhängig von dem jeweiligen Land ist. Vermutlich sind die Unterschiede für die sozioökonomischen Aspekte deutlich unterschiedlich, da auch die gesellschaftliche Lage Brasiliens und Deutschland unterschiedlich sind. Brasilien als Entwicklungsland hat andere Probleme als Deutschland als Industrieland. Damit kann also deutlich gezeigt werden, dass für die sozioökonomischen Faktoren eine Differenzierung nach Land sinnvoll ist. Auch hier wird empfohlen, die Gesellschaftsfaktoren für weitere Länder zu erstellen, die Faktoren in einigen SEEBALANCE-Analysen anzuwenden und zu prüfen ob signifikante Unterschiede bei den Ergebnissen vorhanden sind. Bei diesem Ansatz ist aber zu bemängeln, dass Stichproben zum einen sehr gering zum anderen nicht repräsentativ sind. Daher wird empfohlen diese Umfrage mit einer repräsentativen Stichprobe zu wiederholen.

Trotz der vorgeschlagenen Erweiterungen und Verbesserungen in diesem Bereich kann mit den ökologischen und den sozioökonomischen Faktoren in der SEEBALANCE gearbeitet werden, da davon auszugehen ist, dass es nur bei extremen Veränderungen der Faktoren auch zu Veränderungen bezüglich der Sozioökoeffizienz in einer Analyse kommt.

10 Integration & Anpassungen in der SEEBALANCE-Methode

10.1 Überblick

Im Rahmen dieser Arbeit wurden verschiedene Aspekte in die SEEBALANCE-Methode integriert und angepasst:

Für die Entwicklungen der Gewichtungsfaktoren (Kapitel 9) und Relevanzfaktoren des Öko- und Humantoxizitätspotenzials (Kapitel 8) wurden keine konzeptionellen Anpassungen notwendig. Die aktuellen Gewichtungsfaktoren ersetzen einfach die alten Faktoren. Ebenso gilt das für die Relevanzfaktoren der Toxikologie. Die neuen Gesamtwerte ersetzen einfach die festgelegten Größen von zuvor. Die Integration der volkswirtschaftlichen Indikatoren wird im Folgenden erläutert und das Datenmanagement der sozioökonomischen Auswirkungen aufgeführt.

Des Weiteren wurde die Darstellung des Gesamtergebnisses geändert. Bislang wurden die drei Dimensionen in einem Würfel zusammengefasst (siehe SCHMIDT 2007:157). Nun werden die drei-Dimensionen in einem Dreieck und in einem SEE-Ranking dargestellt. Diese neue Darstellung wird bereits in Kapitel 5.2.5 gezeigt. Hintergrund für diese Änderung ist, dass es oft Schwierigkeiten mit der Interpretation der dreidimensionalen Darstellung im Würfel gab. Die von SCHMIDT (2007) in Kapitel 8.4.2.4. beschriebenen Berechnungen zur Sozio-Ökoeffizienz, nämlich der Bewertung und Gewichtung der drei Achsen, wurden innerhalb dieser Arbeit umgesetzt.

Weiterhin wurde die neue Klassifikation von Stoffen (‚global harmonized system', GHS) für die Bewertung der Humantoxizität übertragen. Da dieses Thema unabhängig von den übrigen ist, wird dieses Kapitel im Anhang B aufgeführt.

10.2 Integration der Volkswirtschaftlichen Indikatoren in die SEEBALANCE

10.2.1 Konzeptionelle Anpassung

Die volkswirtschaftlichen Indikatoren wurden der gesellschaftlichen Achse zugeordnet (Kapitel 7.3). Einige der volkswirtschaftlichen Indikatoren waren bereits auf dieser Achse enthalten wie z.B. die Anzahl der Beschäftigten oder die Höhe der ausländischen Direktinvestitionen. Diese bleiben den entsprechenden Stakeholdern zugeordnet. Alle neuen Indikatoren sind unter dem Stakeholder ‚Volkswirtschaft' zusammengefasst (siehe Abb. 28). Denkbar, wäre auch gewesen, die volkswirtschaftlichen Größen der ökonomischen Achse zuzuordnen. Dort werden aber ausschließlich die Lebenswegkosten aus Sicht des Konsumenten bilanziert. Die volkswirtschaftlichen Größen hätten dann mit einem zusätzlichen Gewichtungsschritt auf dieser Achse eingefügt werden müssen. Da aber die Bewertung aller Auswirkungen immer über die Gewichtung innerhalb einer Achse erfolgt und diese über den errechneten Gesamt-Relevanzfaktor (Kap. 5.2.5, siehe SEE-Ranking) in das Gesamtergebnis mit einfließt, ist die Zuordnung zu einer Achse für das Gesamtergebnis nicht erheblich. Daher war es am übersichtlichsten, die volkswirtschaftlichen Kriterien der sozialen Achse zuzuordnen.

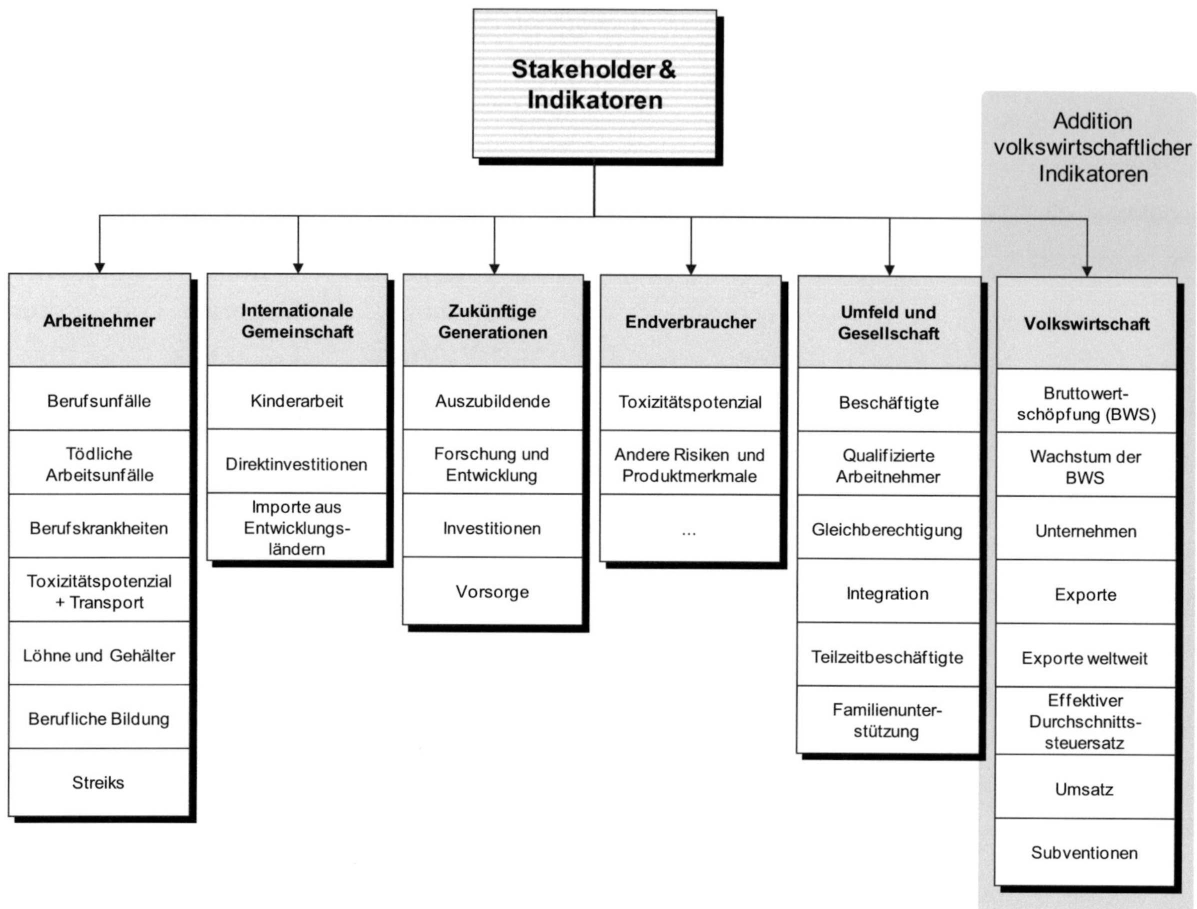

Abb. 28: Zuordnung der volkswirtschaftlichen Auswirkungen auf der Sozialen Achse der Nachhaltigkeit im Sozialprofil

10.2.2 Ergebnisaufbereitung

Die Ergebnisaufbereitung und -zusammenfassung der volkswirtschaftlichen Indikatoren erfolgt äquivalent zu der Ergebnisaufbereitung der sozialen Indikatoren (siehe Abb. 13). Für jede volkswirtschaftliche Auswirkung wird ein Einzeldiagramm erstellt. Die volkswirtschaftlichen Auswirkungen werden dann im Sozialen Fingerabdruck (siehe ursprünglicher Fingerabdruck in **Abb. 14**) integriert. Dieser hat nun nicht wie zuvor fünf Stakeholder, sondern sechs Betroffenengruppen (siehe Abb. 29).

Für das SEE-Ranking werden die volkswirtschaftlichen Größen in die soziale Achse integriert.

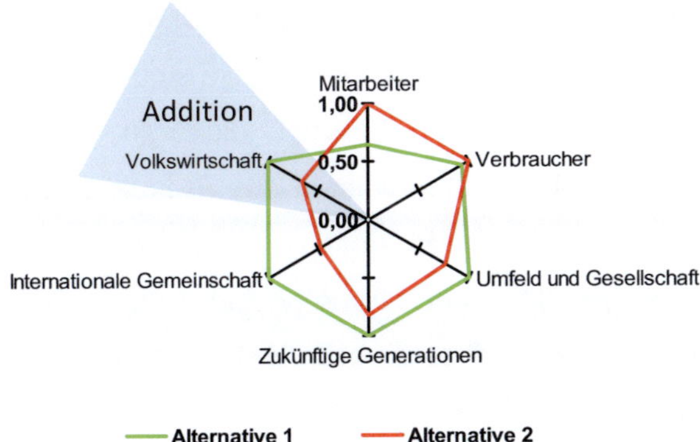

Abb. 29: Einordnung des Stakeholders im Sozialen Fingerabdruck

Das detaillierte Vorgehen kann der Ergebnisaufbereitung im Kapitel 8 von SCHMIDT (200 nbo7) entnommen werden.

10.3 Datenmanagement: Integration sozialer und volkswirtschaftlicher Größen über den Lebensweg

Mit den Neuerungen der volkswirtschaftlichen Indikatoren muss eine noch größere Datenmenge je Lebenswegsabschnitt gehandhabt werden. Diese sollen zudem über den gesamten Lebensweg bilanziert werden können (siehe Kapitel 9.2.8 SCHMIDT 2007).

Ausgangslage für das bisherige Datenmanagement war eine excel-basierte Datei (siehe Kapitel 7.4.3 SCHMIDT 2007), in dieser werden die sozialen Indikatoren mit den entsprechenden Werten gelistet. Die Datenbank gilt für ein definiertes Land und ein Jahr. Aus dieser mussten die Sozialprofile manuell in die Ökobilanz-Software Boustead (Ökobilanz-Datenbank) übertragen werden. Dieser Vorgang benötigt sehr viel Zeit und ist sehr fehleranfällig.

Für ein neues Datenmanagementsystem ergaben sich verschiedene Anforderungen:

- Die Datenbank muss um verschiedene Dimensionen einfach erweiterbar sein, wie:
  - Länder oder Unternehmen
  - Wirtschaftszweige (NACE Codes)
  - Jahre
  - Indikatoren
- Verschiedene Statistiken (z.B. Beschäftigtenzahlen und entsprechende Produktionsmenge, siehe Abb. 12) müssen über bestimmte Kriterien wie Jahr, Land, NACE Code etc. automatisch mit einander kombinierbar sein
- Datensätze müssen automatisch nach Boustead (Ökobilanz-Datenbank) transferierbar sein

Das komplette Datenmanagementsystem und die Verknüpfungen zwischen den Statistiken, der Sozial-Datenbank und Boustead soll wie in Abb. 30 aussehen:

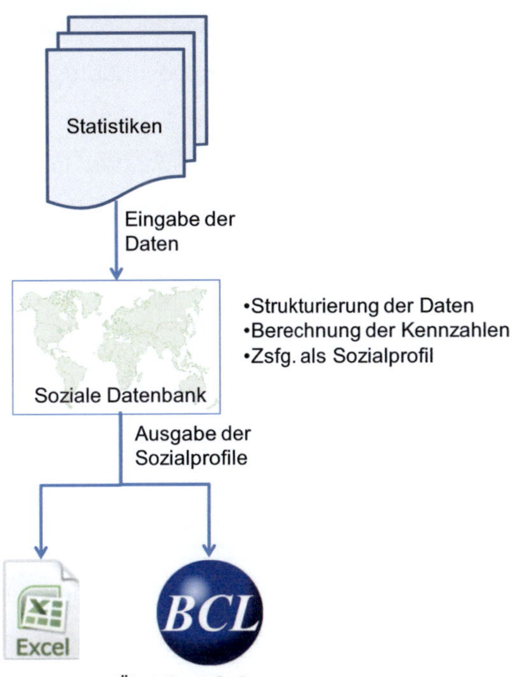

Abb. 30: Datenbanksystem: Verlinkung der Statistik mit der Ökobilanz-Datenbank

10.3.1 Lebenswegbasierte Berechnung der Auswirkungen

Bislang wurden bei der sozialen Bilanzierung immer der letzte Prozessschritt (NACE 25) und einige wichtige Vorketten (NACE 10,11) berücksichtigt, aber nicht alle Vorketten. Tab. 42 zeigt das Vorgehen von Schmidt:

Tab. 42: Soziale Bilanzierung Status Quo

Ökobilanz			Sozialbilanz
1 kg Polypropylen			1 kg NACE 25 (Herstellung von Gummi- und Kunststoffwaren)
Materialbedarf zur Herstellung			
Kohle	0,06	kg/kg	0,06 kg NACE 10 (Kohle und Torf)
Öl	1,27	kg/kg	1,27 kg NACE 11 (Erdöl und Erdgas und dazugehörige Dienstleistungen)
Erdgas	0,40	kg/kg	0,4 kg NACE 11 (Erdöl und Erdgas und dazugehörige Dienstleistungen)

Bei einem Produkt wie Polyproylen hat diese Vereinfachung wahrscheinlich keine gravierende Auswirkung auf das Gesamt-Sozialprofil, da bei diesem Produkt nicht besonders viele Zwischenschritte vorhanden sind. Bei Produkten mit deutlich mehr Schritten in der Wertschöpfungskette, wie beispielsweise Kleidung oder Lebensmittel, wird der Fehler vermutlich höher sein. Aus diesem Grund wurde innerhalb dieser Dissertation nach einer Lösung gesucht, wie eine lebenswegorientierte Bilanzierung sozioökonomischer Aspekte in die bestehenden Datenbanken der BASF SE integriert werden können:

Die Ökoeffizienz-Gruppe der BASF SE arbeitet mit der Datenbank Boustead (Version 5). Hierin befinden sich alle selbsterstellten Ökoprofile der BASF SE. Die meisten Ökoprofile sind modular aufgebaut. Abb. 31 zeigt dies an einem Beispiel. Produkt X besteht aus Produkt A und B plus Energie. Produkt A besteht wiederum aus Produkt C und D und so fort. In der Regel ist also jedes Produkt oder Zwischenprodukt in dieser Datenbank aufgeführt.

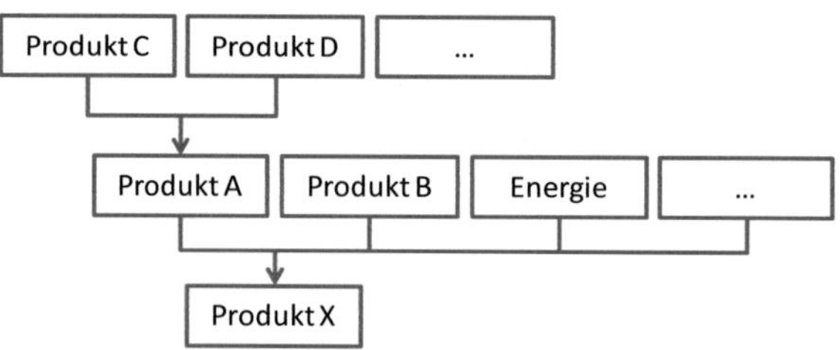

Abb. 31: Aufbau der Datenbank Boustead

Daher wurde für eine lebenswegbilanzierte Berechnung der sozioökonomischen Auswirkungen jedem Produkt und Zwischenprodukt ein NACE Code zugeordnet, in dem wiederum alle sozialen und volkswirtschaftlichen Auswirkungen hinterlegt sind (siehe Abb. 32). Die NACE Codes sind ebenfalls in der Boustead Datenbank enthalten und so entsteht eine direkte Verknüpfung zwischen Öko- und Sozialprofilen (siehe Abb. 33). Durch den modularen Aufbau werden nun die Auswirkungen über den Lebensweg bilanziert, sofern alle Schritte in der Datenbank abgebildet sind.

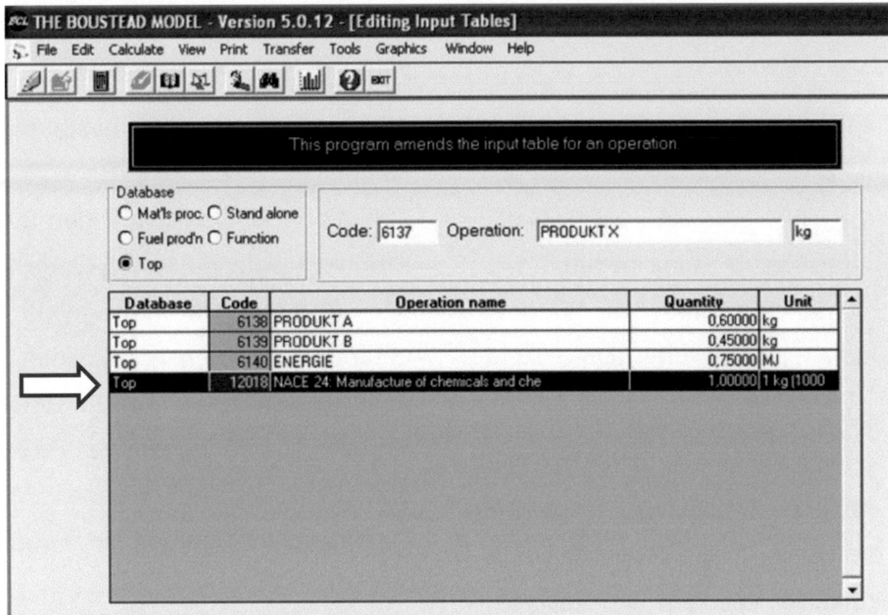

Abb. 32: Schema eines Ökoprofils mit addiertem Sozialprofil

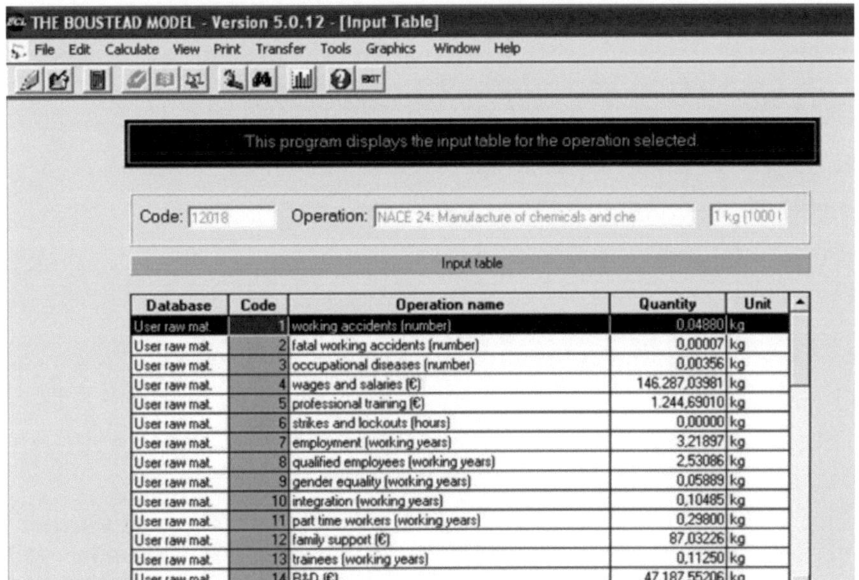

Abb. 33: Auszug eines Sozialprofils in Boustead (NACE 24, 2006)

Für ca. 10.000 existierende Ökoprofile wurden Sozialprofile addiert. Bei neuerstellten Profilen werden seitdem kontinuierlich die entsprechenden NACE-Codes addiert.

Einige Ökoprofile sind nicht modular in Boustead eingetragen. Diese wurden aus anderen Veröffentlichungen übertragen und meist sind die errechneten ökologischen Wirkkategorien aufgeführt. Diese Profile geben keine direkte Auskunft über alle Lebenswegschritte. Für diese Profile wurde der Lebensweg recherchiert und entsprechende Annahmen für die NACE-Codes getroffen.

10.3.2 Sozialdatenbank

Die Anforderungen, die zu Beginn des Kapitel 10.3 an eine Sozialdatenbank genannt wurden, lassen sich nur schwer mit einer Excel-basierten Datenbank lösen. Es wurde hierzu mit Hilfe der Firma Computa-Center eine Accessbasierte Datenbank aufgebaut. Abb. 34 zeigt die Oberfläche der Datenbank.

Bei der Datenbank gibt es verschiedene Eingabe- (Input) und Ausgabeseiten (Output). Des Weiteren gibt es die Möglichkeit, verschiedene Basisdaten einzugeben, wie Länder oder Unternehmen, NACE Codes, weitere Indikatoren, Einheiten, Jahre und Quellen.

Tab. 43 zeigt die verschiedenen Möglichkeiten, Daten in die Datenbank einzugeben. In der Regel liegen die Daten in den Statistiken aufgeteilt nach Produktionsmengen und Indikatorenwerte für die Wirtschaftszweige vor. In Ausnahmefällen, beispielsweise für sehr spezielle NACE Codes oder für Sozialprofile eines Unternehmens, können die Sozialprofile auch komplett eingegeben werden.

Abb. 35 zeigt die Eingabeseite für ein komplettes Sozialprofil. Es können im oberen Teil zunächst die allgemeinen Daten wie Jahr, Produktionsmenge, NACE-Code, Datenherkunft und Kommentare eingegeben werden. Im unteren Tabellenteil können dann alle Indikatoren mit ihren Absolutwerten eingetragen werden. Aus der gegebenen Produktionsmenge und den Indikatorenwerten errechnet die Datenbank automatisch ein Verhältnis (ratio).

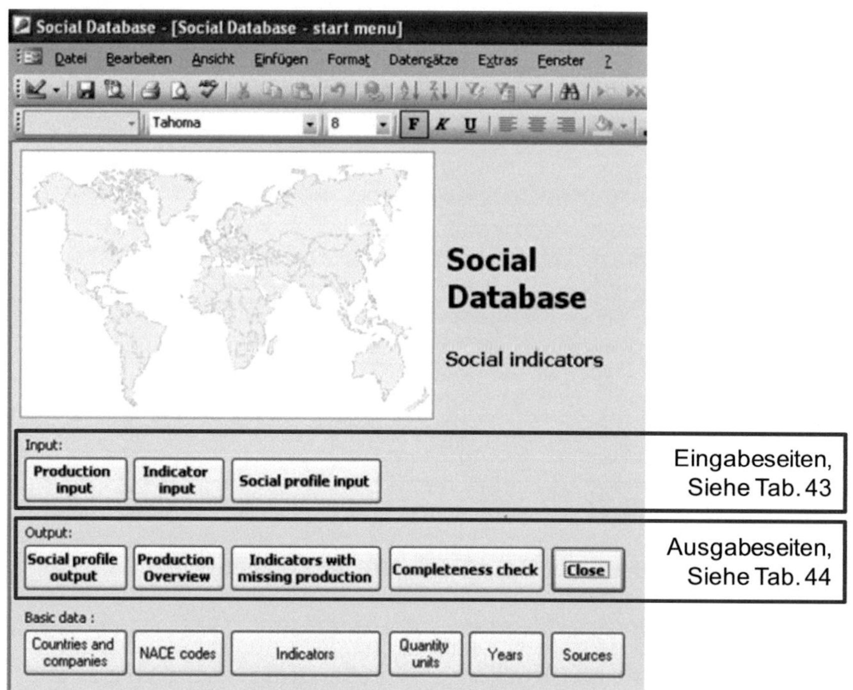

Abb. 34: Oberfläche der Sozialdatenbank

Tab. 43: Beschreibung der verschiedenen Eingabeseiten

EINAGBE	‚Production Input‚ Production input	Eingabe der Produktionsmenge für ein definiertes Land, Jahr und NACE Code, z.B. $1{,}4x10^5$ 1000t des Produkts aus NACE 24 im Jahr 2006 in Deutschland
	‚Indicator Input‚	Eingabe der Indikatorenwerten, z.B. 4.600 Mio € BWS des Produkts aus NACE

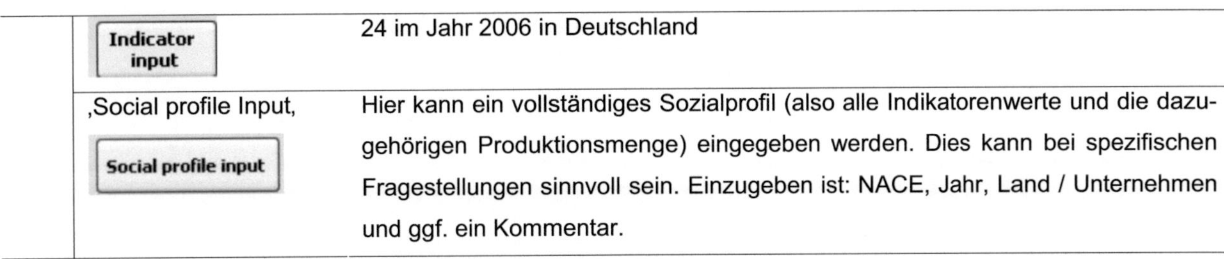

	Indicator input	24 im Jahr 2006 in Deutschland
	‚Social profile Input‚ Social profile input	Hier kann ein vollständiges Sozialprofil (also alle Indikatorenwerte und die dazugehörigen Produktionsmenge) eingegeben werden. Dies kann bei spezifischen Fragestellungen sinnvoll sein. Einzugeben ist: NACE, Jahr, Land / Unternehmen und ggf. ein Kommentar.

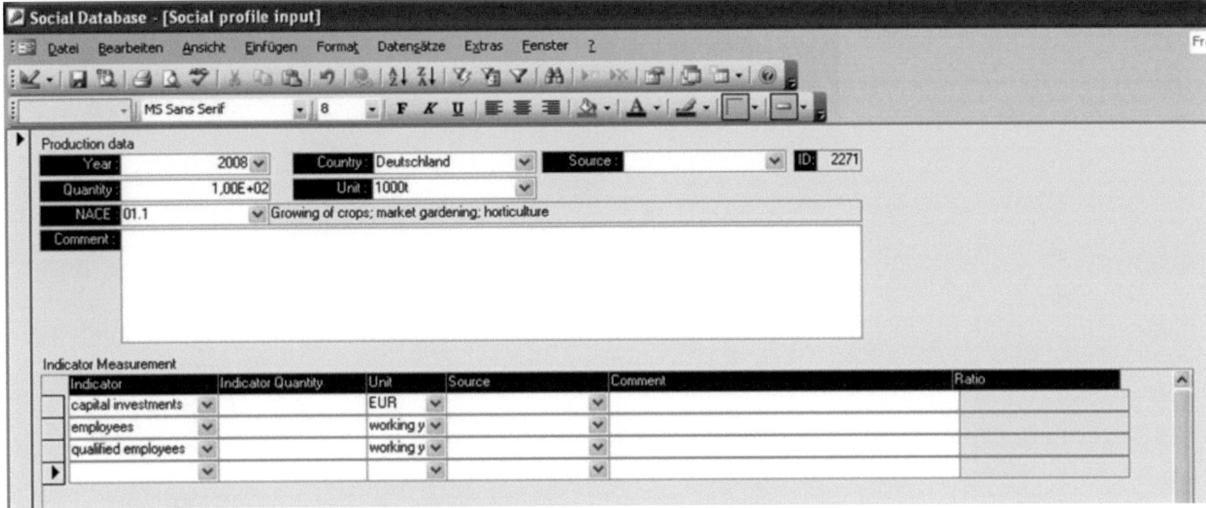

Abb. 35: Eingabe Seite: ‚Social profile input'

Tab. 44 beschreibt die verschiedenen Ausgabeseiten. Es gibt sowohl die Möglichkeit die Datensätze als XLS-Datei oder in die Ökobilanz-Datenbank (Boustead) zu übertragen. Darüber hinaus gibt es verschiedene Möglichkeiten eine Übersicht über die Datenmenge zu behalten, beispielsweise mit verschiedenen Suchoptionen.

Tab. 44: Beschreibung der verschiedenen Ausgabeseiten

Ausgabe	‚Social Profile Output' Social profile output	Hier kann ein Sozialprofil ausgegeben werden. Hierzu muss man das gewünschte Jahr, Land und NACE Code auswählen und auf „suchen" klicken. Mit der Auswahl wird eine Meldung ausgegeben, wie viele der Indikatoren bereits vorhanden sind bzw. fehlen. Gegebenenfalls müssen dann weitere Daten recherchiert und eingetragen werden. Das ausgewählte Sozialprofil kann dann entweder als XLS Datei exportiert werden oder direkt in die Ökobilanz-Datenbank (Boustead) transferiert werden.
	‚Production overview' Production Overview	Das Arbeitsblatt führt alle Daten der Datenbank auf. Über einen Filter kann nach verschiedenen Daten gesucht werden.
	‚Indicators with missing production'	Dieses Arbeitsblatt zeigt eine vordefinierte Auswahl der "Production overview". Hier werden nur die Indikatoren aufgeführt, für die keine

	[Indicators with missing production]	entsprechende Produktionsmenge vorliegt und so keine Kennzahl für ein Sozialprofil gebildet werden kann.
	‚Completeness Check' [Completeness check]	Dieses Arbeitsblatt kann dabei helfen, strukturiert nach vorhandenen Daten bzw. Datenlücken zu suchen. Hierfür muss im Arbeitsblatt der gesuchte NACE Code, Jahr und Land definiert werden. In den ‚basic data' wiederum muss zuvor festgelegt werden, welche Indikatoren für ein vollständiges Sozialprofil benötigt werden (Soll-Abgleich). Ausgegeben werden dann alle Indikatoren mit dem entsprechenden Wert bzw. wenn keiner vorhanden ist ohne Wert. Dies gibt einen guten Überblick, welche Daten für ein definiertes Sozialprofil noch fehlen.

10.3.3 Ausblick

Mit der Erstellung der Datenbank und der Addition der Sozialprofile in den Ökoprofilen in Boustead kann die Datenmenge zeiteffizienter und strukturierter gehandhabt werden.

Ein weiterhin bestehendes Problem ist, dass die Daten in der Sozialdatenbank für verschiedene Länder eingetragen werden können, es aber in Boustead nicht die Möglichkeit gibt, die Verflechtungen verschiedener Länder zu handhaben. Beispielsweise ist es derzeit nicht (mehr) möglich die Vorketten eines Landes gegen ein anderes automatisch auszutauschen. Dies ist insbesondere ein Problem für die soziale Bilanzierung von unterschiedlich weit entwickelten Ländern, wo von großen Unterschieden ausgegangen werden kann.

Weiterhin wäre es eine große Arbeitserleichterung, wenn wie in Abb. 30 gezeigt, die Verknüpfung zwischen den Statistiken und der Sozialdatenbank automatisiert ablaufen könnte. Durch den händischen Übertrag der Statistiken (z.B. zu Produktionsmengen, Beschäftigtenzahlen oder Bruttowertschöpfung) in die Sozialdatenbank können sich zum einen Fehler einschleichen, zudem ist er äußerst zeitintensiv. Hier wäre eine Verbindung (Schnittstelle) beispielsweise von Excel mit einem vordefinierten Format zu Access sehr hilfreich.

11 Fallstudie: Sozioökonomische Analyse unter REACh

11.1 Wahl der Fallstudie

Im Rahmen der Weiterentwicklung wurden drei Fallstudien zur Erprobung der SEEBALANCE-Methode als SEA erstellt. Das erste Fallbeispiel wurde 2007 von SEIBERT im Rahmen einer Diplomarbeit angefertigt. 2009 wurden zwei Fallbeispiele im Rahmen dieser Dissertation für dieselbe SVHC-Substanz, jedoch für zwei verschiedene Anwendungen durchgeführt.

Bei der ersten Fallstudie wurde die generelle Eignung der SEEBALANCE überprüft (siehe Kapitel 6 von SEIBERT 2007). Bei den beiden nachfolgenden Fallstudien war es wichtig, reale Fallbeispiele mit einer SVHC-Substanz zu definieren. Dabei sollten die konkreten Probleme, die insbesondere während der Definition der Nutzeneinheit und der Definition der Alternativen entstehen, identifiziert und die Weiterentwicklungen erprobt werden.

Um eine solche Studie zu akquirieren, wurden systematisch einzelne Produzenten, Verarbeiter, etc. angesprochen. Dabei wurde geklärt, ob zu diesem Zeitpunkt bereits jemand interessiert ist, eine SEA erstellen zu lassen. Eine Untergruppe der CEFIC gab daraufhin eine Fallstudie zu einer SVHC-Substanz in Auftrag (siehe Kapitel 1.5.2).

Das Fallbeispiel darf zu diesem Zeitpunkt nicht veröffentlicht werden und wird daher im Folgenden anonymisiert dargestellt. Hierfür ist es notwendig, nicht nur den SVHC-Stoff selbst nicht zu nennen, sondern auch das Material in dem er verwendet wird. Mit der Kenntnis, dass es sich um einen SVHC-Stoff handelt und dem Anwendungsgebiet, könnten unmittelbar Rückschlüsse auf den SVHC-Stoff gezogen werden. Ebenso werden aussagekräftige Quellen nicht aufgeführt. Daher werden im Folgenden der Stoff selbst und alle Materialien verallgemeinert. Alle projektbezogenen Informationen und Fakten sind aber im Projektbericht dokumentiert, der für den Auftraggeber CEFIC erstellt wurde (siehe SALING et al. 2010). Dem betreuenden Professor und dem Zweitkorrektor wurde zur Bewertung der Dissertation das nicht anonymisierte Fallbeispiel vorgelegt. Hintergrund für dieses Vorgehen ist, dass die CEFIC den Bericht nach eingehender Prüfung der SEAC vorlegen möchte. Eine vorzeitige wissenschaftliche Veröffentlichung ist daher nicht erwünscht.

In den nachfolgenden Kapiteln werden die wesentlichen Ergebnisse der zweiten Fallstudie für eine ausgewählte Anwendung vorgestellt. In den kommenden Kapiteln werden nicht alle Ergebnisse aufgeführt. In dieser Ausführung wurde Wert darauf gelegt, die methodischen Neuerungen (siehe Kapitel 7, 8 und 9) der Dissertation darzustellen und zu diskutieren. Um ein ganzheitliches Bild der Fallstude vorzustellen, werden auch die Gesamtergebnisse aufgeführt. Die Strukturierung ist angelehnt an das Format für sozioökonomische Analysen der technischen Leitlinie.

11.2 Festlegung des Ziels und des Untersuchungsrahmens der SEA

11.2.1 Ziel und vorgesehene Verwendung der Studie

Im Kontext von REACh soll eine SEA die relevanten positiven und negativen Auswirkungen, die von der Verwendung bzw. deren Verbot ausgehen, bewerten (Kapitel 3). Im vorliegenden Fall wird die Verwendung von dem betrachteten SVHC-Stoff gegenüber einem möglichen Verbot auf dem europäischen Markt untersucht. Es sollen sowohl gesellschaftliche, ökonomische und volkswirtschaftliche Auswirkungen bei der Produktion als auch ökologische und gesundheitliche Risiken während der Verwendung und Entsorgung betrachtet werden. Ziel ist es, die sozioökonomischen Vorteile gegen die Risiken abzuwägen und zu prüfen, ob die Vorteile der Weiterverwendung von der SVHC-Substanz zu rechtfertigen sind oder ob bestehende Alternativen vorteilhafter sind. Der Auftraggeber möchte mit den Ergebnissen der Studie die Zulassung für den Stoff in der EU erreichen (vgl. Art. 62, 5a, Anhang XVI REACH-VO 2006). Die SEA kann dazu verwendet werden, den Zulassungsschritt in der betreffenden Anwendung zu unterstützen (vgl. Abb. 04).

Das Ziel der Dissertation unterscheidet sich von den zuvor genannten Zielen des Auftraggebers. Zweck ist es, zu erproben, wie eine SEEBALANCE als SEA unter REACh funktioniert und wie die Entwicklungen der volkswirtschaftlichen Indikatoren (vgl. Kapitel 7), der Toxizitätsrelevanz (vgl. Kapitel 8.3) und der Gewichtung (vgl. Kapitel 9) sich in die SEEBALANCE einfügen. Darüber hinaus soll geprüft werden, ob klare Argumente für diesen Entscheidungsprozess geliefert werden können. In diesem frühen Stadium dient das Fallbeispiel dazu, weitere Verbesserungspotenziale für die SEEBALANCE unter REACh zu identifizieren.

Die beiden Ziele, Verwendung der SEEBALANCE unter REACh als SEA und die praktische Erprobung des Instruments mit ihren Neuerungen sind als gleichwertig zu betrachten. Die beiden Ziele widersprechen sich nicht. Schwächen und Aspekte, die nicht so belastbar erscheinen, werden transparent im Bericht erläutert und in Szenarien weitergehender untersucht (vgl. SALING et al. 2010).

11.2.2 Definition der Nutzeneinheit

Da der Stoff hauptsächlich für ein Material in einer bestimmten Anwendung eingesetzt wird, wurde diese Anwendung für die Fallstudie ausgewählt. Die funktionelle Einheit dieser Studie wurde nach den Regeln der DIN ISO 14040 & 44 definiert.

Während dieses Projektes wurden auch andere, teils weiter und auch enger gefasste, Nutzeneinheiten diskutiert und angewendet (siehe Kapitel 11.2.3.2). Hier wird dem ‚Wechselspiel' zwischen Definition der Nutzeneinheit und der Definition der Alternativen nachgegangen. Eine mögliche Antwort auf das Basisszenario wäre nämlich, dass beispielsweise das Material einfach gar nicht mehr eingesetzt wird. Dafür muss aber die Nutzeneinheit weiter gefasst werden. Daneben gibt es auch die Möglichkeit, dass die funktionelle Einheit sich allein auf die Substanz bezieht. Da es aber kein alternatives Substitut gibt, konnte die Nutzeneinheit wegen der fehlenden Alternativen nicht so eng definiert werden.

11.2.3 Betrachtete Alternativen

11.2.3.1 Basisszenario

Als Basisszenario wurde Material A definiert. Diese Alternative beinhaltet die in Fragestehende SVHC-Substanz und stellt ein wichtiges Anwendungsgebiet dar.

11.2.3.2 Antwortszenario

Um das Antwortszenario zu definieren, sollen die Fragen ‚Wie wird die Wertschöpfungskette auf die Zulassung oder ein Verbot reagieren?' ‚Was ist die Auswirkung auf die Gesellschaft?' beantwortet werden. Es gibt verschiedene mögliche Reaktionen auf ein Anwendungsverbot (vgl. auch EChA 2008a:54):

1. Zukünftige Verwendung einer alternativen Substanz in Material A
2. Material A ohne SVHC-Stoff mit Verlust an Funktionalität in der Anwendung
3. Material A wird nicht mehr angewendet
4. Alternativen zu Material A

Die erste Option wird derzeit von Produzenten geprüft und die Untersuchungen werden für die EChA dokumentiert. Darin wird berichtet, dass einige Stoffe derzeit ein Bewertungsverfahren bezüglich gesundheitlicher Gesichtspunkte, Sicherheitsaspekte und Umweltauswirkungen durchlaufen. Bis alternative Substanzen eventuell registriert und überprüft wurden, d.h. den Gesamtprozess durchlaufen haben, wird es noch einige Jahre dauern. Darüber hinaus wird auch die Umstellung der Industrie einige Zeit in Anspruch nehmen. Diese beiden Umstände zusammen, so erwartet die Industrie, würde die Einführung alternativer Stoffe bis mindestens 2012 verzögern (SALING et al. 2010). Das heißt, dass zurzeit keine alternative Substanz vorliegt, die die gleiche Funktionalität und Sicherheitsstandards wie der verwendete SVHC-Stoff hat. Es gibt also keine technisch mögliche und ökonomisch sinnvolle Alternative zu dem Produkt in der Autorisierung.

Das zweite genannte Antwortszenario, kein SVHC-Stoff zu verwenden, verstößt gegen das bestehende Recht. Daher ist es nicht realistisch und wurde nicht betrachtet. Nichtsdestotrotz sollte in weitergehenden Diskussionen geprüft werden, ob die Regulierungen nicht auch anders erfüllt werden könnten.

Die dritte Option, Material A nicht mehr zu verwenden, führt dazu, die funktionelle Einheit umzudefinieren. In diesem Falle hätte es deutliche negative Auswirkungen auf die Umwelt. Dies ist sicherlich nicht im Sinne der Gesellschaft und widerspricht den Zielen der EU.

Wenn das Material A nicht mehr eingesetzt werden kann, gibt es dennoch die Möglichkeit andere Materialien mit ähnlichen Eigenschaften einzusetzen. Dies ist die vierte Alternative die einführend genannt wurde. Diese Möglichkeit wird auch im Dossier nach Annex XV für den SVHC-Stoff aufgeführt. Es gibt viele Materialien, welche als Antwortszenario in Frage kommen und auch in der definierten Anwendung benützt werden. Aufgrund dieser Vielzahl an Materialien wurde eines mit relevantem Marktanteil, für diese Fallstudie, Material B, ausgewählt. Die Marktanteile der anderen Materialien in dieser Anwendung sind relativ gering.

11.2.4 Systemgrenzen

Die vorliegende Studie folgt dem Ansatz der Lebenszyklusbewertung. Dabei berücksichtigt die Analyse sowohl Produktion und damit unter anderem die Extraktion von Rohmaterien und die Herstellung von Produkten, die Verwendung von den entsprechenden Materialien und sie endet mit der Entsorgung und Recycling der Materialien. Eine Übersicht der betrachteten Lebenswegabschnitte zeigt Abb. 36. Bei beiden Alternativen wurden in der Fallstudie immer nur die Lebenswegabschnitte betrachtet, die unterschiedlich sind.

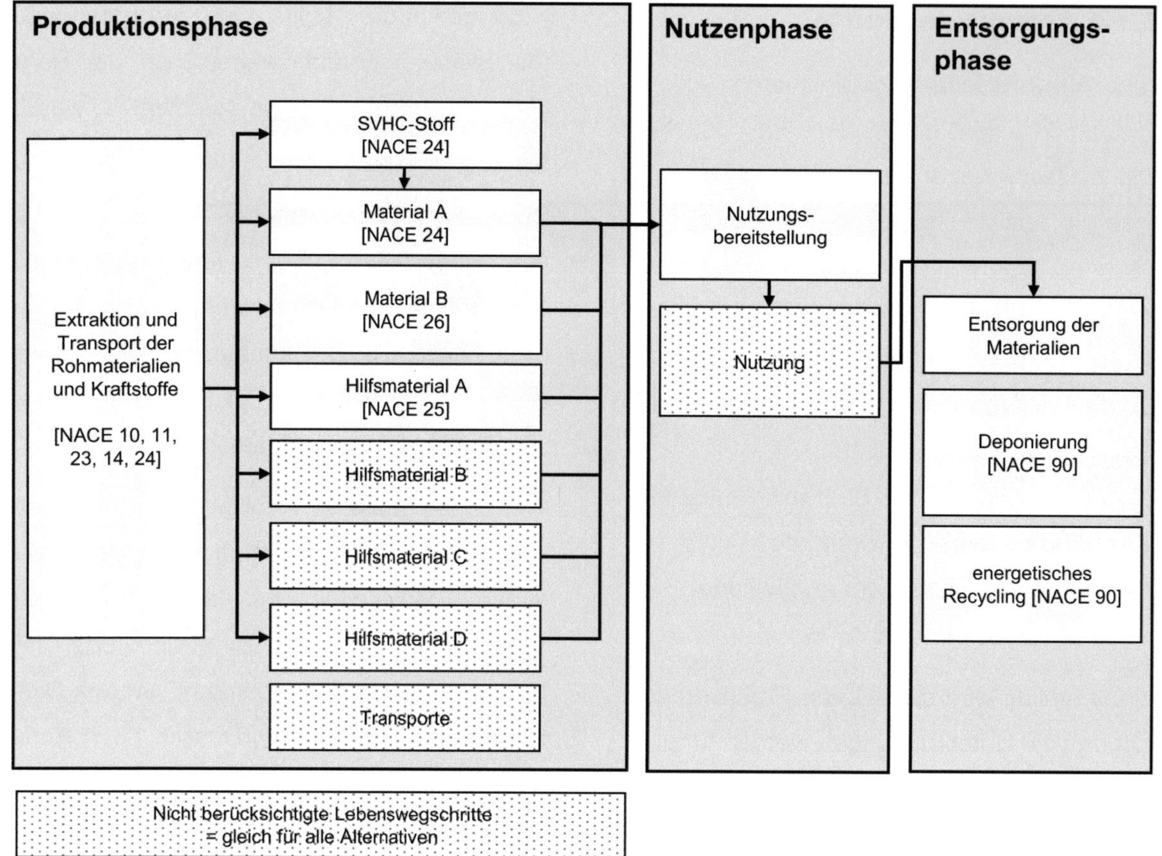

Abb. 36: Systemgrenzen bei Anwendung

Darüber hinaus wurden, wenn möglich und sinnvoll, bei gleichen Materialien, die in unterschiedlichen Mengen vorliegen, nur die Differenzen der Materialien in den jeweiligen Lebenswegschritten berücksichtigt. Beispielsweise wird in der Bereitstellungsphase der Materialien nur die Differenz zwischen den Bereitstellungszeiten betrachtet und nicht die gesamte (absolute) Zeit. Ziel ist es, die Unterschiede aufzuzeigen, da die Ergebnisse einer SEEBALANCE immer nur in Relation zu einander zu betrachten sind. Hintergrund ist, dass in einer Analyse manchmal Größen auftauchen, die einen übermäßig großen Einfluss auf die Endergebnisse haben. Dies kann zu Verzerrungen bzw. einseitig stark beeinflussten Endergebnisse führen. Aus diesem Grund erscheint es sinnvoller, nur die Unterschiede und nicht die absoluten Größen zu bilanzieren (SALING et al. 2010)

11.3 Eingangsdaten

11.3.1 Technische Eingangsdaten

Eine detaillierte Übersicht über die verwendeten Daten kann hier leider nicht erfolgen (siehe Tab. 45), da damit unmittelbar auf den SVHC-Stoff rückgeschlossen werden kann. Es wird lediglich der wichtige Aspekt der Nutzungsbereitstellung aufgeführt:

Beide Materialien benötigen Hilfsmittel zur Nutzungsbereitstellung. Es wird dieselbe Menge an Hilfsmaterial A verbraucht. Für Material A werden aufgrund der Stabilität des Materials weniger von Hilfsstoff B notwendig. Daraus resultieren unter anderem auch unterschiedliche Bereitsstellungszeiten der Materialien zur Nutzung.

Tab. 45: Dateneingang

	Basisszenario mit Material A	Antwortszenario Material B	Anwendung ohne Material A	Einheit
Menge des notwendigen Materials	1,575	9,45	-	kg/Einheit
Menge an SVHC	0,7%	-	-	%
Hilfsstoff B	Ø 5	50	0	Stück/ 10xEinheit

11.3.2 Ökonomische Eingangsdaten

Innerhalb der ökonomischen Bewertung werden sämtliche real anfallende Kosten bzw. die Kosten, mit denen in der Zukunft zu rechnen ist, bewertet (siehe Kapitel 5.2.4.1).

11.3.3 Übersicht Datenherkunft

11.3.3.1 Ökologische Basisdaten

Eine Übersicht über die verwendeten Ökoprofile in der Studie kann hier leider nicht erfolgen, da damit unmittelbar auf den SVHC-Stoff rückgeschlossen werden kann. Die Ökoprofile werden mit den entsprechenden Eingangsmengen verknüpft. So erhalten die Ökoprofile einen direkten Bezug zur funktionellen Einheit.

11.3.3.2 Sozioökonomische Basisdaten

Das sozioökonomische Profil (Gegenstück zu Ökoprofil, im Folgenden auch Sozialprofil genannt) setzt sich zusammen aus den gesellschaftlichen Kriterien, die bereits von SCHMIDT (2007) in die SEEBALANCE implementiert wurden, und den neu entwickelten volkswirtschaftlichen Größen. Die Quellen zu den gesellschaftlichen Indikatoren sind ausführlich bei SCHMIDT 2007:125ff beschrieben. Die Quellen für die volkswirtschaftlichen Auswirkungen sind in Kapitel 7.4 aufgeführt. Beispielhaft werden in einem beliebigen chemischen Sektor aufgezeigt (siehe Tab. 46).

Tab. 46: NACE 24.15 (Kunststoffe in Primärform), Deutschland 2006

Indikator	Menge	Einheit	Quelle
Produktionsmasse	17.462,4	1000t	Eurostat (2008)
Streiks und Aussperrungen	0	Stunden	
Umsatz	15538,62	Mio EUR	DESTATIS (2008d)
Bruttowertschöpfung	9726354000	EUR	DESTATIS (2008a)
Exporte	18948956000	EUR	DESTATIS (2008h)
Löhne und Gehälter	4164243000	EUR	DESTATIS (2006)
Beschäftigte	77140	Beschäftigtenjahre	DESTATIS (2008g) & Statistik der Bundesagentur für Arbeit (2006b)
Vorsorgeeinrichtungen	1399321000	EUR	DESTATIS (2006, 2007a)
Investitionen	1685969000	EUR	DESTATIS (2008g)
Teilzeitbeschäftigte	5943	Beschäftigtenjahre	DESTATIS (2008a)
Anteil der Exporte weltweit	0,11917	%	UN Comtrade (2009)
Wachstum der BWS (2 Jahre zurück)	20,7	%	DESTATIS (2008j)

Indikator	Menge	Einheit	Quelle
weibliche Führungskräfte	1411	Beschäftigtenjahre	DESTATIS (2008i) & Beschäftigte
Subventionen	16599122	EUR	DESTATIS (2008f/d)
Forschung & Entwicklung	393456359	EUR	Stifterverband für die deutsche Wissenschaft (2008) & DESTATIS (2008a/d)
qualifizierte Mitarbeiter	61728	Beschäftigtenjahre	Statistik der Bundesagentur für Arbeit (2008) & Beschäftigte
Familienunterstützung	2477482	EUR	DESTATIS (2004d) & Löhne und Gehälter
Zahl der Auszubildenden	2987	Beschäftigtenjahre	Statistik der Bundesagentur für Arbeit (2006a) & Beschäftigte
Integration behinderter Menschen	2995	Beschäftigtenjahre	Statistik der Bundesagentur für Arbeit (2006a) & Beschäftigte
effektiver durchschnittlicher Steuersatz	326311051	EUR	Deutsche Bundesbank Eurosystem (2009) & DESTATIS (2008d)
tödliche Arbeitsunfälle	1,72	Anzahl	Bundesministerium für Arbeit und Soziales (2006) & Beschäftigte
Arbeitsunfälle	1169	Anzahl	Bundesministerium für Arbeit und Soziales (2006) & Beschäftigte
Berufskrankheiten	85	Anzahl	Bundesministerium für Arbeit und Soziales (2006) & Beschäftigte
Unternehmen	328	Anzahl	DESTATIS (2008d)

11.3.4 Unsicherheiten und Grenzen der Analyse

In der Analyse wurden verschiedene Einschränkungen hingenommen:

- Einschränkungen des räumlichen Untersuchungsrahmens: Die Sozialbilanz beruht auf einer Wirtschaftszweiganalyse, der deutsche Statistiken zu Grunde liegen, obwohl verschiedene Vorketten, wie beispielweise die Ölförderung nicht in Deutschland lokalisiert sind. Ebenso gelten die meisten Ökoprofile für den Bezugsraum Deutschland.
- Einschränkung des Untersuchungszeitraums: Die sozioökonomischen Daten beruhen größtenteils auf Statistiken aus dem Jahr 2006. Sie sind also retrospektiv.
- Einschränkungen der Untersuchungskriterien: Die Einschränkungen hinsichtlich der Untersuchungskriterien wurden bereits in Kapitel 7 erörtert

Bei der Interpretation der volkswirtschaftlichen Bewertungsergebnisse ist generell zu beachten, dass noch wenig Erfahrung in der Anwendung in diesem Bereich vorliegt. Wegen der beschriebenen Einschränkungen sowie Unsicherheiten hinsichtlich der Datenqualität ergibt sich insgesamt eine eingeschränkte Belastbarkeit der Bewertungsergebnisse. Für den hier verfolgten Zweck der Erprobung des Verfahrens sind diese jedoch hinnehmbar. Insbesondere, da diese häufig mit den Ergebnissen aus dem sozialen Teil korrelieren und dadurch teilweise validiert werden.

Es wird empfohlen, weitere Fallstudien durchzuführen. Dadurch wird schrittweise die Datenqualität erhöht und mehr Erfahrung gesammelt.

11.4 Verwendete Methode und Kriterien

Die in diesem Fallbeispiel angewandten Untersuchungskriterien und Methoden zur Bilanzierung und Bewertung entsprechen dem in dieser Arbeit beschriebenen Verfahren der SEEBALANCE der BASF (vgl. Kap 5) und den Erweiterungen dieser Dissertation (vgl. Kapitel 7, 8 und 9). Die Auswahl der Kriterien erfolgt in diesem Fall mit der Auswahl der Methode, da die SEEBALANCE ein festes Set an Indikatoren beinhaltet. Es erfolgt nicht wie in der Leitlinie für SEAs vorgeschlagen, eine Auswahl der Kriterien je nach Studie. Diese Auswahl ist bereits integrativer Bestandteil der Methode (vgl. Kapitel 5.2.5). Die Bewertung der ökonomischen Auswirkungen, der ökologischen Auswirkungen (10 Indikatoren), der Gesundheit (4 Indikatoren), der gesellschaftlichen Auswirkungen (16 Indikatoren) und den volkswirtschaftlichen Auswirkungen (8 Indikatoren) erfolgt getrennt für alle 38 Kriterien. Mit der BASF-Methode erfolgt abschließend eine Zusammenfassung aller Kriterien zu einem Ergebnis.

11.5 Vergleich der Alternativen

11.5.1 Ökonomische Auswirkungen

Abb. 37 zeigt die Unterschiede der Kosten über den Lebensweg der beiden Alternativen. Die Kosten sind berechnet als Investition für die ausgewählte Anwendung und die entstehenden Zinsen mit einer dreijährigen Amortisation und einem Zinssatz von 7%. Die Investitionen für das Basisszenario mit Material A sind geringer als für das Antwortszenario mit Material B.

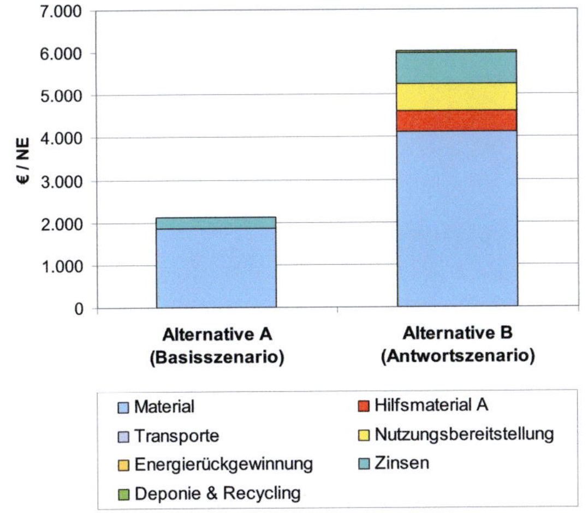

Abb. 37: Ökonomische Auswirkungen

Die Hauptunterschiede resultieren aus:

- Geringeren Materialkosten des Material A's im Vergleich zu Material B.
- Kürzerer Nutzungsbereitstellungszeit der Materialien beim Basisszenario

Die Kosten der Nutzungsbereitstellung können nach angefragten Unternehmen regional stark variieren. Daher wurden in dieser Studie unterschiedliche Variationen berechnet und der Einfluss auf das Endergebnis überprüft (vgl. SALING et al. 2010).

Die Darstellung zeigt die derzeitigen Kosten. Sich ändernde Materialkosten bei einem möglicherweise eintretenden Verbot von Material A sind hier nicht berücksichtigt. Durch ein solches Verbot würde die Nachfrage nach Material B vermutlich stark ansteigen. Aufgrund einer höheren Nachfrage und einem damit verbundenen höheren Umsatz von Material B, könnte diese vermutlich zu einem niedrigeren Preis angeboten werden. Der CEFIC Bericht enthält ein Szenario bei dem verschiedene Preise für Material B verwendet wurden (SALING et al. 2010).

11.5.2 Ökologische Auswirkungen

11.5.2.1 Ökotoxizitätspotenzial

Die Berechnung der Ökotoxizität ist ausführlich in Kapitel 8.2.2.2 beschrieben. Im Basisfall der Analyse wurde die BASF-Bewertungsmethode verwendet. Die Unterschiede der Methode und auch die der Ergebnisse zu der CML Methode werden in Kapitel 8.2.4 eingehend aufgezeigt.

Die Ergebnisse werden bei der Ökotoxizitätsbewertung entlang des Lebenswegs bewertet: Die einzelnen Ergebnisse der Produktion, Nutzung und Entsorgung werden separat normiert und gewichtet mit 20%, 70% and 10%. Für die Produktion und die Entsorgung werden die Mengen der Chemikalien oder

Substanzen in die Bewertung einbezogen. In der Nutzenphase wird die emittierte Menge des SVHC-Stoffs berücksichtigt. Andere Emissionen sind in dieser Studie aufgrund lückenhafter Datenverfügbarkeit von toxischen Stoffen nicht aufgeführt (siehe Kapitel 8.2.4).

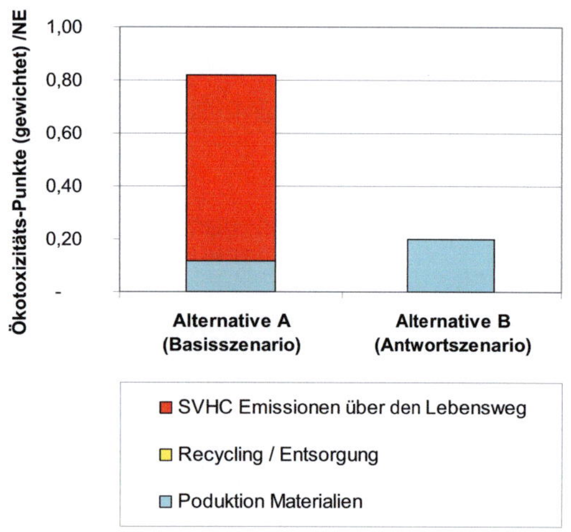

Abb. 38: Auswirkungen des Ökotoxizitätspotenzials

Abb. 38 zeigt die Ergebnisse des Ökotoxizitätspotenzials für die ausgewählte Anwendung. Der größte Einfluss resultiert aus der Emission von dem SVHC-Stoff beim Basisszenario. Das Antwortszenario zeigt den größten Einfluss bei der Herstellung der Materialien. Die zugrunde gelegte Gesamtbetrachtung kann für das Basisszenario als Worst-Case Szenario betrachtet werden, da keine toxischen Emissionen beim Antwortszenario berücksichtigt werden. Das Fehlen dieser toxischen Emissionen ist aber als relativ unwahrscheinlich zu sehen. Das Basisszenario zeigt insgesamt also klare Nachteile in dieser Kategorie.

11.5.2.2 Ökologischer Fingerabdruck

Die ökologische Last des Basisszenarios ist in den Kategorien Energieverbrauch, Flächennutzung und Emissionen geringer als beim Antwortszenario (vgl. Abb. 39). Beide Alternativen haben einen vergleichbaren Ressourcenverbrauch. Im Ökotoxizitätspotenzial ist das Antwortszenario deutlich vorteilhafter. Das Ergebnis ist hauptsächlich von den SVHC Emissionen beeinflusst.

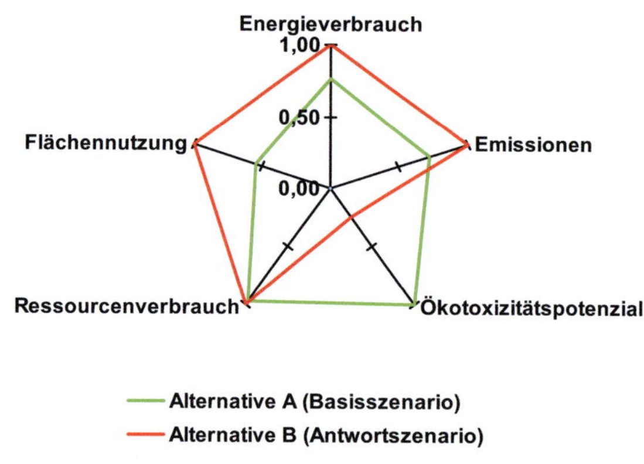

Abb. 39: Ökologischer Fingerabdruck

11.5.3 Sozioökonomische Auswirkungen

11.5.3.1 Volkswirtschaftliche Auswirkungen

Umsatz

Der Umsatz ist beim Antwortszenario höher als beim Basisszenario (Abb. 40).

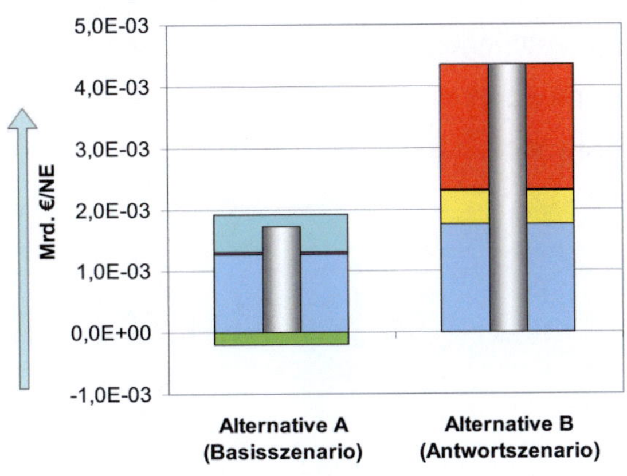

Abb. 40: Statistische Werte des Umsatzes pro funktioneller Einheit

Tab. 47: Statistische Werte des Umsatzes in Deutschland in 2006 (siehe Kapitel 11.3.3.2)

NACE Code	Abs. Werte für Umsatz in 2006 in Mio €	Relativer Umsatz in €/Menge
24 - (Material A Basismaterial)	15.538	0,88 / 1000t
25 - (Weiterver-arbeitung)	9.892	1,6 / 1000t
26 - (Material B)	2.254	0,13 / 1000t
Nutzungsbereit-stellung	5.900	1,07E+08 / 1 Mio h

Den größten Einfluss haben die Materialien und die Nutzungsbereitstellung der Materialien. Tab. 47 zeigt die Absolutwerte (Eingangsdaten) des Umsatzes der wichtigsten Wirtschaftszweige. Die Branche, die Material A herstellt, hat einen 12-mal höheren Umsatz als der Material B herstellende Sektor. In der vorliegenden Studie ist aber der Umsatz pro funktionelle Einheit größer, da mehr Material für Material B eingesetzt wird, um die Nutzeneinheit zu erfüllen. Insgesamt hat der Umsatz des Nutzungsbereitstellungs-Sektors einen großen Einfluss auf das Gesamtergebnis (rund 40%).

Bruttowertschöpfung

Das Antwortszenario hat eine höhere Bruttowertschöpfung über den Lebensweg als das Basisszenario mit Material A (vgl. Abb. 41). Die Haupteinflussgrößen sind: Herstellung der Materialien, die Weiterverarbeitung und die Nutzungsbereitstellung der Materialien. Der Unterschied der beiden Szenarien ergibt sich aus den unterschiedlichen Bereitstellungszeiten der Materialien. Dies führt zu einem Vorteil für das Antwortszenario (vgl. SALING et al. 2010).

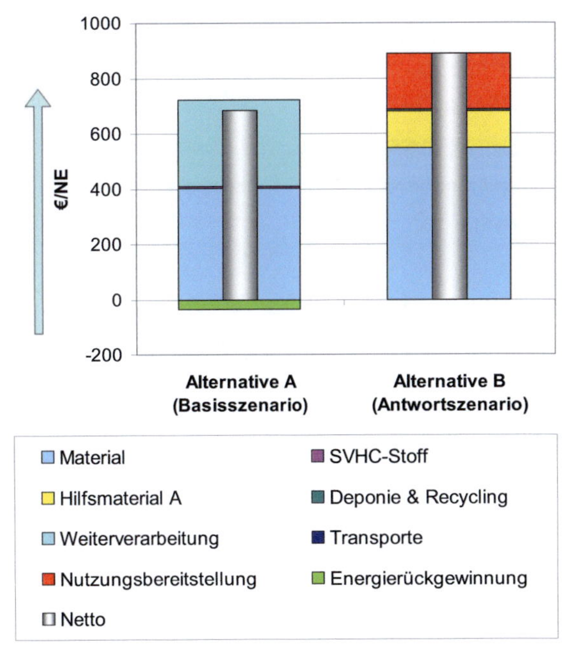

Abb. 41: Statistische Werte der BWS pro funktioneller Einheit

Unternehmen

Abb. 42 zeigt die Anzahl der Unternehmen, die statistisch am Lebensweg beteiligt sind.

Insgesamt sind beim Antwortszenario deutlich mehr Unternehmen involviert als beim Basisszenario. Den entscheidenden Einfluss hat der Industriezweig zur Nutzungsbereitstellung. Ihr gehören besonders viele kleine und mittelständische Unternehmen an. Im Gegensatz dazu sind bei der Herstellung der Materialien vorwiegend wenige große Unternehmen tätig. Daher hat das Antwortszenario in diesem Indikator aufgrund der längeren Anbringungszeit einen Vorteil.

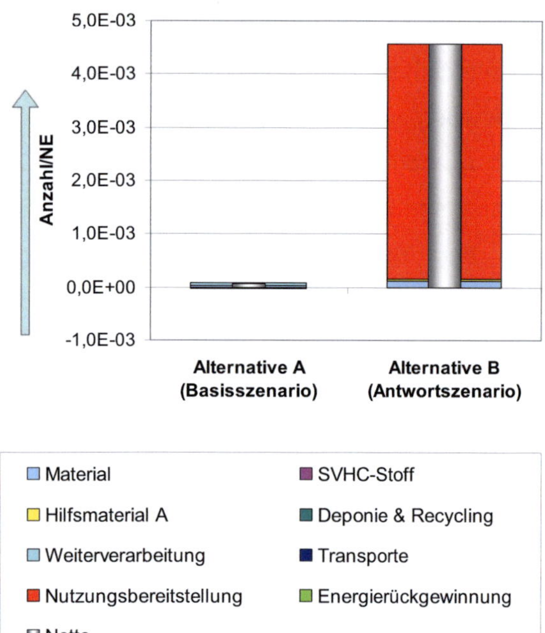

Abb. 42: Statistische Werte der Unternehmen pro funktioneller Einheit

Effektiver Durchschnittssteuersatz

Die Ergebnisse des Indikators effektiver Durchschnittssteuersatz werden in Abb. 43 gezeigt. Der Indikator berücksichtigt die Sicht der Mitgliedsstaaten: je höher die Steuerzahlung ist, die an den Staat geht, desto besser aus Sicht der Mitgliedsstaaten.

Das Antwortszenario mit Material B hat im Vergleich zum Basisszenario mit Material A höhere durchschnittliche Zahlungen. Den Haupteinfluss haben die Herstellung der Materialien und die Nutzungsbereitstellung dieser. Dieses Ergebnis korreliert stark mit den Ergebnissen der Bruttowertschöpfung in Abb. 41. Der Unterschied zwischen den Alternativen resultiert hauptsächlich aus der Mehrzeit, die zur Anbringung des Material B benötigt wird. Daraus resultiert insgesamt ein Vorteil für das Antwortszenario.

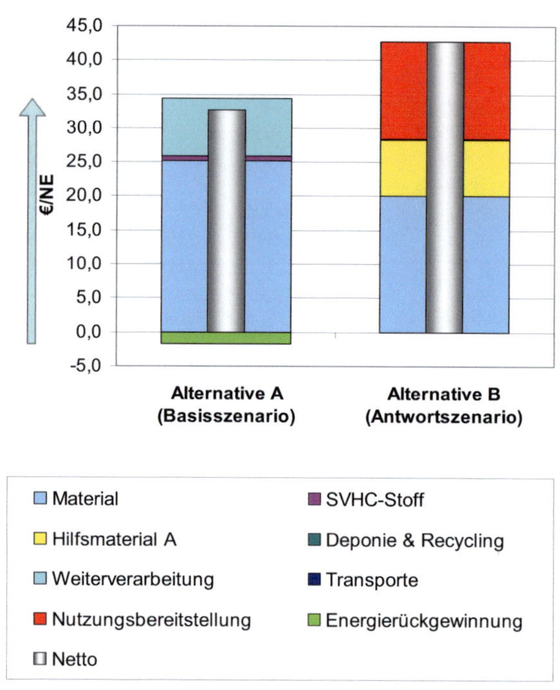

Abb. 43: Statistische Werte der effektiv bezahlten Steuern pro funktioneller Einheit

Subventionen

Je niedriger die Subventionen sind, desto besser aus Sicht der Mitgliedsstaaten. Abb. 44 zeigt die statistisch gegebenen durchschnittlichen Subventionen der Wirtschaftszweige pro funktionelle Einheit.

Demnach ist das Basisszenario mit Material A vorteilhafter in dieser Kategorie. Das Antwortszenario zeigt hohe Subventionen während der Nutzungsbereitstellung.

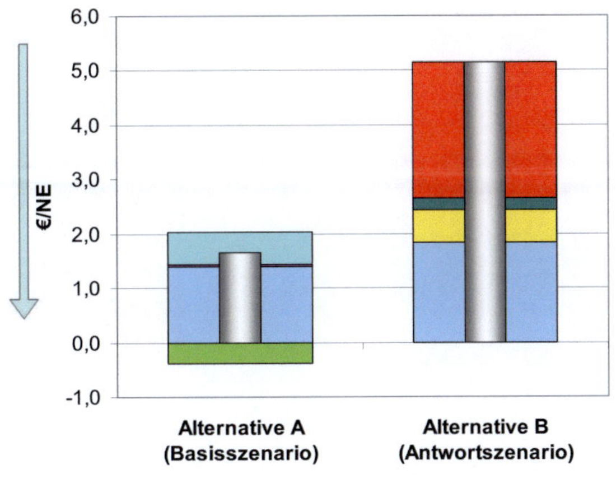

Abb. 44: Statistische Werte der Subventionen

Die Subventionen für die Materialien sind vergleichbar. Insgesamt resultiert das in einem Nachteil für das Antwortszenario.

Exporte

Die Exporte entlang des Lebenswegs sind in Abb. 45 gezeigt. Je höher die Exporte sind, desto besser aus der Sicht der Volkswirtschaft. Insgesamt sind die Exporte des Basisszenarios mit Material A etwa doppelt so hoch wie die des Antwortszenarios mit Material B. Am höchsten sind die Exportmengen bei den Materialien. Bei den Exporten hat die Nutzungsbereitstellung der Materialien einen vernachlässigbaren Einfluss, da diese Dienstleistung lokal bzw. regional begrenzt angeboten wird. Der Beitrag dieses Sektors zu den Gesamtexporten liegt bei unter 1%. (EUROSTAT 2003)

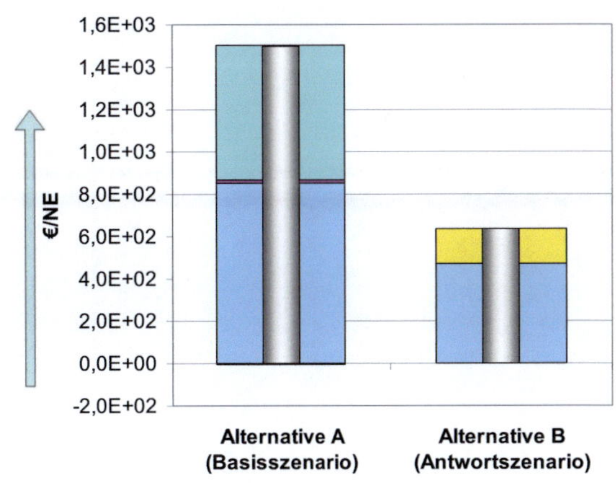

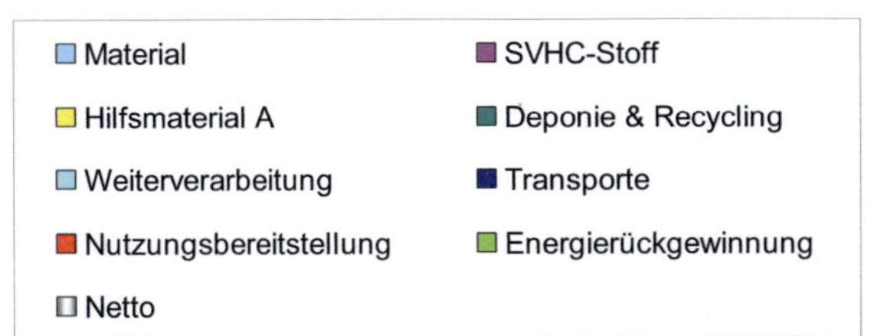

Abb. 45: Statistische Werte der Exporte

Anteil an Exporten Weltweit

Der Anteil der Exporte an den weltweiten Exporten in den jeweiligen Sektoren wird in Abb. 46 dargestellt. Je höher der Anteil im jeweiligen Sektor, desto besser aus Sicht der Volkswirtschaft, da dies ein Alleinstellungsmerkmal für einen bestimmten Produktbereich darstellt.

Insgesamt ist der Anteil der weltweiten Exporte für das Antwortszenario höher als im Basisszenario. Auch hier ist der Einfluss wie bei den Exporten (vgl. Abb. 46) für die Materialien selbst am höchsten. Wie zuvor hat die Nutzungsbereitstellung keinen Einfluss, da diese Leistung regional geliefert wird.

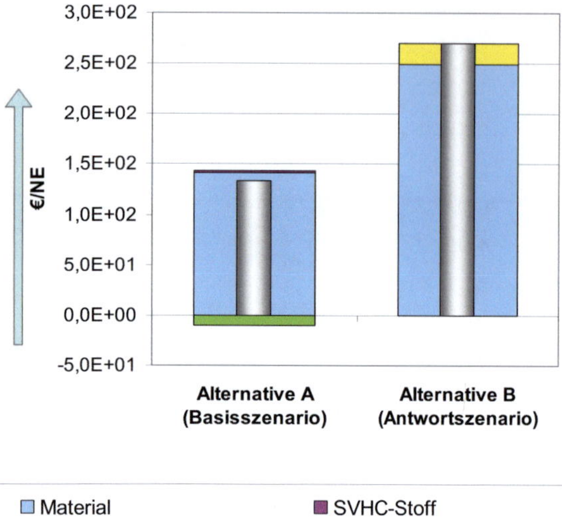

Abb. 46: Statistische Werte der anteiligen Exporte weltweit

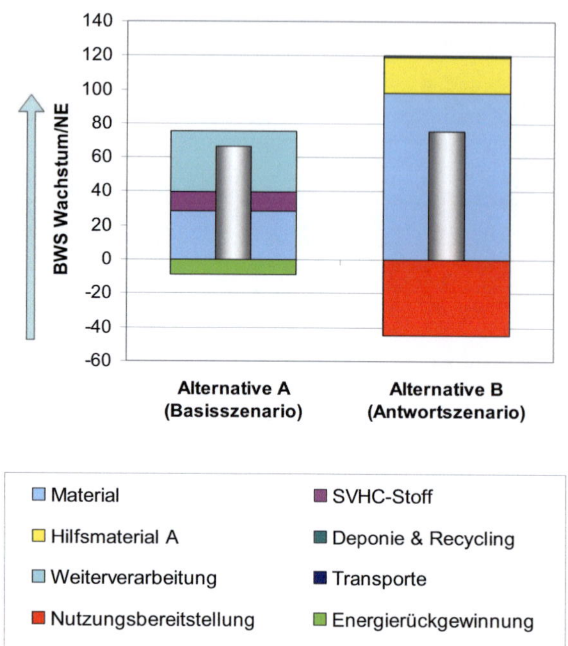

Abb. 47: Statistische Werte des Wachstums der Bruttowertschöpfung

Wachstum der Bruttowertschöpfung

Abb. 47 zeigt das Wachstum der Bruttowertschöpfung in allen am Lebensweg beteiligten Wirtschaftszweigen. Je höher dieser Anteil, desto besser für die Volkswirtschaft. Der Nettobeitrag in dieser Kategorie ist bei beiden Alternativen vergleichbar hoch.

Der Bereitstellungssektor hat in dieser Kategorie eine negative Auswirkung. Dies liegt daran, dass für das Wachstum die Jahre 2004 zu 2006 betrachtet wurden. Im Jahr 2006 wurde weniger dieser Dienstleistung erbracht als noch im Jahr 2004, was zu einem negativen Wachstum in der Gesamtbranche führte. Abhängig von der jeweiligen ökonomischen Situation kann dies stark variieren (Eurostat 2003), Insbesondere dann, wenn es eine staatliche Förderung für einen bestimmten Wirtschaftszweig gibt. Das Antwortszenario würde mehr von dieser Entwicklung profitieren als das Basisszenario, da dort mehr Arbeitsstunden zum Anbringen benötigt werden.

11.5.3.2 Gesundheitliche und gesellschaftliche Auswirkungen

Arbeitnehmer (Arbeitsbedingungen): Arbeitsunfälle

Das Balkendiagramm (siehe Abb. 48) zeigt, dass die gefährlichste Phase die Nutzungsbereitstellung der Materialien ist. In beiden Fällen liegen die statistischen Arbeitsunfälle für die Produktion der Materialien deutlich niedriger als die der Nutzungsbereitstellungsphase.

Da das Antwortszenario mit Material B mehr Zeit für die Anbringung erfordert, ist die Wahrscheinlichkeit eines Unfalls höher als für das Basisszenario. Dieses Ergebnis hängt natürlich stark von der notwendigen Zeit für die Nutzungsbereitstellung bei beiden Szenarien ab. Die Sensitivität dieses Ergebnisses wird bei den Szenarien mit berücksichtigt (SALING et al. 2009).

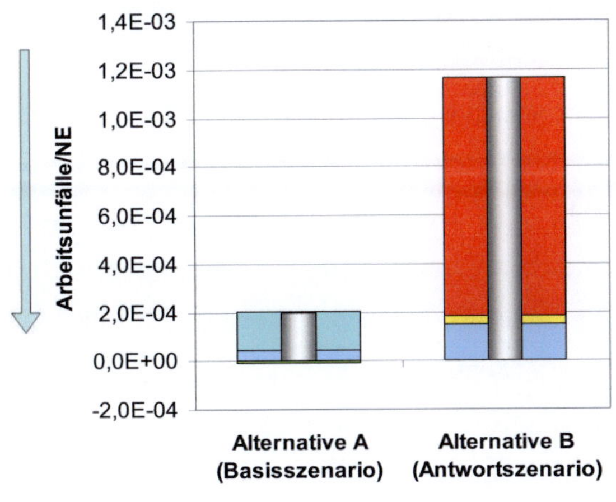

Abb. 48: Statistische Werte der Arbeitsunfälle

Zukünftige Generationen:

Investitionen

Abb. 49 zeigt, dass das Antwortszenario mit Material B leicht höhere Investitionen hat, als das Basisszenario. Bei beiden Alternativen hat die Herstellung der Materialien den größten Einfluss, gefolgt vom Weiterverarbeiter des Material A's. Der Einfluss der Nutzungsbereitstellung ist bei den Investitionen vergleichsweise gering. Bei diesem Sektor sind die Investitionen in Maschinen und Infrastruktur im Vergleich zu anderen Wirtschaftszweigen relativ gering; insbesondere da viele kleine Unternehmen in diesem Sektor aktiv sind. Die negativen Investitionen bei der thermischen Verwertung resultieren aus der produzierten Energie bei diesem Lebenswegabschnitt und der damit verbundenen Gutschrift für Strom. Dieser Strom muss nicht produziert werden. Insgesamt hat das Antwortszenario leichte Vorteile in dieser Kategorie

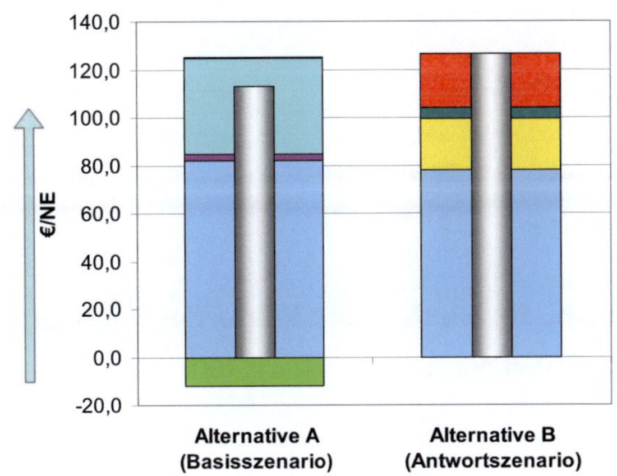

Abb. 49: Statistische Werte der Investitionen

Forschung & Entwicklung

Abb. 50 zeigt die Ausgaben für Forschung & Entwicklung. Das Basisszenario hat höhere Ausgaben entlang des Lebenswegs als das Antwortszenario mit Material B. Den größten Einfluss hat das Material selbst.

Dieser Indikator ist einer der wenigen Indikatoren, bei dem die Nutzungsbereitstellung der Materialien keinen Einfluss hat. Bei diesem Indikator zeigt das Basisszenario klare Vorteile im Vergleich zum Antwortszenario.

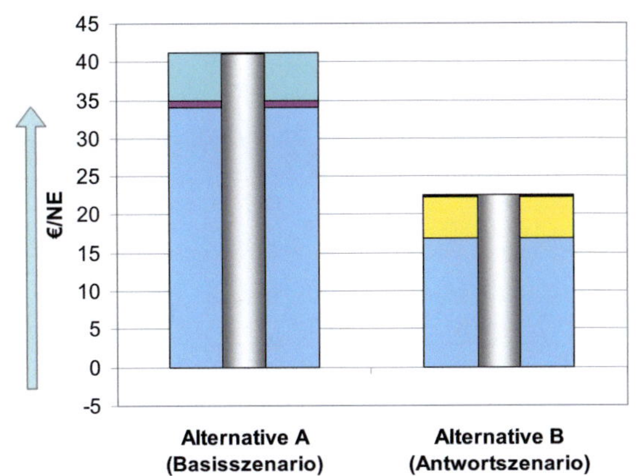

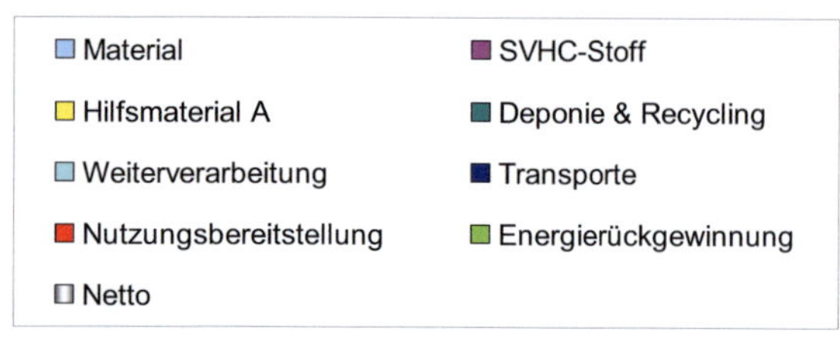

Abb. 50: Statistische Werte der Forschung & Entwicklung

Konsument: Produktrisiken und Eigenschaften

Diese Kategorie zeigt die Risiken und Produkteigenschaften pro Nutzeneinheit. Diese sind sehr spezifisch für die Anwendung und werden aus diesem Grund hier nicht aufgeführt.

Internationale Gemeinschaft: Ausländische Direktinvestitionen

Abb. 51 zeigt die Gesamtergebnisse für die ausländischen Direktinvestitionen der hiesigen Wirtschaftszweige. Das Antwortszenario hat insgesamt höhere Ausgaben im Vergleich zum Basisszenario. Die wichtigsten Einflüsse haben die Herstellung der Materialien.Die Relevanz dieses Indikators ist gering (siehe Tab. 49)

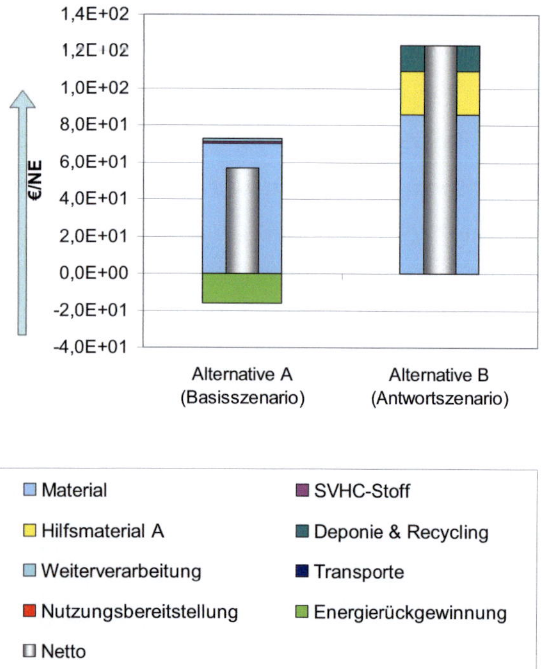

Abb. 51: Statistische Werte der Ausländischen Direktinvestitionen

Umfeld & Gesellschaft: Beschäftigung

Insgesamt sind mehr Menschen beim Antwortszenario mit Material B beschäftigt als beim Basisszenario mit Material A (vgl. Abb. 52). Den größten Einfluss auf dieses Ergebnis hat die Produktion und Weiterverarbeitung der Materialien selbst und die Nutzungsbereitstellung dieser. Der Unterschied zwischen den Szenarien resultiert aus den unterschiedlichen Zeiten. Dies führt zu einem Gesamtvorteil des Antwortszenarios. Die Anzahl der Beschäftigten in der Produktion der Rohmaterialien von Material A sind in etwa vergleichbar mit denen von Material B. Die Weiterverarbeiter des Material A's haben bereits ein deutlich höheres statistisches Beschäftigtenverhältnis pro Produktionsmenge. Allein auf die Materialien bezogen werden beim Basisszenario circa doppelt so viele Menschen beschäftigt im Vergleich zum Antwortszenario. Tab. 48 zeigt die statistischen Werte der wichtigsten Wirtschaftszweige. Für die gleiche Menge an Material von Material A (NACE 24) sind zehnmal mehr Leute beschäftigt als für Material B (NACE 26). In der vorliegenden Studie wird dieses aber durch die größere Menge von Material B ausgeglichen die zur Erfüllung der Nutzeneinheit notwendig ist.

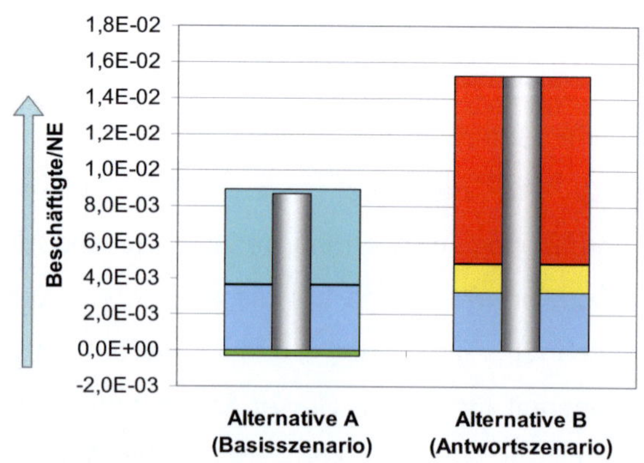

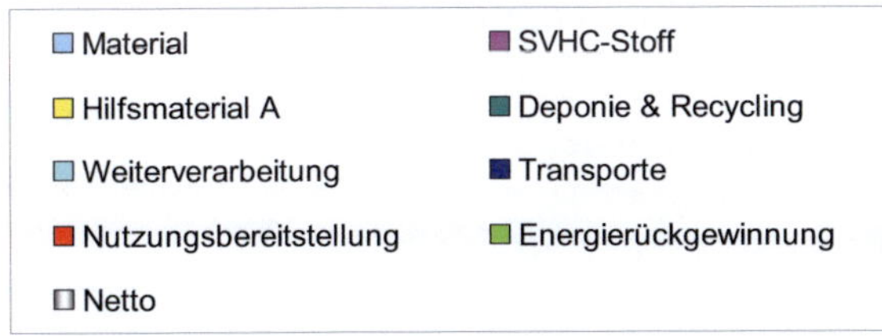

Abb. 52: Statistische Werte der Beschäftigung

Tab. 48: Statistische Anzahl an Arbeitnehmern in Deutschland in 2006

NACE Code	Abs. Anzahl an Arbeitnehmer 2006	Produktionsmenge 2006	Relative Beschäftigtenrate
24 - (Material A Granulat)	77.140	17.500 in 1000t	4,4 / 1000 t
25 - (Material A Weiterverarbeitung)	85.061	5844 in 1000t	14,5 / 1000 t
26 - (Material B)	7.920	17.000 in 1000t	0,46 / 1000 t
Nutzungsbereitstellung	1.514.138	2.786 in Mio h	543 / 1Mio h

11.5.3.3 Sozioökonomischer Fingerabdruck

Die Zusammenfassung der gesellschaftlichen und gesundheitlichen Folgen und der volkswirtschaftlichen Auswirkungen der beiden Szenarien ist in Abb. 53 dargestellt. Die Aggregation der Indikatoren erfolgt gemäß der SEEBALANCE-Methode (vgl. Kapitel 5.2.5). Die sechs Stakeholder ergeben sich aus den Ergebnissen der Indikatoren aus Kapitel 11.5.3. Der Fingerabdruck fasst alle sozioökonomischen Kriterien zusammen.

Die Indikatoren werden zunächst in die sechs Stakeholdergruppen zusammengefasst und zu diesem Zweck mit den Faktoren aus Tab. 49 (rechte Spalte) gewichtet. Einige Indikatoren wie ausländische Direktinvestitionen, Streiks und Aussperrungen, Subventionen und Anteil der Exporte weltweit haben einen niedrigen Einfluss auf das Gesamtergebnis, da die untersuchten Wirtschaftszweige in dem betreffenden Untersuchungsraum keinen hohen Beitrag haben.

Das Basisszenario hat einen negativen Einfluss in vier Kategorien: zukünftige Generationen, die internationale Gemeinschaft, lokale & nationale Gemeinschaft und die Volkswirtschaft. Die Ergebnisse der sozioökonomischen Kriterien sind hauptsächlich bedingt durch die Nutzungsbereitstellungszeit der Materialien.

Die Zeit für die Bereitstellung ist für das Antwortszenario mit Material B länger. Dies impliziert zum Teil positive Effekte, wie beispielsweise mehr Beschäftigte, insgesamt höhere bzw. mehr Löhne & Gehälter. Auf der anderen Seite trägt es aber dazu bei, dass statistisch mehr Unfälle beim Antwortszenario passieren.

In der Kategorie Verbraucher sind insgesamt die funktionalen Eigenschaften für das Material A etwas besser (vgl. Kapitel 11.3.3.2).

Tab. 49: Rechenfaktoren der sozioökonomischen Auswirkungen in der Fallstudie

Betroffenengruppen	Sozioökonomische Indikatoren	Rechenfaktoren der Betroffenengruppen	Rel. Gewichtung der sozioökonomischen Indikatoren
Gesundheit & Arbeitsbedingungen		**32,9%**	
	Arbeitsunfälle		14,5%
	tödliche Arbeitsunfälle		15,5%
	Berufskrankheiten		19,2%
	Humantoxizitätspotenzial		24,9%
	Löhne und Gehälter		11,8%
	Berufliche Weiterbildung		10,4%
	Streiks und Aussperrungen		3,6%
Verbraucher		**5,3%**	
	Andere Risiken und Produktmerkmale[28]		100,0%
Umfeld & Gesellschaft		**21,4%**	
	Beschäftigte		17,0%
	qualifizierte Mitarbeiter		18,2%
	weibliche Führungskräfte		17,3%
	Integration behinderter Menschen		16,2%
	Teilzeitbeschäftigte		14,6%
	Familienunterstützung		16,8%
Zukünftige Generationen		**15,3%**	
	Zahl der Auszubildenden		26,8%
	Forschung & Entwicklung		20,4%
	Investitionen		25,0%
	Vorsorgeeinrichtungen		27,9%
Internationale Gemeinschaft		**0,3%**	
	Kinderarbeit		Nicht bewertet
	Ausländische Direktinvestitionen		100,0%
	Importe von Entwicklungsländern		Nicht bewertet
Volkswirtschaft		**24,7%**	
	Umsatz		14,0%
	Bruttowertschöpfung		12,9%
	Unternehmen		26,4%
	effektive durchschnittliche Steuersatz		13,6%
	Subventionen		6,0%
	Exporte		14,9%
	Anteil der Exporte weltweit		0,5%
	Wachstum der BWS		11,6%

[28] In diesem Stakeholder wird in der Regel das Humantoxizitätspotenzial für den Konsumenten betrachtet. In diese Studie wurde diese Bewertung bei den Beschäftigten zusammengefasst, da das untersuchte SVHC-Produkt nicht humantoxisch ist.

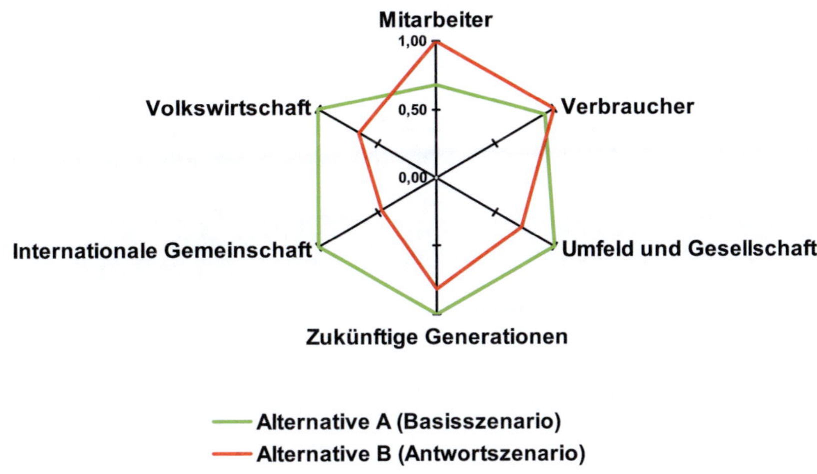

Abb. 53: Sozialer Fingerabdruck

11.5.4 SEE Ranking

Das Gesamtergebnis der drei Säulen (Ökologie, Gesellschaft und Ökonomie) wird aus den Einzelergebnissen aller Kategorien und der Gewichtung berechnet. Die Zusammenfassung erfolgt in dieser Analyse für die ökologischen Faktoren mit den Rechenfaktoren aus Tab. 50. Die Ökotoxizität hat den größten Einfluss, gefolgt vom Verbrauch der Energie und des Materials. Nach der Bewertung der SEEBALANCE-Methode zeigt aus ökologischer Sicht, dass das Basisszenario eine etwas niedrigere Belastung als das Antwortszenario. Falls also Material A mit der SVHC-Substanz nicht mehr für die Anwendung A benutzt werden dürfte und von anderen Materialien wie Material B ersetzt würde, dann hätte dies negative Auswirkungen auf die Umwelt.

Die Bewertung der sozioökonomischen Aspekte erfolgt mit den in Tab. 49 aufgelisteten Rechenfaktoren. Die Stakeholder Konsument und Internationale Gemeinschaft haben einen geringeren Einfluss auf die Gesamtanalyse. Die gesundheitlichen Aspekte und Arbeitsbedingungen (abgeleitet aus statistichen Daten) sind hingegen sehr wichtig. Gerade in diesen Kategorien ist das Antwortszenario vergleichsweise schlechter.

Tab. 50: Rechenfaktoren der ökologischen Auswirkungen in der Fallstudie

Indikator	Gewichtungsfaktor
Rohstoffverbrauch	15%
Energieverbrauch	20%
GWP	7%
ODP	1%
POCP	11%
AP	5%
Wasseremissionen	10%
Abfälle	5%
Ökotoxizitätspotenzial	24%
Flächennutzung	3%

Insgesamt zeigt das Basisszenario aus sozioökonomischer Sicht eine etwas niedrigere Belastung als das Antwortszenario. Falls also Material A mit der SVHC-Substanz nicht mehr für die ausgewählte Anwendung benutzt werden dürfte und von anderen Materialien wie Material B ersetzt würde, dann hätte dies negative Auswirkungen auf die Gesellschaft.

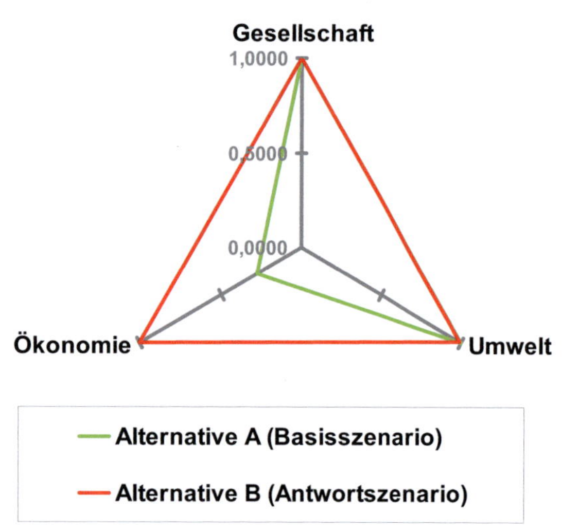

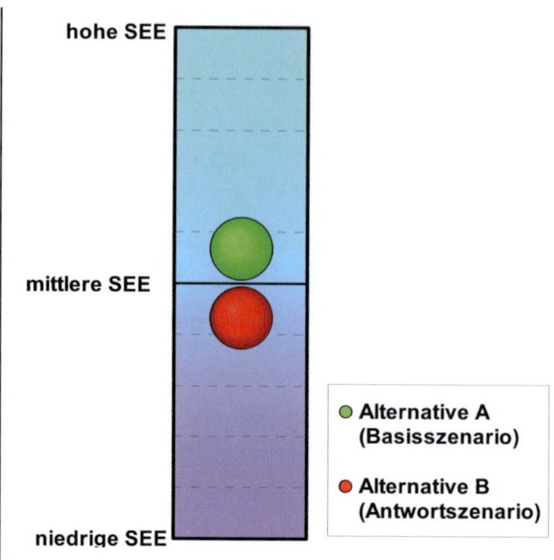

Abb. 54: Ergebnis der drei Nachhaltigkeitsdimensionen & Gesamtbewertung

Neben diesen genannten Unterschieden, zeigt Abb. 54 (links), dass das Basisszenario einen klaren Vorteil auf der ökonomischen Seite hat. Material A ist deutlich günstiger als Material B. Die Zusammenfassung dieser drei Säulen ist in Abb. 54 (rechts) zusammengefasst, das Basisszenario ist besser als das Antwortszenario mit Material B.

11.6 Interpretation & Schlussfolgerung

11.6.1 Argumente für eine Zulassung

Die Bewertungsergebnisse wurden in den vorangegangenen Kapiteln bereits diskutiert. Zusammenfassend kommt die Analyse zu folgendem Bewertungsergebnis: Das Basisszenario mit Material A mit dem SVHC-Stoff ist in diesem Vergleich die sozio-ökoeffizientere Variante. Zum Ermitteln der Haupteinflussgrößen einer Studie dienen die Berechnung der Wichtigkeit der Achsen und der Relevanzen (Kapitel 5.2.5). In der vorliegenden Analyse sind die Kosten in etwa doppelt so wichtig wie die gesellschaftlichen Auswirkungen. Die Umwelt ist etwas wichtiger als die Gesellschaft. Die Kostenachse ist also verhältnismäßig wichtig in dieser Studie. Dadurch ist das Basisszenario in der Gesamtbewertung deutlich besser als das Antwortszenario. Obwohl die beiden Szenarien bei den sozioökonomischen und ökologischen Auswirkungen relativ nahe beieinander liegen. Nur unter der Annahme, dass sich die Kosten von Material B um mehr als die Hälfte halbieren würden, könnte sich das Endergebnis ändern. Eine mögliche Preisänderung von Material B durch ein Verbot der SVHC-Substanz müsste also gravierend ausfallen damit sich das Ergebnis ändert.

Bei der Ökologie spielen insbesondere das Ökotoxizitätspotenzial, der Energie- und Rohstoffverbrauch eine bedeutende Rolle (vgl. Tab. 50). Das Basisszenario kann im Vergleich zum Antwortszenario etwa 7,1 Mrd. MJ Energie in Europa einsparen. Dies errechnet sich aus dem möglichen Potenzial, wenn in der gesamten EU Material A eingesetzt würde. Dies schlägt sich auch auf die eingesparten CO_2-Äquivalente nieder. Hier könnten europaweit 0,76 Mio. Tonnen CO_2-Äquivalente eingespart werden.

Die sozioökonomischen Aspekte sind im Vergleich zur Ökonomie und Ökologie insgesamt weniger bedeutend. Die Auswirkungen der Arbeitssicherheit werden relativ hoch bewertet (vgl. Tab. 49). Hochgerechnet auf Europa haben durchschnittlich 880 Beschäftigte weniger einen Unfall, wenn anstatt des Antwortszenarios mit Material B die Alternative mit Material A bevorzugt würde. Dies liegt an der höheren Bereitstellungszeit dieses Materials. Die höheren Zeiten resultieren aber auf der anderen Seite in vergleichsweise höheren Beschäftigungszahlen für Alternative B (EU-weit: etwa 5900 Beschäftigte). Daneben zeigt diese Alternative eine höhere Anzahl an Unternehmen (4100 Anzahl) in den involvierten Branchen und eine deutlich höhere Bruttowertschöpfung von 184 Mio. € für Europa.

11.6.2 Sensitivitätsanalysen

Die Bewertungsergebnisse dieser Analyse sind jedoch mit Einschränkungen und Unsicherheiten behaftet, wie sie zum Teil bereits in Kapitel 11.3.4 diskutiert wurden. Entsprechend dem Zweck der Analyse, soll die Belastbarkeit der Bewertungsergebnisse an dieser Stelle noch eingehender geprüft werden.

11.6.2.1 Änderung der Gewichtungsfaktoren

Eine der Weiterentwicklungen in dieser Arbeit war die Erhebung der Gewichtungsfaktoren (siehe Kapitel 9). In einem Szenario soll daher der Einfluss auf das gesamte Ergebnis bei Änderung der Faktoren überprüft werden.

Abb. 55 zeigt das gesamte Ergebnis wenn anstatt der neuen deutschen sozio-ökonomischen Gewichtungsfaktoren die abgeschätzten alten europäischen verwendet werden (Stand 1997).

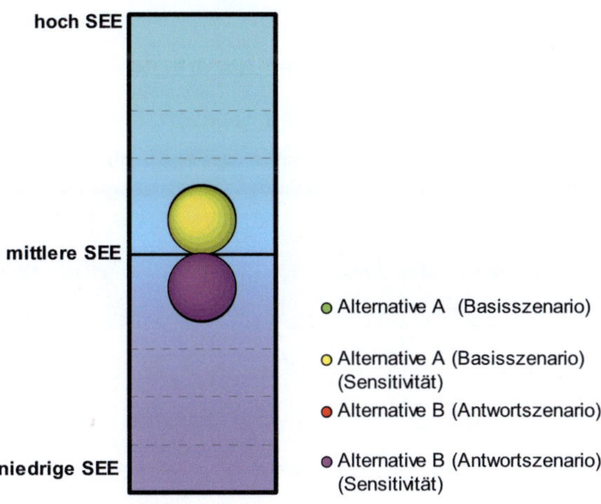

Abb. 55: Sensitivitätsanalyse: Gewichtungsfaktoren

Die Änderung der Gewichtungsfaktoren führen zu keinen Änderungen des Ergebnisses. Es kommt lediglich zu einer leichten Verschiebung. Obwohl einige Kriterien unterschiedlich bewertet werden, gleichen diese sich für das Gesamtergebnis wieder aus.

11.6.2.2 Investition von 100.000 € in ausgewählte

In diesem Kapitel wird eine alternative Nutzeneinheit betrachtet (vgl. Diskussion in Kapitel 11.2.2 & 11.2.3). Anstatt zwei alternative Materialien zu vergleichen, wird als funktionelle Einheit dieselbe Investitionssumme in die ausgewählte Anwendung betrachtet. Die beiden Alternativen sind dann folgendermaßen definiert:

- Basisszenario: 100.000 € werden investiert in der ausgewählten Anwendung mit Material A. Dies entspricht 16 Anwendungen
- Antwortszenario: Die 100.000 € werden in der ausgewählten Anwendung mit Material B investiert. Damit können 10 Anwendungen erstellt werden. Die restlichen 6 Anwendungen, werden ohne Material B berücksichtigt.

Daher ändern sich die Ergebnisse wie folgt:

Die Bereitstellungszeit für das Basisszenario ist nun in Summe höher als für das Antwortszenario. Dies hat einen großen Einfluss auf verschiedene Stakeholder mit teilweise umgekehrter Aussage als zuvor. Die sozialen Auswirkungen des Basisszenarios sind nun nachteilig im Vergleich zum Antwortszenario. Aufgrund der geringeren Anzahl von Anwendungen mit Material B, tritt hier aber eine negative Umweltauswirkungen auf.

Aus dem gleichen Grund ist das Antwortszenario nachteilig für die wirtschaftliche Bewertung. Die Investitionskosten für die beiden Szenarien sind zwar gleich, aber die Anzahl der Anwendungen mit Material ist unterschiedlich (vgl. Abb. 56).

Mit der veränderten funktionellen Einheit wird deutlich, dass die Anwendung für das Basisszenario mit Material A deutliche sozioökonomische Vorteile im Vergleich zum Antwortszenario mit Material B aufzeigt.

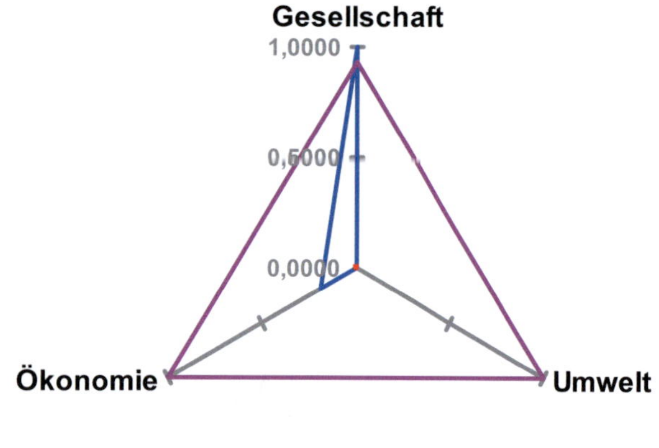

Abb. 56: Sensitivität: 100.000 € Investition in der ausgewählten Anwendung

11.7 Zusammenfassung & Fazit

Im vorliegenden Kapitel wurde die SEEBALANCE unter REACh in einem Fallbeispiel angewendet. Zweck der Studie war es, die praktische Anwendbarkeit zu erproben und Hinweise auf die Plausibilität der Ergebnisse der neuen Entwicklungen zu erhalten. Im Fallbeispiel wurden zwei mögliche Alternativen verglichen: Material A und Material B. Dabei enthält Material A die SVHC-Substanz. Im Endergebnis gelangt die Analyse zu der Bewertung, dass die Variante mit Material A und dem SVHC-Stoff sozio-ökoeffizienter ist als Material B, was vorwiegend im großen Preisunterschied begründet liegt.

Die Entwicklungen erweisen sich in der praktischen Durchführung grundsätzlich als funktionsfähig:

Die volkswirtschaftlichen Indikatoren konnten relativ einfach gebildet werden und lebenswegbilanziert mit berücksichtigt werden. Durch die in der BASF-Gruppe verwendete Software Boustead (siehe Kap 10) konnten auch die Vorketten der verschiedenen Produkte berücksichtigt werden. Geprüft werden sollte, ob alle der volkswirtschaftlichen Indikatoren notwendig sind, um ein ganzheitliches Bild zu erhalten. Die relativ hohe Anzahl der Indikatoren (ebenso der sozialen Aspekte) ist trotz der vorhandenen Software und Datenbanken sehr arbeitsintensiv und es sollte überdacht werden, ob verschiedene Auswirkungen nicht immer gleiche Tendenzen aufzeigen, wie beispielsweise Beschäftigte und qualifizierte Beschäftigte, Integration, Teilzeitbeschäftigte und Auszubildende. Ferner korrelieren die Arbeitsunfälle mit den übrigen Sicherheitsaspekten, wie tödliche Arbeitsunfälle und Berufskrankheiten. Insgesamt zeigen diese Indikatoren auch ähnliche Tendenzen auf wie die Beschäftigten. Des Weiteren korrelieren bei den volkswirtschaftlichen Indikatoren der Umsatz mit den Subventionen und die Bruttowertschöpfung mit dem effektiven durchschnittlichen Steuersatz. Diese Korrelationen sollten in weiteren Studien überprüft werden.

Offen bleibt bei den volkswirtschaftlichen Indikatoren aber weiterhin, wie die Volkswirtschaft tatsächlich auf ein Verbot reagiert. Die Indikatoren können nur Hinweise auf mögliche Veränderungen geben. Ob durch ein Verbot beispielsweise der Umsatz von Material B derart ansteigt und der Preis so drastisch sinkt, ist nicht Teil dieser Untersuchung. Ebenso verhält es sich beispielsweise bei Investitionen oder Forschungs- und Entwicklungsausgaben.

Die Implementierung der neuen Gewichtungsfaktoren war unproblematisch. Ein Szenario (siehe Kapitel 11.6.2.1) zeigt, dass das Gesamtergebnis in diesem Fall nicht abhängig ist von den gewählten Faktoren.

Die Bewertung der Öko- und Humantoxizität (siehe auch Diskussion in Kapitel 8.2.5) wurde im vorliegenden Fall bewusst als Worst-Case Szenario berücksichtigt. Die Bewertung der Öko- und Humantoxizität nach BASF-Methode konnte angewendet werden. Ebenso die Gewichtung mit den neuen Normierungsfaktoren. Beide liegen vergleichsweise hoch (siehe Tab. 49 & Tab. 50). Was auch bei einem Stoff, der als SVHC klassifiziert ist, zu erwarten war. Dennoch resultiert die hohe Gewichtung nicht aus dem SVHC-Stoff selbst, sondern aus den erdölbasierten Vorketten und den großen verwendeten Mengen. Dies sollte unbedingt weitergehender untersucht werden (siehe auch Kapitel 8).

Die Belastbarkeit der gesamten Bewertungsergebnisse ist relativ hoch. Dennoch wäre es wünschenswert, die Datenqualität weiter zu verbessern. Zum Beispiel: Detailliertere Daten als Viersteller und eine internationale Ausbreitung und Verknüpfung der Daten. Insbesondere detaillierte Daten zum Beispiel für die unterschiedlichen Anbringungen von Material A und Material B wäre in diesem Beispiel sinnvoll gewesen. Dennoch sind die Unterschiede zwischen den Ergebnissen so groß, dass das Endergebnis valide erscheint. Hierin, der Verbesserung der Datenqualität und insbesondere der Internationalisierung liegen daher wichtige Ansatzpunkte für die Weiterentwicklung des Verfahrens.

12 Erreichter Entwicklungsstand & Ausblick

Die Ziele dieser Dissertation wurden in Kapitel 1.3 aufgeführt. Zum einen ging es um die wissenschaftliche Diskussion zur sozioökonomischen Bewertung von SVHC-Substanzen unter REACh. Hierfür wurden in Kapitel 4 die unterschiedlichen SEA-Instrumente, wie beispielsweise CBA oder CCA diskutiert und verschiedene Vor- und Nachteile der Methoden aus der Literatur gegenübergestellt. Damit konnte ein wissenschaftlicher Beitrag zur Methodendiskussion erarbeitet werden. Es wäre darüber hinaus aber förderlich und hilfreich gewesen, eine Gegenüberstellung der Methoden in einer konkreten Anwendung zu erstellen. So können die Ergebnisse der unterschiedlichen Methoden direkt miteinander verglichen werden. Hierzu hätte beispielsweise das Fallbeispiel aus Kapitel 11 mit verschiedenen Methoden durchgeführt werden können, entsprechend einem Ringversuch. So hätte ein adäquater Vergleich geführt werden können. Ein solcher Vergleich erfordert einen hohen Zeitaufwand, da eine detaillierte Einarbeitung in jede der genannten Methoden notwendig ist. Damit würde ein Ringversuch Substanz für eine eigene Doktorarbeit bieten. Vorteil eines solchen Ringversuchs wäre, die Handhabbarkeit der Methoden in deren Anwendung zu prüfen. Zudem würde dies die Methodendiskussion versachlichen, da ein Ringversuch klare Unterschiede in den Ergebnissen bzw. Lücken bei den Ergebnissen aufzeigen würde.

Zum anderen ging es in dieser Doktorarbeit um einen praktischen Beitrag. Nämlich der Entwicklung eines an die SEEBALANCE anschlussfähigen, praktikablen Instruments zur sozioökonomischen Produktbewertung für Chemikalien unter REACh und der Erprobung des Instruments in einem Fallbeispiel.

Dieses weite Themengebiet wurde in Kapitel 6 eingeschränkt und es wurden folgende drei Themenkomplexe identifiziert, im Projekt detailliert bearbeitet und in einer Fallstudie angewendet:

- Implementierung eines Indikatorensets für Volkswirtschaftliche Auswirkungen
- Bewertung & Normierung der Human- und Ökotoxizität in der SEEBALANCE
- Gewichtung aller Auswirkungen mit den Gesellschaftsfaktoren

Der erreichte Entwicklungsstand und Ausblicke wurden in den methodischen Kapiteln 7, 8 und 9 ausführlich diskutiert. In diesem abschließenden Kapitel sollen nur kurz einige Aspekte aufgeführt werden, die unbedingt zeitnah weiterentwickelt werden sollten, um das Instrument leichter handhabbar zu machen:

- Prüfung des (volkswirtschaftlichen) Indikatorensets daraufhin ob Indikatoren miteinander korrelieren, damit diese ggf. zusammengeführt werden können.
- Erhöhung der Datenqualität für die volkswirtschaftlichen (aber auch gesellschaftlichen) Indikatoren. Zum einen hinsichtlich der Detailtiefe, d.h. eine möglichst breite Aufschlüsselung der Wirtschaftszweige und zum anderen bezüglich der Internationalisierung der Daten. Hierfür muss ein entsprechendes Datenmanagement vorhanden sein. Dadurch würde eine schnellere Durchführbarkeit gewährleistet.
- Die Normierungsfaktoren für die Öko- und Humantoxizität sollten mittelfristig auch auf andere Länder übertragen werden.
- Dies gilt ebenso für die Gewichtungsfaktoren.

- Zudem sollte für die Normierungsfaktoren der Öko- und Humantoxizität geprüft werden, ob der hohe Einfluss der Mineralöl verarbeitenden Industrie unter dem Gesichtpunkt einer relativ niedrigen Exposition dieser Stoffe haltbar ist.

Trotz der genannten nicht gänzlich gelösten Aufgaben, konnte mit dieser Arbeit ein wesentlicher Beitrag zu den definierten Zielen geleistet werden. Das Instrument SEEBALANCE unter REACh ist mit entsprechendem Ökobilanz-Wissen anwendbar. Sobald die volkswirtschaftlichen Daten vorliegen, ist der Aufwand für eine SEA unter REACh zwar höher als für eine SEEBALANCE, aber dennoch vertretbar (ca. zehn weitere Arbeitstage).

Neben den definierten Zielen, gibt es aber noch eine Vielzahl an Aspekten, die generell in der SEEBALANCE untersucht und weiterentwickelt werden sollten. Kapitel 6 zeigt bereits einige konkrete Aspekte (Fläche, Biodiversität, Wasser,...) auf. Hierfür wird der Ökoeffizienz-Gruppe der BASF SE empfohlen, die Entwicklungen dieser Themen insbesondere auf UNEP/SETAC Ebene zu verfolgen, um diese dann in der BASF-Methode zu ersetzen oder neu zu implementieren. Durch das Übernehmen bereits etablierter Aspekte kann zum einen Zeit gespart werden und des weiteren ist die Akzeptanz der UNEP/SETAC Entwicklungen hoch.

Neben diesen in der LCA-Gemeinschaft vielfach diskutieren Aspekten, gibt es noch einige konkrete BASF SE spezifische Aspekte, die in der SEEBALANCE geprüft werden sollten.

Relevanzfaktor über den Lebensweg

Wie in Kapitel 5.2.5 erläutert, wird die Zusammenfassung der Einzelergebnisse in ein Gesamtergebnis mit einem Gesellschaftsfaktor und einem Relevanzfaktor erstellt. Beide beziehen sich für eine Studie immer auf ein ausgewähltes Land. Für die Bewertung mit den Gewichtungsfaktoren wird nach Rücksprache mit dem Auftraggeber ein Land für alle Lebenswegschritte ausgewählt. Der Relevanzfaktor, errechnet sich ebenfalls automatisch für ein definiertes Land. Es wird immer der gesamte Verbrauch z.B. Wasserverbrauch in einer Analyse über den Lebensweg aufaddiert und in Relation zu der gesamten Wasserverfügbarkeit des ausgewählten Landes gesetzt. Wird beispielsweise Deutschland als Bezugsraum ausgewählt, so wird ein durchschnittlicher Wasserverbrauch nicht besonders hoch bewertet, da Deutschland genügend Wasserressourcen hat. Dieser Rechenalgorithmus wird auch durchgeführt, wenn ein vorgelagertes Produkt aus einem Land stammt mit knappen Wasserressourcen. Die knappen Ressourcen werden mit dem Relevanzwert von Deutschland als nicht weiter bedeutend eingestuft. Im vorgelagerten Land hätte der Wasserverbrauch aber unter Umständen eine sehr hohe Relevanz. Daher wäre es vorteilhaft, jede Vorkette entsprechend der Wichtigkeiten des jeweiligen Landes zu bewerten. Dafür muss aber klar sein, welches Produkt woher kommt und wie eine Bewertung über den gesamten Lebensweg auszusehen hat. Dieses Vorgehen wäre möglicherweise realisierbar, wenn bereits in der Ökobilanz-Software die Gewichtung stattfinden würde. Diese würde eine Veränderung der gesamten Berechnungsweise mit sich bringen.

Aussagekraft der Auswirkungen

Generell sollte auch überprüft werden, wie repräsentativ die gewählten gesellschaftlichen aber auch volkswirtschaftlichen Indikatoren für die jeweilige Fragestellung sind. Beispielsweise steht der Indikator ‚Ausgaben für Forschung & Entwicklung' dafür, wie hoch der Beitrag eines Produktes/Wirtschaftszweiges zu den Gesamtforschungsausgaben ist. Damit soll er einen Hinweis geben auf die Zukunftsfähigkeit des entsprechenden Produktes und dessen Beitrag für eine nachhaltige Entwicklung aufzeigen. Daher wäre es interessant zu erfahren, inwiefern der gewählte Indikator überhaupt repräsentativ ist und mit anderen möglichen Indikatoren korreliert. Für den Indikator Forschung & Entwicklung könnten beispielsweise die Anzahl der Patente oder die Anzahl der Menschen, die im Bereich F&E arbeiten, betrachtet werden. Falls eine Korrelation gezeigt werden könnte, würde die Aussagekraft dadurch gestärkt.

Abschließend bleibt zu hoffen, dass die Entwicklungsarbeiten angewendet werden und kritisch in der weiteren Praxis erprobt werden. Zudem sollten die oben genannten Aspekte mittelfristig umgesetzt werden, um das Instrument handhabbarer zu machen. Ggf. sollten Indikatoren zusammengeführt und vereinfacht oder durch Neuerungen ersetzt werden.

13 Literaturverzeichnis

ABERCROMBIE, N.; HILL, S. & B.S. TURNER (1984): Dictionary of sociology. Harmondsworth, UK, Penguin.

ANTON, A.; CASTELLS, F.; MONTERO, J.I & M. HUIJBREGTS (2004): Comparison of toxicological impacts of integrated and chemical pest management in Mediterranean greenhouses. Chemosphere, 54: 1225-1235.

ARNOT, J.A. & D. MACKAY (2008): Policies for Chemical Hazard and Risk Priority Setting: Can Persistance, Bioaccumulation, Toxicity and Quantity Information Be Combinded? Environmental Science & Technology, 42, 1: 4648-4654.

BAFU (BUNDESAMT FÜR UMWELT, Hrsg.) (2009): Methode der ökologischen Knappheit – Ökofaktoren 2006. Methode für die Wirkungsabschätzung in Ökobilanzen. http://www.bafu.admin.ch/publikationen/publikation/01031, 10.07.2009.

BASF SE (Hrsg.) (2004): Seminar zur SEEBALANCE-Methode. Interne Präsentation der BASF SE (unveröffentlicht). Ludwigshafen.

BASF SE (Hrsg.) (2006): Daten und Fakten 2006 – BASF Gruppe. http://www.berichte.basf.de/de/2006/datenundfakten, 18.04.2007.

BASF SE (Hrsg.) (2007a): REACh – Status and Implementation. Präsentation, gehalten am 16.02.2007 in Ludwigshafen (unveröffentlicht). Ludwigshafen.

BASF SE (Hrsg.) (2007b): Über uns – Strategie. http://corporate.basf.com/de/ueberuns/strategie, 18.04.2007.

BASF SE (Hrsg.) (2008): BASF Bericht 2008. http://bericht.basf.com/2008/de/serviceseiten/downloads/files/BASF_ Bericht_2008.pdf, 23.10.2009.

BASF SE (Hrsg.) (2009a): Wir gestalten Zukunft – Daten und Fakten 2009. http://berichte.basf.de/basfir/img/datenundfakten/2009/BASF_Daten_und_Fakten_2009_d.pdf?id=Q8wzcEwbTbir2xH, 23.10.2009.

BASF SE (Hrsg.) (2009b): Seminarunterlagen. Die Ökoeffzienz-Analyse nach BASF. Seminar zur Methodik (unveröffentlicht). Ludwigshafen.

BASF SE (Hrsg.) (2010): Was ist SEEBALANCE? http://www.basf.com/group/corporate/de/sustainability/eco-efficiency-analysis/seebalance, 10.05.2010.

BAßELER, U.; HEINRICH, J. & B. UTECHT (2002): Grundlagen und Probleme der Volkswirtschaft. (17. überarbeitete Auflage). Schäffer-Poesschel Verlag, Stuttgart.

BAUA (BUNDESANSTALT FÜR ARBEITSSCHUTZ UND ARBEITSMEDIZIN, Hrsg.) (2007): Erste Schritte unter der neuen EU-Verordnung REACh – Informationen für Hersteller, Importeure und Verwender von Chemikalien. (1. Auflage). BAUA, Dortmund.

BAVC (INSTITUT DER DEUTSCHEN WIRTSCHAFT & BUNDESARBEITGEBERVERBAND CHEMIE, HRSG.) (2005): Indikatoren zur Wettbewerbsfähigkeit der deutschen chemischen Industrie. http://www.bavc.de/bavc/mediendb.nsf/gfx/MED_MSCR-7N9HT2_49A2B7/$file/IW_Studie_Chemie_BAVC_Endfassung_2005.pdf, 13.10.2009.

BEHRENS, T.; KOLPIN, J.; SEURING, S. & U. SCHNEIDEWIND (2002): Nachhaltigkeit in der deutschen Waschmittelindustrie. Abschlussbericht zum Forschungsprojekt im Auftrag des Industrieverbandes Körperpflege und Waschmittel. Universität Oldenburg, Fachgebiet Produktion und Umwelt (PUM). Oldenburg.

BFR (BUNDESINSTITUT FÜR RISIKOBEWERTUNG, Hrsg.) (2007): REACh: Die neue Chemikalienpolitik in Europa – Was ändert sich für Verbraucher? http://www.bfr.bund.de/cm/238/reach_die_neue_chemikalienpolitik_in_-europa.pdf, 07.03.2009.

BLEISCHWITZ, R. (2004): Governance of sustainable development: co-evolution of corporate and political strategies. International Journal of Sustainable Development, 7, 1: 27-43.

BMAS (BUNDESMINISTERIUM FÜR ARBEIT UND SOZIALES, Hrsg.) (2006): Sicherheit und Gesundheit bei der Arbeit 2006. Bericht der Bundesregierung über den Stand von Sicherheit und Gesundheit bei der Arbeit und über das Unfall- und Berufskrankheitengeschehen in der Bundesrepublik Deutschland im Jahre 2006. http://osha.europa.eu/fop/germany/de/statistics/statistiken/suga/suga2006, 11.01.2010.

BMU (BUNDESMINISTERIUM FÜR UMWELT, NATURSCHUTZ UND REAKTORSICHERHEIT, Hrsg.): Folgenabschätzungen zu den wirtschaftlichen Nutzen und Kosten der neuen Europäischen Chemikalienpolitik (REACh). Eine zusammenfassende Dokumentation. UMWELT Nr. 3 / 2005. Sonderteil. http://www.reach-info.de/03_entwicklung/01_wirtschaftlichkeit/02_Workshop/Sond3.pdf, 09.04.2007.

BODEN, R. & J. FROUD (1996): Obeying the Rules: Accounting for Regulatory Compliance Costs in the United Kingdom. Accounting, Organizations and Society, 21, 6: 529-1996.

BRAUNGART, M & W. MCDONOUGH (2008): Einfach intelligent produzieren. Cradle to Cradle: Die Natur zeigt, wie wir die Dinge besser machen können. (3. Auflage). BvT Berliner Tachenbuch Verlag, Berlin.

BUNKE, D. & K. GRAULICH (2003): Ein Indikator für den Einsatz gefährlicher Stoffe in Produkten und Prozessen: Monoethylenglykol-Äquivalente. Zeitschrift für Umweltchemie und Ökotoxikologie, 15, 2: 106-114.

CALCAS (COORDINATION ACTION FOR INNOVATION IN LIFE CYCLE ANALYSIS FOR SUSTAINABILITY, Hrsg.) (2006): D4 Models and Tools to consider. Position paper on models and tools which may be related to LCA or might expand LCA. http://fr1.estis.net/sites/calcas/default.asp?site=calcas&page_id=E2669B0F-9DB7-4D1E-95B0-407BC7949030, 18.11.2009.

CEFIC (CONSEIL EUROPEEN DE L'INDUSTRIE CHIMIQUE, Hrsg.) (2009a): Who we are? http://www.cefic.org/en/about-cefic.html, 19.10.2009.

CEFIC (CONSEIL EUROPEEN DE L'INDUSTRIE CHIMIQUE, Hrsg.) (2009b): Our Vision, Mission, Goals. http://www.cefic.org/en/vision-mission-goals.html, 19.10.2009.

CHAUCHOT, C. (2006): Data Assessment for an Eco-Toxicity Database within the SEEBALANCE® Analysis. Praktikumsbericht für Ecole Supérieure d'Ingénieurs de Chambéry (unveröffentlicht). Chambéry.

CHEMG (CHEMIKALIENGESETZ) (2002): Gesetz zum Schutz vor gefährlichen Stoffen. http://www.gesetze-im-internet.de/bundesrecht/chemg/gesamt.pdf, 16.03.2010.

CHEMICALS POLICY INITIATIVE (2009): What is chemicals policy? http://www.chemicalspolicy.org/index.shtml, 11.08.2009.

ChemSEC (2009): SIN List (Substitute It Now) 1.1.. http://www.chemsec.org/images/stories/publications/Downloads/091013_SIN_list_1.1_2.pdf, 19.10.2009.

CIA World Factbook (2008): Historical Data Graphs. http://indexmundi.com, 14.07.2009.

CML (LEIDEN UNIVERSITY, Hrsg.) (1999): Chainet – European network on chain analysis for environmental decision support. http://www.leidenuniv.nl/interfac/cml/ssp/projects/chainet/tools-mca.html, 20.11.2009.

CML (LEIDEN UNIVERSITY, Hrsg.) (2001): European Network of Environmental Input-Output Analysis. http://www.leidenuniv.nl/cml/ssp/projects/envioa/proceeding1.pdf, 20.11.2009.

COENEN, R. (2000): Konzeptionelle Aspekte von Nachhaltigkeitsindikatorensystemen. TA Datenbank-Nachrichten, Nr. 2, 9: 47-53. http://www.itas.fzk.de/deu/tadn/tadn002/-inhalt.htm, 11.10.2001.

CONSULTIC MARKETING & INDUSTRIEBERATUNG GMBH (2008): Vermarktung Ökoeffizienz-Analyse und SEEBALANCE® Teil 2 – Quantitative Analyse in Deutschland, UK, Frankreich und USA. Auftragsstudie für die BASF SE (unveröffentlicht). Alzenau.

DESTATIS (STATISTISCHES BUNDESAMT, Hrsg.) (2003): Arbeitskosten im Produzierenden Gewerbe und ausgewählten Dienstleistungsbereichen. Fachserie 16, H. 1, Wiesbaden.

DESTATIS (STATISTISCHES BUNDESAMT, Hrsg.) (2004a): Produzierendes Gewerbe, Kostenstruktur der Unternehmen des Verarbeitenden Gewerbes sowie des Bergbaus und der Gewinnung von Steinen und Erden 2002. Fachserie 4, Reihe 4.3, Wiesbaden.

DESTATIS (STATISTISCHES BUNDESAMT, Hrsg.) (2004b): Kostenstruktur der Unternehmen im Baugewerbe 2002. Fachserie 4, Reihe 5.3, Wiesbaden.

DESTATIS (STATISTISCHES BUNDESAMT, Hrsg.) (2004c): Beschäftigung, Umsatz, Investitionen und Kostenstruktur der Unternehmen in der Energie- und Wasserversorgung 2002. Fachserie 4, Reihe 6.1, Wiesbaden.

DESTATIS (STATISTISCHES BUNDESAMT, Hrsg.) (2004d): Arbeitskostenerhebung 2004, E-Mail von Roland Günther, Statistisches Bundesamt, Gruppe V D - Verdienste und Arbeitskosten, Wiesbaden.

DESTATIS (STATISTISCHES BUNDESAMT, Hrsg.) (2006a): Produktionsstatistik für das produzierende Gewerbe 2006. Datei: BASISTAB. 2006.xls Kontakt: Roman Semlitsch, Tel. +49 611 75-2822, roman.semlitsch@destatis.de.

DESTATIS (STATISTISCHES BUNDESAMT, Hrsg.) (2006b): Importstatistik 2006. Datei: 4760_07.xls Kontakt: Anke Markert, Tel. +49 611 75-4565, anke.markert@destatis.de.

DESTATIS (STATISTISCHES BUNDESAMT, Hrsg.) (2006c): Beschäftigung und Umsatz der Betriebe des Verarbeitenden Gewerbes sowie des Bergbaus und der Gewinnung von Steinen und Erden 2006. Fachserie 4, Reihe 4.1.1, Wiesbaden.

DESTATIS (STATISTISCHES BUNDESAMT, Hrsg.) (2007a): Arbeitskostenerhebungen Arbeitskosten im Produzierenden Gewerbe und im Dienstleistungsbereich – Ergebnisse für Deutschland. Fachserie 16, Heft 1, Wiesbaden.

DESTATIS (STATISTISCHES BUNDESAMT, Hrsg.) (2007b): Produzierendes Gewerbe Beschäftigte und Umsatz der Betriebe im Baugewerbe. Fachserie 4, Reihe 5.1, Wiesbaden.

DESTATIS (STATISTISCHES BUNDESAMT, Hrsg.) (2007c): Produzierendes Gewerbe – Beschäftigte, Umsatz und Investitionen der Unternehmen und Betriebe des Verarbeitenden Gewerbes sowie des Bergbaus und der Gewinnung von Steinen und Erden 2005. Fachserie 4, Reihe 4.2.1, Wiesbaden.

DESTATIS (STATISTISCHES BUNDESAMT, Hrsg.) (2007d): Außenhandel Deutschland. Sonderauswertung für BASF SE (unveröffentlicht). Wiesbaden.

DESTATIS (STATISTISCHES BUNDESAMT, Hrsg.) (2008a): Produzierendes Gewerbe, Kostenstruktur der Unternehmen des Verarbeitenden Gewerbes sowie des Bergbaus und der Gewinnung von Steinen und Erden. Fachserie 4, Reihe 4.3, Wiesbaden.

DESTATIS (STATISTISCHES BUNDESAMT, Hrsg.) (2008b): Produzierendes Gewerbe, Kostenstruktur der Unternehmen im Baugewerbe. Fachserie 4, Reihe 5.3, Wiesbaden.

DESTATIS (STATISTISCHES BUNDESAMT, Hrsg.) (2008c): Beschäftigung, Umsatz, Investitionen und Kostenstruktur der Unternehmen in der Energie- und Wasserversorgung. Fachserie 4, Reihe 6.1, Wiesbaden.

DESTATIS (STATISTISCHES BUNDESAMT, Hrsg.) (2008d): Finanzen und Steuern. Umsatzsteuer. Fachserie 14, Reihe 8, Wiesbaden.

DESTATIS (STATISTISCHES BUNDESAMT, Hrsg.) (2008e): Zusammenfassende Übersichten für den Außenhandel – vorläufige Ergebnisse. Fachserie 7, Reihe 1, Wiesbaden.

DESTATIS (STATISTISCHES BUNDESAMT, Hrsg.) (2008f): Volkswirtschaftliche Gesamtrechnung (VGR) Produktions- und Importabgaben sowie Subventionen Gliederung nach Wirtschaftsbereichen 2006, Wiesbaden.

DESTATIS (STATISTISCHES BUNDESAMT, Hrsg.) (2008g): Produzierendes Gewerbe Beschäftigte, Umsatz und Investitionen der Unternehmen und Betriebe des Verarbeitenden Gewerbes sowie des Bergbaus und der Gewinnung von Steinen und Erden. Fachserie 4, Reihe 4.2.1, Wiesbaden.

DESTATIS (STATISTISCHES BUNDESAMT, Hrsg.) (2008h): Exporte aus Deutschland, Wert- und Massenmäßig für 2004-2006. Sonderauswertung für BASF SE (unveröffentlicht). Wiesbaden.

DESTATIS (STATISTISCHES BUNDESAMT, Hrsg.) (2008i): Verdienste und Arbeitskosten. Verdienststrukturerhebung. Fachserie 16, Heft 1, Wiesbaden.

DESTATIS (STATISTISCHES BUNDESAMT, Hrsg.) (2008j): Export-Entwicklung 2004-2006. Sonderauswertung für BASF SE (unveröffentlicht). Wiesbaden.

DEUTSCHE BUNDESBANK (2009): Monatsbericht Januar 2009. Monatsbericht 61, 1, ISSN 1861-5872.

DEUTSCHER BUNDESTAG (Hrsg.) (1994): Die Industriegesellschaft gestalten – Perspektiven für einen nachhaltigen Umgang mit Stoff- und Materialströmen. Enquete-Kommission "Schutz des Menschen und der Umwelt – Ziele und Rahmenbedingungen einer nachhaltig zukunftsverträglichen Entwicklung" des 12. Deutschen Bundestages. Bonn.

DEUTSCHER BUNDESTAG (Hrsg.) (1998): Konzept Nachhaltigkeit – vom Leitbild zur Umsetzung. Abschlußbericht der Enquete-Kommission "Schutz des Menschen und der Umwelt - Ziele und Rahmenbedingungen einer nachhaltig zukunftsverträglichen Entwicklung" des 13. Deutschen Bundestages. Bonn.

ECHA (EUEROPEAN CHEMICALS AGENCY, Hrsg.) (2008a): Guidance on Socio-Economic Analysis – Restrictions. http://guidance.echa.europa.eu/docs/guidance_document/sea_restrictions_en.pdf, 21.09.2009.

ECHA (EUEROPEAN CHEMICALS AGENCY, Hrsg.) (2008b): Proposals to Identify Substances of Very High Concern: Annex XV reports for commenting by Interested Parties. http://echa.europa.eu/consultations/authorisation /svhc/svhc_cons_en.asp, 23.09.2009.

ECHA (EUEROPEAN CHEMICALS AGENCY, Hrsg.) (2009): EChA-Workshop in Helsinki, 21-22 Oktober 2008 „Applying socio-economic analysis as part of restriction proposals under REACh. http://echa.europa.eu/doc/reach /sea_workshop_proceedings_20081021.pdf, 14.09.2009.

ECHA (EUEROPEAN CHEMICALS AGENCY, Hrsg.) (2010): Glossar. http://guidance.echa.europa.eu/public-2/glossary. htm?lang=de, 22.02.2010.

ECOINVENT DATABASE (2007). http://www.ecoinvent.org, 18.09.2009.

ENDRES, A. & K. HOLM-MÜLLER (1998): Die Bewertung von Umweltschäden. Theorie und Praxis sozioökonomischer Verfahren. Kohlhammer, Stuttgart.

ENTEC (Hrsg.) (2007a): Technical Guidance Document for SEA – Authorisation Process. Draft Final Document 18th December 2007, (unveröffentlicht).

ENTEC (Hrsg.) (2007b): Technical Guidance Document for SEA – Restriction Process. Draft Final Document 20th December 2007, (unveröffentlicht).

EPER (EUROPÄISCHE SCHADSTOFFEMISSIONSREGISTER, Hrsg.) (2010): Europäische Schadstoffemissionsregister. http://www.eper.de, 05.03.2010.

ERLACH, N. (2008): GHS Klassifikation inklusive der H-Statements. BASF SE internes Dokument, erstellt von Frau Dr. Erlach (unveröffentlicht). Ludwigshafen.

EU KOM (EUROPÄISCHE KOMMISSION, Hrsg.) (2001): Introduction and discussion paper for the Best Procedure Project on Business Impact Assessment in Member States. http://ec.europa.eu/enterprise-/regulation/better_regulation/impact_assessment/bia/best_procedure/bp_report_intro.pdf, 18.11.2009.

EU KOM (EUROPÄISCHE KOMMISSION, Hrsg.) (2004): Cost-benefit assessment and prioritisation of vehicle safety technologies. Framework Contract TREN/A1/56-2004. http://ec.europa.eu/transport/roadsafety_library-/publications/vehicle_safety_technologies_final_report.pdf, 09.12.2009.

EU KOM (EUROPÄISCHE KOMMISSION, Hrsg.) (2005): Leitfaden zur Folgenabschätzung. Impact Assessment Guideline. http://ec.europa.eu/governance/impact/docs/SEC2005_791_IA%20guidelines_annexes.pdf, 17.04.2007.

EU KOM (EUROPÄISCHE KOMMISSION, Hrsg.) (2006a): Environment fact sheet: REACh – a new chemicals policy for the EU. http://ec.europa.eu/environment/pubs/pdf/factsheets/reach.pdf, 11.08.2009.

EU KOM (EUROPÄISCHE KOMMISSION, Hrsg.) (2006b): REACh in Brief, September 2006. http://ecb.jrc.it/documents/REACh/REACh_in_brief_council_comm_pos_060905.pdf, 06.01.2008.

EU KOM (EUROPÄISCHE KOMMISSION, Hrsg.) (2008), Impact Assessment Tools. http://iatools.jrc.ec.europa.eu/bin/view/IQTool/WebHome.html, 24.07.2008.

EUROPÄISCHE KOMMISSION / GENERALDIREKTION III (1998): Working Paper on Risk Management in the Framework of Council Directive 76/769/EEC on the approximation of the laws, regulations and administrative provisions of the Memeber States relating to the restrictions on the marketing and use of certain dangerous substances and preparations. Brüssel.

EU (EUROPÄISCHE UNION, Hrsg.) (2006): Stellungnahme des Europäischen Wirtschafts- und Sozialausschusses zum Thema Bessere Rechtsetzung. http://eur-lex.europa.eu/LexUriServ/site/de/oj/2006/c_024/c_0242 0060131d e00390051.pdf, 2.10.2007.

EUROSTAT (Hrsg.) (2008): Statistics on the production of manufactured goods 2006. http://www.eds-destatis.de/de/theme4/prodcom.php, 11.01.2009.

EUROSTAT (Hrsg.): (2006): Industry, trade and services. Theme 4-25/2003. http://www.eds-destatis.de/en/downloads/sif/np_03_25.pdf, 11.01.2010.

FINNVEDEN, G. (1997): Valuation Methods Within LCA – Where are the Values? International Journal of Life Cycle Assessment, 2, 3: 163-169.

FINNVEDEN, G.; AHLROTH, S. & E. AOUSTIN (2009): Monetary weighting methods for LCA. Präsentation auf SETAC 2009, LC02A-4.

FINNVEDEN, G.; ELDH, P. & J. JOHANSSON (2006): Weighting in LCA Based on Ecotaxes – Development of a Mid-point Method and Experiences from Case Studies. International Journal of Life Cycle Assessment, 11, Special Issue 2: 81-88.

FLEISCHER, M. (2003): Regulation and Innovation in the Chemical Industry: A Comparison of the EU, Japan and the USA. Surface Coatings International Part B: Coatings Transactions, 86, 1: 21–29.

FLUCK, J. (2007): REACh: Stoffinformationen in der Lieferkette. Stoffrecht, 4, 2: 62-69.

FRANK, U.; GREINER, P.; HELMICH, S.; NENNO, W.; PREUSS, G. & C. SCHULTE (2007): 25 Jahre Chemikaliengesetz – Von Seveso bis REACh. Zeitschrift für Umweltchemie und Ökotoxikologie, 19, 1: 1-3.

FRANZE, J. & A. CIROTH (2009): Social Life Cycle Assessment of Roses – a Comparison of Cut Roses from Ecuador and the Netherlands. http://www.lcacenter.org/LCA9/presentations/1055.pdf, 23.10. 2009.

FÜHR, M. (2007): Schnittstellen zwischen EG-Chemikalienrecht und Anlagen- und Wasserrecht. In: FÜHR, M.; WAHL, R. & P. VON WILMOWSKY (Hrsg.): Umweltrecht und Umweltwissenschaft - Festschrift für Eckard Rehbinder, 307-330. Erich Schmidt, Berlin.

FÜHR, M. & K. BIZER (2007): REACh as a paradigm shift in chemical policy – responsive regulation and behavioural models. Journal of cleaner production, 15, 4: 327-334.

GEFSTOFFV (GEFAHRSTOFFVERORDNUNG) (2004): Verordnung zum Schutz vor Gefahrstoffen. http://www.baua.de/-nn_12292/de/Themen-von-A-Z/Gefahrstoffe/Rechtstexte/pdf/Gefahrstoffverordnung.pdf, 16.03.2010.

GHS (GLOBAL HORMANIZED SYSTEM) (2005): Comparison between EU and GHS Criteria Human Health and Environment, GHS ST/SG/AC.10/30. http://www.reach-info.pl/5,rozporzadzenie_1272_2008_clp.html, 18.02.2010.

GOEDKOOP, M.; MÜLLER-WENK, R.; HOFSTETTER, P. & R. SPRIENSMA (1998): The Eco-Indicator 99 explained. International Journal of Life Cycle Assessment, 3, 6: 352–360.

GÖRLACH, B. (2006): Example of an Evaluation Tool: Ex-Post Cost-Effectiveness Analyses of Environmental Policies. http://eea.eionet.europa.eu/Public/irc/eionet-circ-le/etc_waste/library?l=/effectiveness_evaluation/presentations/copenhagen_031106ppt/_EN_1.0_&a=d., 16. 10.2007.

GRATZER, H.; HAFENER, S. & U. VÖTT (2007): Nachhaltigkeitsmanagement bei der BASF - von der Invention und Innovation zum Markterfolg – Gruppe 5. Nachhaltige Chemikalienbewertung. Abschlussarbeit für Modul 12. der Leuphana Lündeburg (unveröffentlicht). Lüneburg.

HANSJÜRGENS, B. (2000): Cost-benefit analysis in risk management - a step towards more rationality. In: WINTER, G. (Hrsg.): Risk Assessment and Risk Management of Toxic Chemicals in the European Community - Experiences and Reform. Nomos, 147-151, Baden-Baden.

HAUFF VON, M. ; LINGNAU, V. & K. ZINK (2008): Nachhaltiges Wirtschaft – Integrierte Konzepte. (1. Auflage). Nomos, Baden-Baden.

HAUSCHILD, M. & H. WENZEL (1998): Environmental assessment of products. Kluwer, Hingham, MA, USA.

HARDES, H.-D. (2007): Grundzüge der Volkswirtschaftslehre. http://books.google.de/books?id=zYqtinDk9u4C&pg=PA33&dq=Volkswirtschaft+Einf%C3%BChrung&ei=3OTNStjKIJPGywTMkeWZBg#v=onepage&q=Volkswirtschaft%20Einf%C3%BChrung&f=true, 13.10.2009.

HERTWICH, E.; MATALES, S.F.; PEASE, W.S. & T.E. MCKONE, T.E. (2001): Human toxicity potenzials for life-cycle assessment and toxics release inventory risk screening. Environmental Toxicology & Chemistry, 20, 4: 928-939.

HIRD, J.A. (1994): Superfund: The Political Economy of Environmental Risk. John Hopkins University Press, Baltimore, USA.

HOFSTETTER, P. (1999): Starting Point Weighting Methods. Hints and Hits for the Development and Harmonisation of Characterisation Models. Global LCA Village (1999): 1-6.

HUIJBREGTS, M. (2009): Database for Multimedia Toxic Pollutants. http://www.ru.nl/environmentalscience/research/life_cycle/multimedia_toxic/, 18.09.2009.

HUIJBREGTS, M.; GEELEN, L.; HERTWICH, E.; MCKONE, T. & D. VAN DE MEENT (2004): Human intake fraction of toxic pollutants: a model comparison between caltox and uses-lca. Lawrence Berkeley National Laboratory.

HUIJBREGTS, M.A.J.; ROMBOUTS, L.J.A.; RAGAS, A.M.J. & D. VAN DE MEENT (2005a). Human-toxicological effect and damage factors for life-cycle impact assessment of carcinogenic and noncarcinogenic chemicals. Integrated Environmental Assessment and Management, 3: 181-244.

HUIJBREGTS, M.A.J.; STRUIJS, J.; GOEDKOOP, M.; HEIJUNGS, R.; HENDRIKS, A.J. & D. VAN DE MEENT (2005b): Human population intake fractions and environmental fate factors of toxic pollutants in life cycle impact assessment. Chemosphere, 61:1495-1504.

HUIJBREGTS, M.; THISSEN, U.; GUINÉE, J.B.; JAGER, T.; KALF, D.; VAN DE MEENT, D., RAGAS, A.M.J.; WEGENER SLEESWIJK, A. & L. REIJNDERS (2000): Priority assessment of toxic substances in life cycle assessment. Part I: calculation of toxicity potentials for 181 substances with the nested multi-media fate, exposure and effects model USES-LCA. Chemosphere, 41, 4: 541–573.

HUNKELER, D. & G. REBITZER (2003): Life Cycle Costing in LCM. International Journal of Sustainable Development, 8, 5: 253-256.

HUPPES, G.; DAVIDSON, M.D.; KUYPER, J.; VAN OERS, L.; UDO DE HAES, H.A. & G. WARRINGA (2007): Eco-efficient environmental policy in oil and gas production in The Netherlands. Ecological Economics, 61, 1: 43-51.

HVBG (HAUPTVERBAND DER GEWERBLICHEN BERUFSGENOSSENSCHAFTEN, Hrsg.) (2002): Geschäfts- und Rechnungsergebnisse der gewerblichen Berufsgenossenschaften 2001. Paderborn.

ICCA HPV (2010): Chemical Tracking System. http://www.iccahpv.com, 05.03.2010.

IFM BONN (INSTITUT FÜR MITTELSTANDSFORSCHUNG BONN, Hrsg.) (2003): Unternehmensgrößen in Deutschland. Zahlen aus dem Unternehmensregister. http://www.ifm-bonn.de/assets/documents/unternehmensregister-18-12-06.pdf, 16.03.2010.

IIASA (INTERNATIONAL INSTITUTE FOR APPLIED SYSTEMS ANALYSIS, Hrsg.) (2009): Advanced Modeling Methods and Tools. http://www.iiasa.ac.at/Research/RMS/Projects /NEEDS.html?sb=17, 20.11.2009.

INGEROWSKI, J.B.; KÖLSCH, D. & H. TSCHOCHOHEI (2008a): Anspruchsgruppen in der neuen europäischen Chemikalienregulierung (REACh). http://www.leuphana.de/csm/content/nama/downloads/download_publikationen/68-9_download.pdf, 11.08.2009.

INGEROWSKI J. B.; KÖLSCH, D. & TSCHOCHOHEI (2008b): Anspruchsgruppen in der neuen europäischen Chemikalienregulierung (REACh). Zeitschrift für Umweltpolitik und Umweltrecht, 31, 3: 315-354.

INGEROWSKI, J.-B.; KÖLSCH, D. & H. TSCHOCHOHEI (2009): REACh and the role of stakeholders in its socio-economic analysis. Journal of Business Chemistry, 6, 2: 69-87.

ISO 14040 (2006): Umweltmanagement – Ökobilanz – Grundsätze und Rahmenbedingungen. Beuth, Berlin.

ISO 14044 (2006): Umweltmanagement – Ökobilanz – Anforderungen und Anleitungen. Beuth, Berlin.

ITSUBO, N. & A. INABA (2003): A new LCIA method: LIME has been completed. International Journal of Life Cycle Assessment, 8, 5: 305-305.

JENSEN, I. (2001): The Leontief Open Production Model or Input-Output Analysis. http://online.redwoods.cc.ca.us/ instruct/darnold/laproj/Fall2001/Iris/lapaper.pdf, 20.11.2009.

JOHNSON, E. (2003): Impact of the EU's 'REACh' Chemicals Policy. PEP REview 2000-10. SRI Consulting. http://portal.sirius.basf-ag.de:8086/portal/streamer?fid=439237, 23.10.2009.

JOLLIET, O.; MARGNI, M.; CHARLES, R.; HUMBERT, S.; PAYET, J.; REBITZER, G. & R.K. ROSENBAUM (2003): IMPACT 2002+: a new life cycle impact assessment methodology. International Journal of Life Cycle Assessment, 8, 6: 324-330.

KICHERER, A.; SALING, P. & I. SCHMIDT (2002): Grundlage der Ökoeffizienzanalyse nach BASF. In: BIIRKHOFER, H.; SPATH, D.; WINZER, P. & D. MÜLLER (Hrsg.): Umweltgerechte Produktentwicklung. Ein Leitfaden für Entwicklung und Konstruktion. Loseblattsammlung, 1-14, Beuth, Berlin.

KILIAN, R. (2005): Kosten-Effektivitätsanalyse und Kosten-Nutzwertanalyse medizinischer Maßnahmen. http://www.uni-ulm.de/ice/download/Kosten-EffektivitaetsanalyseWS05.pdf , 14.10.2007.

KLAUS, G.; SCHMILL, J.; SCHMID, B. & P. EDWARDS (2000): Biologische Vielfalt – Perspektive für das neue Jahrhundert. Birkhäuser, Basel.

KLAWITTER, N. (2007): Lobbyismus in der EU. Kapitulation im Kampf gegen die Krebserreger. In: Spiegel Online vom 28.01.2007. http://www.spiegel.de/wirtschaft/0,1518,461994,00.html, 19.09.2007.

KLÖPFFER, W. (2003): Life-Cycle Based Methods for Sustainable Product Development. International Journal of Life Cycle Assessment, 8, 3: 157-159.

KOCH, E.R. & F. VAHRENHOLT (1978): Seveso ist überall. Die tödlichen Risiken der Chemie. (2.Auflage). Verlag Kiepenheuer & Witsch, Köln.

KOCH, E.R. & F. VAHRENHOLT (1980): Im Ernstfall Hilflos: Katastrophenschutz Bei Atom- U. Chemieunfallen. Verlag Kiepenheuer & Witsch, Köln.

KOPFMÜLLER, J.; BRANDEL, V.; JÖRISSEN, J.; PAETAU, M.; BANSE, G.; COENEN, R. & A. GRUNDWALD (2001): Nachhaltige Entwicklung integrativ betrachtet – konstitutive Elemente, Regeln, Indikatoren. Helmholtz-Gemeinschaft deutscher Forschungszentren (HGF). Global zukunftsfähige Entwicklung – Perspektiven für Deutschland, Bd. 1, Berlin.

KRUKER MEIER, V. & J. RAUH (2005): Arbeitsmethoden der Humangeographie. Wissenschaftliche Buchgesellschaft, Darmstadt.

KYTZIA, S. & I. SEIDL (1999): Monetarisierung - ein Weg für die vergleichende Bewertung von Umweltschäden? In: HOFSTETTER P., METTIER T. & O. TIETJE (Hrsg.): Ansätze zum Vergleich von Umweltschäden, Nachbearbeitung des 9. Diskussionsforums Ökobilanzen vom 4. Dezember 1998; 34-43 ETH Zürich.

LANDSIEDEL, R. & P. SALING (2002): Assessment of Toxicological Risks for Life Cycle Assessment and Eco-efficiency Analysis. International Journal of Life Cycle Assessment, 7, 5: 261-268.

LIFE CYCLE INITIATIVE (2009): http://fr1.estis.net/builder/includes/page.asp?site=lcinit&page_id=552B5B99-5ECA-4575-942E-FBD1E82541EF, 18.09.2009.

LINDEIJER, E. (1996): Normalization and Valuation. Part VI of the SETAC Working Group Report on LCA Impact Assessment. IVAM Environmental Research, University of Amsterdam, The Netherlands.

LONERGAN S. C. & C. COCKLING (1985): The USE of Input-Output Analysis in Environmental Planning. Journal of environmental management, 20, 2: 129-147.

LUBW (LANDESANSTALT FÜR UMWELT, MESSUNGEN UND NATURSCHUTZ BADEN-WÜRTTEMBERG, Hrsg.) (2007): Basiswissen REACh. http://www.reach.baden-wuerttemberg.de/servlet/is/14272/, 17.09.2007.

MADLENER, R. & S. STAGL (2001): Sozio-ökologisch-ökonomische Beurteilung handelbarer Zertifikate und garantierter Einspeisetarife für Ökostrom. http://www.project-artemis.net/docs/madstag_vienna2001_iewt 2001.pdf, 20.11.2009.

MCKONE, T. (2001) Ecological toxicity potentials (ETPs) for substances released to air and surface waters. Environmental Health Sciences Division, School of Public Health, University of California, Berkeley, CA.

MCKONE, T.; BENNETT, D. & R. MADDALENA (2001): CalTOX 4.0 Technical support document. Lawrence Berkeley National Laboratory, Berkeley, CA.

MINERALÖLWIRTSCHAFTSVERBAND E.V. (2007): Amtliche Mineralöldaten 2006 für Deutschland. http://www.mwv.de, 18.09.2009.

MUNASINGHE, M. (2007): Multi-criteria analysis in environmental decision-making. http://www.eoearth.org/article /Multi-criteria_analysis_in_environmental_decision-making, 20.11.2009.

MURRAY, C.J.L.; EVANS, D.B.; ACHARYA, A. & R.M.P.M. BALTUSSEN (2000): Development of WHO guidelines on generalized cost-effectiveness analaysis. Health economis, 9: 235-251.

NETZWERK LEBENSZYKLUSDATEN (Hrsg.) (2009): LCIA method information. http://www.netzwerk-lebenszyklusdaten. de/cms/content/site/lca/Home/Aktivitaeten/LCIAcorner/LCIAmethods, 10.07.2009.

OMPULSON (2009): Wissen für Business und Management. http://www.onpulson.de/lexikon/2656/kostenwirksam keitsanalyse/, 19.11.2009.

ORGANISATION FOR ECONOMIC CO-OPERATION AND DEVELOPMENT (OECD, Hrsg.) (1999a): Proceedings of the OECD workshop on the integration of socio-economic analysis in chemical risk management. Paris.

ORGANISATION FOR ECONOMIC CO-OPERATION AND DEVELOPMENT (OECD, Hrsg.) (1999b): Guidance for conducting retrospective socio-economic analysis. Paris.

ORGANISATION FOR ECONOMIC CO-OPERATION AND DEVELOPMENT (OECD, Hrsg.) (2000a): Towards Sustainable Development – Indicators to Measure Progress. Proceedings of the OECD Rome Conference. Paris.

ORGANISATION FOR ECONOMIC CO-OPERATION AND DEVELOPMENT (OECD, Hrsg.) (2000b): Framework for integrating socio-economic analysis in chemical risk management decision making. Paris.

ORGANISATION FOR ECONOMIC CO-OPERATION AND DEVELOPMENT (OECD, Hrsg.) (2002): Technical guidance document on the of socio-economic analysis in chemical risk management decision making. Paris.

ORGANISATION FOR ECONOMIC CO-OPERATION AND DEVELOPMENt (OECD) (Hrsg.) (2006): Pollutant Release and Transfer Registers (PRTRs): A Tool for Environmental Policy and Sustainable Development – Guidance Manual, OECD. Paris.

OTT, W.R. (1978): Environmental Indices.Theory and Practice. Ann Arbor Science, Michigan.

PEARCE, D.W. (1994): The Great Environmental Values Debate. Environment and Planning, 26: 1329-1338.

PEARCE, D. & P. KOUNDOURI (2004): Regulatory assessment for chemicals: a rapid appraisal cost-benefit approach. Environmental Science & Policy, 7, 6: 435-49.

PENNINGTON, D.W.; MARGNI, M.; AMMANN, C. & O. JOLLIET (2005): Multimedia fate and human intake modeling: spatial versus nonspatial insights for chemical emissions in Western Europe. Environmental Science & Technology, 39, 4: 1119-1128.

PHILLIPS, C. & G. THOMPSON (2001): What is cost-effectiveness? http://www.jr2.ox.ac.uk/bandolier/painres/ download/whatis/Cost-effect.pdf, 16.10.2007.

PIEPENBRINK, M. & A. KICHERER (2004): Making Sustainability of Plastics Measurable. Kunststoffe, 9: 32-41.

POWELL, J. C.; PEARCE, D. W. & A. L. CRAIGHILL (1997): Approaches to Valuation in LCA Impact Assessment. International Journal of Life Cycle Assessment, 2, 1: 11-15.

PRE (2009): Input Output Analysis. http://www.pre.nl/simapro/inputoutput.htm, 20.11.2009.

PSOTTA, M. & M. ROTH (2007): Gänzlich geschwunden ist das Misstrauen nicht. Umweltschutz im Eigennutz – die Anstrengungen von Großkonzernen wie der BASF zeigen Wirkung, überzeugen aber noch nicht alle. In: Frankfurter Allgemeinen Zeitung am 21.08.2007.

RADERMACHER, W. (1998): Makro-ökonomische Kosten der Umweltinanspruchnahme. Zeitschrift für angewandte Umweltforschung, 11: 234-251.

REACH GUIDANCE (2009): Akteure in REACh. http://guidance.echa.europa.eu/actors_de.htm, 07.08.2009.

REACH-VO (EUROPÄISCHES PARLAMENT UND DER RAT DER EUROPÄISCHEN UNION, Hrsg.) (2006): Verordnung des Parlaments Verordnung des europäischen Parlaments und des Rates vom 18. Dezember 2006 zur Registrierung, Bewertung, Zulassung und Beschränkung chemischer Stoffe (REACh), zur Schaffung einer Europäischen Agentur für chemische Stoffe, zur Änderung der Richtlinie 1999/45/EG und zur Aufhebung der Verordnung (EWG) Nr. 793/93 des Rates, der Verordnung (EG) Nr. 1488/94 der Kommission, der Richtlinie 76/769/EWG des Rates sowie der Richtlinien 91/155/EWG, 93/67/EWG, 93/105/EG und 2000/21/EG der Kommission. http://eur-lex.europa.eu/LexUriServ/LexUriServ.do?uri=OJ:L:2006:396:000 1:0851:DE:PDF, 16.03.2010.

REAP, J.; ROMAN, F.; DUNCAN, S. & B. BRAS (2008a): A survey of unresolved problems in life cycle assessment. Part 1: goal and scope and inventory analysis. International Journal of Life Cycle Assessment, 13: 290-300.

REAP, J.; ROMAN, F.; DUNCAN, S. & B. BRAS (2008b): A survey of unresolved problems in life cycle assessment. Part 2: impact assessment and interpretation. International Journal of Life Cycle Assessment 13: 374-388.

REHBINDER, E. (1998): Allgemeine Regelungen – Chemikalienrecht. In: RENGELING, H.-W. (Hrsg.), Handbuch zum europäischen und deutschen Umweltrecht. Carl Heymanns, Köln.

RICHTER, M. (2006): REACh: Kaum geboren, schon geschwächt. BUND Greenpeace und WECF kritisieren zu wenig Schutz vor Chemikalien. Presseerklärung vom 13.12.2006. http://www.greenpeace.de/themen/-chemie/presseerklaerungen/artikel/reach_kaum_geboren_schon_geschwaecht/, 27.09.2007.

ROSENBAUM, R.; BACHMANN, T. M.; GOLD, L. S.; HUIJBREGTS, M.; JOLLIET, O.; JURASKE, R.; KOEHLER, A.; LARSEN, H.; MACLEOD, M.; MARGNI, M.; MCKONE, T.E.; PAYET, J.; SCHUHMACHER, M.; VAN DE MEENT, D. & M.Z. HAUSCHILD (2008): USEtox—the UNEP-SETAC toxicity model: recommended characterisation factors for human toxicity and freshwater ecotoxicity in life cycle impact assessment. International Journal of Life Cycle Assessment, 13: 532-546.

ROSENBAUM, R.; PENNINGTON, D.; MARGNI, M. & O. JOLLIET (2004): Documentation of the OMNITOX base model core Cobtribution to work package 8 and 9.

RPA (RISK & POLICY ANALYSTS) & STATISTICS SWEDEN (HRSG.) (2002): Assessment of the business impact of new regulations in the chemical sector. Prepared for European Commission. http://ec.europa.eu/enterprise/reach/docs/whitepaper/bia_report-2002_06.pdf, 01.11.2007.

RPA (RISK & POLICY ANALYSTS LIMITED) & SYKE (FINNISH ENVIRONMENT INSTITUTE) (HRSG.) (2006a): REACh Implementation Project 3.9-1: Preliminary Study for a Technical Guidance Document on Carrying Out a SEA or Input for One. Final Report – Part A. http://ecb.jrc.it/documents/REACh/RIP_FINAL_REPORTS/RIP_3.9-1_SEA/., 01.03.2007.

RPA (RISK & POLICY ANALYSTS LIMITED) & SYKE (FINNISH ENVIRONMENT INSTITUTE) (HRSG.) (2006b): REACh Implementation Project 3.9-1: Preliminary Study for a Technical Guidance Document on Carrying Out a SEA or Input for One. Final Report – Part B. http://ecb.jrc.it/documents/REACh/RIP_FINAL_REPORTS/RIP_3.9-1_SEA/., 01.03.2007.

SALING, P.; GENSCH C.-O.; KREISEL, G.; KRALISCH, D.; DIEHLMANN, A.; PREUßE, D.; MEURER, M.; KÖLSCH, D. & I. SCHMIDT (2007a): Entwicklung der Nachhaltigkeitsbewertung SEEbalance® – im BMBF-Projekt „Nachhaltige Aromatenchemie". Karlsruher Schriften zur Geographie und Geoökologie, Band 22, Karlsruhe.

SALING, P.; KICHERER, A.; DITTRICH-KRÄMER, B.; WITTLINGER, R.; ZOMBIK, W.; SCHMIDT, I.; SCHROTT, W. & S. SCHMIDT (2002): Eco-Efficiency Analysis by BASF – the Method. International Journal of Life Cycle Assessment, 7, 4: 203-218.

SALING, S., KICHERER, A., DITTRICH-KRÄMER, B. , WITTLINGER, R. ZOMBIK, W. & W. SCHROTT (2002b): Die Ökoeffizienz-Analyse nach BASF®. BASF SE internes Methodenpapier (unveröffentlicht). Ludwigshafen.

SALING, P.; KÖLSCH, D.; PIEROBON, M. & DIETRICH (2010): Socio-Economic Analysis for SVHC applications. Report for CEFIC. Endbericht der Fallstudie für den Auftraggeber CEFIC (unveröffentlicht). Ludwigshafen.

SALING, P.; MAISCH, R.; SILVANI, M. & N. KÖNIG (2005): Assessing the Environmental-Hazard Potential for Life Cycle Assessment, Eco-Efficiency and SEEBALANCE. International Journal of Life Cycle Assessment, 10, 5, 364-371.

SCHALTEGGER, S.; HERZIG, C.; KLEIBER, O. & J. MÜLLER (2002). Nachhaltigkeitsmanagement in Unternehmen – Konzepte und Instrumente zur nachhaltigen Unternehmensentwicklung. (1. Auflage). MuK, Berlin.

SCHALTEGGER, S. & A. STURM (1990): Ökologische Rationalität. Ansatzpunkte zur Ausgestaltung von ökologieorientierten Managementinstrumenten. Die Unternehmung, 44, 4: 273-290.

SCHELLER, A. & D. ALTWEGG (2001): Projekt MONET – Monitoring der nachhaltigen Entwicklung – Von der Definition zu den Postulaten Nachhaltiger Entwicklung. http://www.statistik.admin.ch/stat_ch/ber02/dev _dur_d_files/- dufr02.htm. 06.05.2002.

SCHMIDT, I. (2007): Nachhaltige Produktbewertung mit der Sozio-Ökoeffizienz-Analyse. Karlsruher Schriften zur Geographie und Geoökologie, Band 23, Karlsruhe.

SEIBERT, K. (2007): Vergleich von Lösemitteln aus ökologischer, ökonomischer und sozialer Sicht. Diplomarbeit am Institut für Geographie und Geoökologie der Universität Karlsruhe (TH) (unveröffentlicht). Karlsruhe.

SIEBERT, H. (2005): Economics of the Environment, Theory and Policy. (6. Auflage). Springer, Berlin.

SILBERMANN (2008): Sicherheitsdatenblat für Adipinsäure. http://www.silbermann.de/download/SDB/00070000.pdf, 18.09.2009.

SIMAPRO 7.1 (o.J.): MULTI USER. http://www.pre.nl/simapro/, 18.09.2009.

SLEESWIJK, A.W.; VAN OERS, L.; GUNIEE, G.; STRUIJS, J. & M. HUIBREGTS (O.J.): Normalisation in product life cycle assessment: An LCA of the Global and European Economic Systems in the year 2000. (unveröffentlicht).

SPORT (STRATEGIC PARTNERSHIP ON REACH-TESTING, Hrsg.) (2005): The SPORT Report. Making REACh work in practice. European Commission. Brüssel.

SRU (DER RAT VON SACHVERSTÄNDIGEN FÜR UMWELTFRAGEN; Hrsg.) (2004): Umweltgutachten 1998 - Umweltschutz: Erreichtes sichern - neue Wege gehen. Deutscher Bundestag, 13. Wahlperiode, Drucksache 13/10195. http://www.umweltrat.de/02gutach/downlo02/Umweltg/, 15.05.2004.

STATISTIK DER BUNDESAGENTUR FÜR ARBEIT (2006a): Statistik aus dem Anzeigeverfahren gemäß § 80 Abs. 2 SGB IX. Arbeitgeber mit 20 und mehr Arbeitsplätzen im Jahr 2006. http://statistik.arbeitsagentur.de. 15.03.2009

STATISTIK DER BUNDESAGENTUR FÜR ARBEIT (2006b): Arbeitsmarkt in Zahlen – Beschäftigungsstatistik. Sozialversicherungspflichtig Beschäftigte nach Wirtschaftsgruppen in Deutschland. http://statistik.arbeitsagentur.de, 15.03.2009.

STEVEN, H.C. (2003): Maximum Difference Scaling: Improved Measures of Importance and Preference for Segmentation. http://www.sawtoothsoftware.com/download/techpap/maxdiff.pdf, 30.07.2009.

STIFTERVERBAND FÜR DIE DEUTSCHE WISSENSCHAFT (2008): Interne FuE-Aufwendungen der Unternehmen. http://www.stifterverband.org/statistik_und_analysen/forschung_und_entwicklung/gesamtwirtschaft/index.html, 11.01.2010.

TIERSCHUTZBUND (2009): EU-Chemikalienpolitik REACh. http://www.tierschutzbund.de/2513.html, 11.08.2009.

TNS INFRATEST (2008a): Bevölkerungsrepräsentative Befragung zur Gewichtung von ökologischen Aspekten – Tabellarische Auswertung (Variante 1). Auftragsstudie für BASF SE (unveröffentlicht).

TNS INFRATEST (2008b): Bevölkerungsrepräsentative Befragung zur Gewichtung von ökologischen Aspekten – Tabellarische Auswertung (Variante 2). Auftragsstudie für BASF SE (unveröffentlicht).

TNS INFRATEST (2008c): Methode Maximum Difference Scaling. Präsentation von TNS Infratest. (unveröffentlicht).

TRGS 440 (2001): Ermitteln und Beurteilen der Gefährdungen durch Gefahrstoffe am Arbeitsplatz: Ermitteln von Gefahrstoffen und Methoden zur Ersatzstoffprüfung. Technische Regeln für Gefahrstoffe (TRGS). http://www.umwelt-online.de/regelwerk/t_regeln/trgs/trgs400/440_ges.htm, 18.02.2010.

ULRICH, H. (1984): Management. Schriftenreihe Unternehmung und Unternehmensführung, Band 13, Paul Haupt, Bern & Stuttgart.

UBA (UMWELTBUNDESAMT, Hrsg.) (2007): EU Workshop in Berlin, 12th & 13th März 2007: "EU-Workshop on Socio-Economic Analysis under REACH regarding authorisations and restrictions". http://www.reach-sea-eu-workshop.de/konf_06/dokumente.htm#4, 14.09.2009.

UBA (UMWELTBUNDESAMT, Hrsg.) (2009): Unsere Meinung zu den letzten Änderungen der REACh-Verordnung (Dezember 2006). http://www.umweltbundesamt.at/umweltschutz/chemikalien/reach/ubameinungreach/endgltigertext/, 07.08.2009.

UBA (UMWELTBUNDESAMT, Hrsg.) (2010): EU-GHS-Verordnung. http://www.reach-info.de/ghs_verordnung.htm, 18.02.2010.

UDO DE HAES, H. A. & O. JOLLIET (1999): How Does ISO/DIS 14042 on Life Cycle Impact Assessment Accommodate Current Best Available Practice? International Journal of Life Cycle Assessment, 4, 2:75-80.

UNCED (Hrsg.) (1992). Agenda 21 (in deutscher Übersetzung) Konferenz der Vereinten Nationen für Umwelt und Entwicklung im Juni 1992 in Rio de Janeiro. http://www.agrar.de/agenda/agd21k00.htm, 30.06.2004.

UN COMTRADE (2009): Yearbook 2006. http://comtrade.un.org/pb/CommodityPages.aspx?y=2006, 20.12.2009.

UNEP/SETAC LIFE CYCLE INITIATIVE (2009): Guidelines for Social Life Cycle Assessment of Products. Social and socio-economic LCA guidelines complementing environmental LCA and Life Cycle Costing, contributing to the full assessment of goods and services within the context of sustainable development. http://lcinitiative.unep.fr/default.asp?site=lcinit&page_id=A8992620-AAAD-4B81-9BAC-A72AEA281CB9, 23.10.2009.

UNIVERSITY OF LEEDS (2003): The Framework. http://www.transport-links.org/wb-toolkit/Framework.htm, 20.11.2009.

VAN DE MEENT, D. & M.A.J. HUIJBREGTS (2005): Calculating life-cycle assessment effect factors from potentially affected fraction-based ecotoxicological response functions. Environmental Toxicology and Chemistry, 24: 1573-1578.

VAN ZELM, R.; HUIJBREGTS, M.A.J.; HARBERS, J.V.; WINTERSEN, A.; STRUIJS, J.; POSTHUMA, L. & D. VAN DE MEENT D. (2007): Uncertainty in msPAF-based ecotoxicological effect factors for freshwater ecosystems in life cycle impact assessment. Integrated Environmental Assessment and Management, 3: 203-210.

VAN ZELM, R.; HUIJBREGTS, M.A.J. & D. VAN DE MEENT (2009a): USES-LCA 2.0: a global nested multi-media fate, exposure and effects model. The International Journal of Life Cycle Assessment, 14: 282-284.

VAN ZELM, R.; HUIJBREGTS, M.A.J.; POSTHUMA, L.; WINTERSEN, A. & D. VAN DE MEENT (2009b): Pesticide ecotoxicological effect factors and their uncertainties for freshwater ecosystems. The International Journal of Life Cycle Assessment, 14: 43-51.

VCI (VERBAND DER CHEMISCHEN INDUSTRIE E.V., Hrsg.) (2006): REACh: eine große Herausforderung für die Branche - Stellungnahme des VCI zur Abstimmung im Europaparlament. http://www.vci.de, 27.09.2007.

VCI (VERBAND DER CHEMISCHEN INDUSTRIE E.V., Hrsg.) (2007): Bewertung der REACh-Verordnung. Stand 01.02.2007. http://www.vci.de, 17.09.2007.

VCI (VERBAND DER CHEMISCHEN INDUSTRIE E.V., Hrsg.) (2009): Verband der Chemischen Industrie e. V. (VCI). http://www.vci.de, 11.08.2009.

WAGNER, H. & T. PETROVIC (2005): Nachhaltigkeit am Beispiel regenerativer Energiesysteme zur Stromerzeugung. Abschlussbericht. Lehrstuhl für Energiesysteme und Energiewirtschaft (LEE) der Ruhr-Universität Bochum. Bochum.

WALZ, R. (o.J.) Vorlesungsunterlagen(unveröffentlicht). Karlsruhe.

WALZ, R. (2000): Development of environmental indicator systems: Experiences from Germany. Environmental Management, 25, 6 : 613-623.

WESTERICH, U. (2006): Bioethanol als Alternative zu Erdöl für den Kraftstoffsektor. Diplomarbeit an der Ruprecht-Karls-Universität Heidelberg. (unveröffentlicht). Karlsruhe.

WHO (WORLD HEALTH ORGANISATION, Hrsg.) (2003): Making choices in health: Who guide to cost-effectiveness analysis. http://www.who.int/choice/publications/p_2003_generalised_cea.pdf, 18.10.2007.

WILSON, E. & R. FORDHAM (2004): A multi-criteria analysis approach to commissioning: practical dilemmas in priority setting. http://www.uea.ac.uk/~wm096/pubs/WilsonFordham2004p.pdf, 20.11.2009.

WIKIPEDIA (2010): Erlös. http://de.wikipedia.org/wiki/Erl%C3%B6s, 16.03.2010.

ZENTRUM FÜR WIRTSCHAFTSFORSCHUNG (2004) Eignung von Strukturindikatoren als Instrument zur Bewertung der ökonomischen Performance der EU-Mitgliedsstaaten unter besonderer Berücksichtigung von Wirtschaftsreformen – Evaluierung der EU-Strukturindikatoren und Möglichkeiten ihrer Weiterentwicklung. Schlussbericht an das Bundesministerium für Finanzen zum Forschungsauftrag 05/04. ftp://ftp.zew.de/pub/zew-docs/div/ZEW_Strukturindikatoren_lang_rev.pdf, 13.10.2009.

14 Anhang

A Toxizitätsrelevanz

Chemikalie / Chemikalien-gruppe	Produktions-menge	Importe	Gesamt-menge	Ein-heit	Ötox-Punkte/ Produkt	Ötox-Punkte/ Menge	Htox-Punkte/ Produkt	Htox-Punkte/ Menge
Ottokraftstoff	25.061.164	1.785.164	26.846.328	t	0	0	1000	26.846.328.000
Dieselkraftstoff	34.280.746	3.385.451	37.666.197	t	50	1.883.309.850	1000	37.666.197.000
Heizöl (leicht und schwer)	30.173.000	12.692.463	42.865.463	t	50	2.143.273.150	750	32.149.097.250
Flugturb.kraftstoffe (schwer) + andere Leuchtöle	4.417.952	4.585.871	9.003.823	t	50	450.191.150	300	2.701.146.900
Rohöl	3.514.000	109.417.748	112.931.748	t	50	5.646.587.400	750	84.698.811.000
Rohbenzin	9.158.672	7.174.434	16.333.106	t	50	816.655.300	750	12.249.829.500
Chlor	5.068.310	46.698	5.115.008	t	20	102.300.162	550	2.813.254.455
Salzsäure	2.161.017	29.599	2.190.616	t-HCl	0	0	300	657.184.770
Kaliumhydroxid (fest + wässrige Lsg.)	177.506	75.147	252.653	t-KOH	3	757.958	300	75.795.840
Natriumhydroxid (fest + wässrige Lsg.)	4.209.812	24.114	4.233.926	t-NaOH	19	80.444.594	300	1.270.177.794
Natriumcarbonat	2.586.913	332.654	2.919.567	t	19	55.471.771	100	291.956.690
Benzol	2.150.894	423.103	2.573.997	t	1	2.573.997	1000	2.573.996.900
Styrol	921.664	662.209	1.583.873	t	1	1.583.873	400	633.549.040
Vinylchlorid	1.970.977	11.826	1.982.803	t	1	1.982.803	750	1.487.102.250
Formaldehyd	1.460.780	206.980	1.667.760	t	21	35.022.968	1000	1.667.760.400
Glycerin, synthetisch	176.493	22.461	198.954	t	0	0	0	0
Ethylenglykol	298.701	336.362	635.063	t	7	4.445.440	300	190.518.870
Butanol	507.291	99.465	606.756	t	0	0	400	242.702.280
Chloroform	80.224	14.065	94.289	t	5	471.444	1000	94.288.700
Cumol	1.013.642	116.491	1.130.133	t	20	22.602.650	300	339.039.750
Ethylbenzol	745.762	20.005	765.767	t	11	8.423.437	400	306.306.800
Schwefeldioxid	283.948	17.438	301.386	t	3	904.158	550	165.762.355
Propylenglykol	373.751	12.270	386.021	t	13	5.018.268	0	0
andere Mehrwertige Alkohole (acyclisch)	938.325	83.200	1.021.525	t	1	1.362.033	267	272.406.613
Titanoxide	463.237	14.868	478.105	t-TiO2	0	0	0	0
Dichlorethan	3.045.886	163.822	3.209.708	t	5	16.048.539	750	2.407.280.775
Essigsäure	149.577	356.117	505.694	t	12	6.068.326	300	151.708.140
andere Salze und Ester der Essigsäure	250.924	55.205	306.129	t	0	0	100	30.612.940
Natriumacetat	9.815	3.484	13.299	t	0	0	0	0
Phthalsäureanhydrid	241.495	44.486	285.981	t	0	0	300	85.794.420
Dimethylterephthal	642.603	15.604	658.207	t	7	4.607.447	0	0

Chemikalie / Chemikalien-gruppe	Produktions-menge	Importe	Gesamt-menge	Ein-heit	Ötox-Punkte/ Produkt	Ötox-Punkte/ Menge	Htox-Punkte/ Produkt	Htox-Punkte/ Menge
at								
Diethanolamin	39.363	5.888	45.251	t	17	769.269	100	4.525.110
Ethanolamin	70.997	8.371	79.368	t	17	1.349.253	400	31.747.120
Triethanolamin	49.070	13.503	62.573	t	4	250.294	0	0
Diethylenglycol	12.730	72.372	85.102	t	0	0	300	25.530.660
Oxiran (Ethylenoxid)	863.867	96.441	960.308	t	28	26.888.621	1000	960.307.900
Propylenoxid	908.894	177.279	1.086.173	t	14	15.206.426	1000	1.086.173.300
Andere Epoxide + Derivate	185.423	30.827	216.250	t	16	3.459.998	1000	216.249.900
Salpetersäure / Nitriersäure	1.594.622	61.618	1.656.240	t-N	22	36.437.284	300	496.872.060
Polyethylen	1.741.768	0	1.741.768	t	0	0	0	0
Ethylen-Vinylacetat-Copolymere	29.439	0	29.439	t	0	0	0	0
Polystyrol	863.104	0	863.104	t	0	0	0	0
Polyvinylchlorid	1.608.893	0	1.608.893	t	0	0	0	0
Latex	713.562	0	713.562	t	0	0	0	0
Gelatine	18.929	27.704	46.633	t	0	0	0	0
Methanol	2.089.216	1.324.625	3.413.841	t	0	0	1000	3.413.840.700
Aceton	508.666	136.990	645.656	t	2	1.291.312	100	64.565.610
Phenol	841.899	295.123	1.137.022	t	20	22.740.436	550	625.361.990
andere einwertige Phenole	146.074	25.355	171.429	t	17	2.857.142	200	34.285.700
Ammoniak	2.830.694	491.566	3.322.260	t	32	106.312.323	550	1.827.243.055
Harnstoff	465.402	390	465.792	t-N	0	0	100	46.579.222
Wasserstoffperoxi d	243.976	150	244.126	t	25	6.103.155	300	73.237.858
Ethanol	340.490	794.414	1.134.904	t	0	0	0	0
Biodiesel	1.565.815	794.414	2.360.229	t	0	0	0	0
Chlorethan und Chlormethan	205.980	5.018	210.998	t	0	0	875	184.622.813
Tetrachlorkohlenst off	4.778	2.890	7.668	t	0	0	1000	7.668.400
Phosphorchloride / -chloroxide	154.225	7.657	161.882	t	74	11.979.253	150	24.282.270
Chloride (ohne Ammoniumchlorid)	565.462	279.825	845.287	t	23	19.441.610	250	211.321.850
Sulfite	274.914	10.397	285.311	t-Na2S 2O5	0	0	550	156.921.215
Silicate	985.692	109.014	1.094.706	t-SiO2	0	0	100	109.470.550
Ethylen	5.133.129	481.490	5.614.619	t	4	22.458.478	0	0
Propylen	3.406.003	1.125.297	4.531.300	t	0	0	0	0
Cobaltoxid	238	796	1.034	t	0	0	300	310.290

Chemikalie / Chemikalien-gruppe	**Produktions-menge**	**Importe**	**Gesamt-menge**	**Ein-heit**	**Ötox-Punkte/ Produkt**	**Ötox-Punkte/ Menge**	**Htox-Punkte/ Produkt**	**Htox-Punkte/ Menge**
Schwefelsäure	3.949.316	159.796	4.109.112	t-SO2	22	90.400.460	300	1.232.733.540
andere anorganische Säuren	222.169	20.114	242.283	t	0	0	300	72.685.020
Oleum	920.402	4.599	925.001	t-SO2	25	23.125.025	300	277.500.300
Phosphorsäure und Polyphosphorsäuren	34.373	332	34.705	t-P2O5	12	416.463	300	10.411.563
Flußsäure	185.216	5.961	191.177	t-HF	22	4.205.892	750	143.382.675
Hydrazin / Hydroxylamin	205.171	16.879	222.050	t	44	9.770.196	775	172.088.673
1,3-Butadien	1.219.611	96.163	1.315.774	t	0	0	1000	1.315.773.700
Toluol	706.150	156.904	863.054	t	0	0	400	345.221.440
Xylol (ortho)	618.750	269.157	887.907	t	0	0	400	355.162.960
Biphenyl, Terphenyle, andere Aromaten	407.993	9.141	417.134	t	0	0	300	125.140.200
Dichlormethan	96.049	3.639	99.688	t	0	0	750	74.766.300
Ethylacetat	141	78.736	78.877	t	4	315.508	100	7.887.690
ungesättigte acyclische Carbonsäuren und Derivate	568.821	56.285	625.106	t	23	14.377.443	425	265.670.135
Methacrylsäure + Salze	50.864	3.748	54.612	t	15	819.174	400	21.844.840
Ester der Acrylsäure	370.400	74.428	444.828	t	21	9.341.390	350	155.689.835
Benzoesäure + Salze und Ester	3.897	20.053	23.950	t	3	71.849	300	7.184.940
Mono- / Di- / Trimethylamin + Salze	166.551	5	166.556	t	17	2.831.451	300	49.966.775
Ethylendiamin + Salze	32.257	22.381	54.638	t	23	1.256.676	750	40.978.575
Anilin + Salze	447.833	110.862	558.695	t	26	14.526.075	750	419.021.400
Isocyanate	1.301.967	94.228	1.396.195	t	13	18.150.536	750	1.047.146.325
Acyclische Aldehyde	826.446	5.343	831.789	t	0	0	300	249.536.730
Cyclohexanon / Methylcyclohexanone	205.866	127.115	332.981	t	3	998.943	400	133.192.360
Naphthalin	1.330.998	10.718	1.341.716	t	26	34.884.606	750	1.006.286.700
Ammoniumnitrat-Harnstoff-Lösung	199.487	279	199.766	t	14	2.796.726	300	59.929.839

Chemikalie / Chemikalien-gruppe	Produktions-menge	Importe	Gesamt-menge	Ein-heit	Ötox-Punkte/ Produkt	Ötox-Punkte/ Menge	Htox-Punkte/ Produkt	Htox-Punkte/ Menge
Cyclohexan	262.538	42.622	305.160	t	0	0	300	91.547.880
Toluidin (Methylanilin) und Derivate + Salze	225.179	1.165	226.344	t	0	0	1000	226.343.800
Etheralkohole + Derivate	397.427	87.712	485.139	t	0	0	300	145.541.670
Gasförmige anorganische Sauerstoffverbindungen	696.755	83	696.838	t	14	9.755.726	1000	696.837.600
Adipinsäure + Salze und Ester	545.665	58.979	604.644	t	15	9.069.662	100	60.464.410
andere mehrbasische Carbonsäuren	63.802	52.043	115.845	t	0	0	200	23.168.960
Bisphenol A	837.429	48.214	885.643	t	22	19.484.135	300	265.692.750
andere mehrwertige Phenole	16.764	8.060	24.824	t	24	583.373	350	8.688.540
Acyclische Amide, Carbamate + Derivate / Salze	663.598	49.125	712.723	t	11	7.839.953	767	546.420.967
Peroxosulfate / Persulfate	59.422	6.955	66.377	t	13	862.898	550	36.507.240
Ameisensäure + Salze und Ester	421.550	35.278	456.828	t	15	6.852.420	300	137.048.400
Campher und andere Ketone (siehe Kommentar)	33.135	14.090	47.225	t	0	0	233	11.019.120
Thioverbindungen (organisch)	163.025	59.160	222.185	t	3	666.554	300	66.655.440
Halogenide der Nichtmetalle (siehe Kommentar)	640.002	3.193	643.195	t	0	0	300	192.958.530
Ruß (carbon black)	630.843	230.167	861.010	t	0	0	750	645.757.725
Iod	0	1.423	1.423	t	0	0	400	569.240
Brom	0	944	944	t	36	33.995	750	708.225
Quecksilber	0	71	71	t	50	3.560	750	53.400
Hexamethylendiamin + Salze	0	269.564	269.564	t	23	6.199.965	400	107.825.480
epsilon-Caprolactam	0	208.262	208.262	t	8	1.666.094	400	83.304.720
Acrylnitril	0	108.924	108.924	t	26	2.832.014	1000	108.923.600
Citronensäure +	56.342	119.692	176.034	t	10	1.760.339	100	17.603.390

Chemikalie / Chemikalien-gruppe	Produktions-menge	Importe	Gesamt-menge	Ein-heit	Ötox-Punkte/ Produkt	Ötox-Punkte/ Menge	Htox-Punkte/ Produkt	Htox-Punkte/ Menge
Salze und Ester								
Diphosphorpentaoxid	0	77	77	t-P2O5	0	0	300	23.096
Propanol	0	56.740	56.740	t	0	0	300	17.022.030
Orthophthalate	0	96.098	96.098	t	0	0	563	54.055.069
Methylmethacrylat	0	42.205	42.205	t	2	84.411	300	12.661.590
Essigsäureanhydrid	0	36.612	36.612	t	12	439.344	300	10.983.600
Chromate und Dichromate	0	35.412	35.412	t	0	0	1000	35.411.900
Zinkoxid + Zinkperoxid	68.615	29.382	97.997	t	0	0	150	14.699.595
Maleinsäureanhydrid	0	25.166	25.166	t	10	251.661	300	7.549.830
Butanon	0	24.609	24.609	t	0	0	100	2.460.870
Milchsäure + Salze und Ester	0	22.740	22.740	t	6	136.437	300	6.821.850
Methylacrylat	0	19.149	19.149	t	30	574.479	400	7.659.720
Kaliumcarbonat	0	12.034	12.034	t	19	228.650	300	3.610.260
Pentanol	0	225	225	t	2	450	400	90.000
Octanol	348.610	1.451	350.061	t	3	1.050.183	300	105.018.330
andere einwertige gesättigte Alkohole	488.132	28.880	517.012	t	0	0	100	51.701.220
Chloressigsäuren, Propionsäuren, Valeriansäuren, Buttersäuren + Salze und Ester	211.922	32.479	244.401	t	21	5.132.419	317	77.393.618
Kresol + Salze	0	16.428	16.428	t	0	0	550	9.035.510
Laurinsäure + Salze und Ester	7.408	12.533	19.941	t	0	0	100	1.994.120
andere gesättigte acyclische einbasische Carbonsäuren	129.919	57.126	187.045	t	0	0	300	56.113.560
Methylisobutylketon	20	12.160	12.180	t	0	0	400	4.871.960
acyclische Ether	66.142	471.559	537.701	t	6	3.226.204	167	89.616.767
alicyclische Ether	0	84	84	t	0	0	300	25.200
Anilinderivate + Salze	38.379	13.984	52.363	t	0	0	488	25.527.011
technische Fettalkohole	351.141	90.128	441.269	t	0	0	100	44.126.870
Dithionite und Sulfoxylate des Natriums	0	11.421	11.421	t	0	0	550	6.281.550

Chemikalie / Chemikalien-gruppe	Produktions-menge	Importe	Gesamt-menge	Ein-heit	Ötox-Punkte/ Produkt	Ötox-Punkte/ Menge	Htox-Punkte/ Produkt	Htox-Punkte/ Menge
Aluminiumchlorid	0	10.492	10.492	t	68	713.436	300	3.147.510
Mangandioxid	0	11.065	11.065	t	0	0	400	4.425.920
Bleimonoxid	0	11.227	11.227	t	0	0	1000	11.227.400
Zinksulfate	0	11.584	11.584	t	0	0	100	1.158.400
Natriumchlorat	0	8.552	8.552	t	10	85.515	300	2.565.450
Paraformaldehyd	0	8.536	8.536	t	0	0	1000	8.536.100
Antimonoxid	620	8.518	9.138	t	0	0	750	6.853.425
Lithiumcarbonat	0	7.948	7.948	t	0	0	300	2.384.310
Diaminotoluole	0	10.066	10.066	t	29	291.920	750	7.549.650
Ethylacrylat	0	7.011	7.011	t	13	91.139	550	3.855.885
Triethylamin + Salze	0	6.781	6.781	t	7	47.465	550	3.729.385
Vitamin A und Derivate	0	2.023	2.023	t	0	0	750	1.517.550
Aminonaphthole und andere Aminophenole	0	5.998	5.998	t	0	0	400	2.399.320
Chlorbenzol + Dichlorbenzole	0	5.718	5.718	t	23	131.519	475	2.716.145
Benzoylchlorid	0	76	76	t	0	0	300	22.830
Benzoylperoxid	0	5.210	5.210	t	0	0	300	1.563.090
Hexamethylentetra min	0	5.181	5.181	t	0	0	550	2.849.770
Sulfonamide	3.494	4.882	8.376	t	0	0	300	2.512.770
Weinsäure + Salze und Ester	0	6.564	6.564	t	0	0	100	656.350
Benzylalkohol	0	4.497	4.497	t	0	0	400	1.798.800
Natrium	0	4.441	4.441	t	19	84.377	300	1.332.270
Alicyclische Alkohole + Derivate	290.160	10.998	301.158	t	0	0	400	120.463.200
Lithiumoxid und Lithiumhydroxid	0	4.260	4.260	t	0	0	300	1.277.940
Uran	0	4	4	t	23	93	1000	4.053
Chloridoxide und Chloridhydroxide	29.233	15.656	44.889	t	0	0	300	13.466.790
Aminohydroxynap hthalinsulfonsäure und ihre Salze	0	3.912	3.912	t	0	0	300	1.173.720
Acetaldehyd	0	3.847	3.847	t	12	46.162	750	2.885.100
Trichlorethylen	0	3.734	3.734	t	0	0	750	2.800.275
Kohlenstoffdisulfid	0	3.717	3.717	t	14	52.044	1000	3.717.400
Cyanide, Cyanidoxide, komplexe Cyanide	42.222	4.129	46.351	t	0	0	775	35.921.638
Diethylamin + Salze	0	2.956	2.956	t	20	59.116	550	1.625.690

Chemikalie / Chemikalien-gruppe	Produktions-menge	Importe	Gesamt-menge	Ein-heit	Ötox-Punkte/ Produkt	Ötox-Punkte/ Menge	Htox-Punkte/ Produkt	Htox-Punkte/ Menge
Fluoride	38.135	11.744	49.879	t	0	0	383	19.120.437
Tetrahydrofuran	0	2.740	2.740	t	0	0	300	822.120
Allylalkohol	0	2.654	2.654	t	0	0	550	1.459.865
Germaniumoxid + Zirkoniumdioxid	0	2.544	2.544	0	0	0	0	0
Kryolith (Natriumhexafluoroaluminat)	0	2.460	2.460	t	0	0	1000	2.460.400
Tetracycline und Derivate	0	2.404	2.404	t	0	0	300	721.320
Salicylsäure und Salze	307	2.398	2.705	t	0	0	300	811.620
Acetylsalicylsäure und Ester	0	2.210	2.210	t	0	0	300	663.120
andere Ester und Salze der Salicylsäure	343	1.639	1.982	t	0	0	300	594.570
Ester der Phoshorsäuren + Derivate	94.102	13.705	107.807	t	11	1.185.877	533	57.497.067
Ester der Schwefelsäure, Ester der Kohlensäure	0	8.712	8.712	t	6	52.272	500	4.356.000
Carbonsäure mit zusätzlicher Sauerstofffunktion	64.912	9.995	74.907	t	0	0	300	22.472.130
Cycloterpene	0	6.082	6.082	t	0	0	300	1.824.660
Phenylessigsäure + Salze und Ester	29	213	242	t	0	0	300	72.660
Aromatische einbasische Carbonsäuren	2.288	4.965	7.253	t	0	0	300	2.175.900
Nickelsulfat	0	4.860	4.860	t	41	199.260	1000	4.860.000
Eisensulfat	0	38.580	38.580	t	0	0	300	11.573.880
Quecksilbersulfat und Bleisulfat	0	755	755	t	0	0	1000	755.100
Bariumnitrat, Berylliumnitrat, Cadmiumnitrat u.a.	0	16.477	16.477	t	0	0	800	13.181.760
m-Phenylenbis(methylamin)	0	3.768	3.768	t	0	0	750	2.826.000
Nitrite	0	2.923	2.923	t	15	43.845	400	1.169.200
Thionylchlorid	0	2.383	2.383	t	0	0	300	714.840
2,2-Methyliminodietha	0	2.361	2.361	t	0	0	100	236.050

Chemikalie / Chemikalien-gruppe	Produktions-menge	Importe	Gesamt-menge	Ein-heit	Ötox-Punkte/ Produkt	Ötox-Punkte/ Menge	Htox-Punkte/ Produkt	Htox-Punkte/ Menge
nol								
Bromwasserstoff	0	2.178	2.178	t	28	60.973	300	653.280
Phosphate des Kaliums	0	2.125	2.125	t	0	0	100	212.500
Kupfercarbonat	0	2.114	2.114	t	0	0	150	317.070
Xylenol und Derivate	0	2.049	2.049	t	0	0	300	614.670
Molybdänoxide / Molybdänhydroxide	1.936	1.984	3.920	t	0	0	550	2.155.945
Wolframate	0	1.806	1.806	t	0	0	300	541.680
Vanadate / Zinkate	0	2.142	2.142	t	0	0	550	1.178.045
Tetrachlorphthalsäureanhydrid	0	1.746	1.746	t	5	8.728	550	960.025
Peroxoborate	0	1.711	1.711	t	0	0	100	171.130
Trinatriumphosphat	0	1.653	1.653	t	0	0	100	165.320
Natriumtriphosphat	5.646	35.634	41.280	t	0	0	300	12.384.060
acyclische Terpenalkohole	0	3.587	3.587	t	0	0	300	1.076.130
4-Hydroxybenzoesäure + Salze und Ester	0	1.520	1.520	t	0	0	100	151.950
Isoproturon	0	1.516	1.516	t	0	0	750	1.137.300
Benzaldehyd	0	1.465	1.465	t	6	8.788	400	585.880
Chloroschwefelsäure	0	1.332	1.332	t	0	0	300	399.600
Isopropylamin + Salze	0	1.221	1.221	t	28	34.177	300	366.180
Ammoniumchlorid	0	1.185	1.185	t	12	14.215	300	355.380
γ-Butyrolacton	0	1.144	1.144	t	0	0	300	343.200
Tetrachloretylen	0	1.128	1.128	t	0	0	750	845.925
Calciumhypochlorit	0	1.107	1.107	t	0	0	550	608.960
andere Hypochlorite, Chlorite, Hypobromite	28.491	28.028	56.519	t	66	3.730.247	425	24.020.533
Cyclohexylamin, Cyclohexyldimethylamin	0	1.077	1.077	t	0	0	475	511.670
Furfural	0	1.039	1.039	t	0	0	1000	1.038.900
Paracetamol	0	1.036	1.036	t	0	0	300	310.770
Naphthole + Salze	0	1.005	1.005	t	16	16.075	400	401.880
Sulfide	85.936	10.205	96.141	t	0	0	533	51.275.200
tert-Butylalkohol	0	896	896	t	0	0	400	358.280
2-Ethyl-1-hexanol	0	13.750	13.750	t	12	164.999	100	1.374.990

Chemikalie / Chemikalien-gruppe	Produktions-menge	Importe	Gesamt-menge	Ein-heit	Ötox-Punkte/ Produkt	Ötox-Punkte/ Menge	Htox-Punkte/ Produkt	Htox-Punkte/ Menge
Bariumcarbonat	0	878	878	t	0	0	400	351.160
Bleioxid (Mennige)	0	877	877	t	0	0	1000	877.300
Manganite, Manganate und Permanganate	356	916	1.272	t	0	0	350	445.200
Limonen	0	829	829	t	0	0	300	248.670
Molybdate	0	802	802	t	0	0	350	280.735
Bromide und Bromoxide + Iodide und Iodoxide	431	4.505	4.936	t	0	0	244	1.206.553
Pyridin und Salze	0	762	762	t	0	0	550	419.045
Sulfosalicylsäuren, ihre Salze und Ester	0	776	776	t	0	0	300	232.920
Ammoniumcarbonat	0	708	708	t	0	0	300	212.280
Nickelchlorid	0	669	669	t	32	21.405	1000	668.900
Chromsulfat	0	632	632	t	14	8.841	550	347.325
Cobaltchlorid	0	631	631	t	0	0	1000	630.900
Chinone	0	782	782	t	0	0	717	560.505
Coffein und Salze	0	589	589	t	10	5.886	300	176.580
Magnesiumhydroxid und -peroxid + Strontium / Barium -oxid, -hydroxid, -peroxid	6.504	5.645	12.149	t	0	0	375	4.555.838
Chromoxid (CrO3)	0	7.796	7.796	t	0	0	1000	7.796.400
Aluminiumhydroxid	1.392.740	220.736	1.613.476	t-Al2O3	0	0	100	161.347.620
Chlorformiate	0	496	496	t	7	3.570	833	413.250
andere Amine mit Sauerstofffunktion	119.838	15.708	135.546	t	0	0	400	54.218.200
Nickeloxid / Nickelhydroxid	0	459	459	t	10	4.590	875	401.625
Schwefeltrioxid / Diarsentrioxid	17.974	425	18.399	t	2	36.798	775	14.259.225
Phosphonate / Phosphinate	322	632	954	t	0	0	300	286.140
Isopren	0	342	342	t	0	0	1000	341.800
Selen	0	342	342	t	0	0	750	256.275
Sulfate	801.559	111.393	912.952	t	0	304.317	230	209.978.960
Perchlorate	0	354	354	t	0	0	350	123.760
andere Nitrate	9.002	19.267	28.269	t	0	0	583	16.490.483
Peroxocarbonate	151.576	17.578	169.154	t	0	0	300	50.746.110
Aluminate	52.776	43.717	96.493	t	0	0	200	19.298.660

Chemikalie / Chemikalien-gruppe	Produktions-menge	Importe	Gesamt-menge	Ein-heit	Ötox-Punkte/ Produkt	Ötox-Punkte/ Menge	Htox-Punkte/ Produkt	Htox-Punkte/ Menge
acyclische gesättigte Kohlenwasserstoffe	53.051	121.892	174.943	t	6	1.049.655	206	36.081.891
ungesättigte acyclische Kohlenwasserstoffe	174.921	62.795	237.716	t	0	0	300	71.314.800
Ethylenglycolmonobutylether	0	16.446	16.446	t	0	0	550	9.045.080
andere acyclische Etheralkohole und Halogenderivate	0	63.018	63.018	t	0	0	533	33.609.493
andere mehrbasische aromatische Carbonsäure + Derivate	15.812	27.603	43.415	t	0	0	100	4.341.520
Furfurylalkohol und Tetrahydrofurylalkohol	0	24.995	24.995	t	0	0	325	8.123.343
Verbindungen, die einen Triazinring einthalten	39.524	17.444	56.968	t	0	0	533	30.382.667
Schmiermittel, Erdöl oder Öl enthaltend	91.848	124.901	216.749	t	50	10.837.455	750	162.561.825
Lactame u.a.	125.190	13.107	138.297	t	0	0	425	58.776.098
Carbide	193.717	178.066	371.783	t	7	2.416.590	175	65.062.025
Hydroperoxide (Etherperoxide) und Derivate	12.868	13.785	26.653	t	24	639.674	775	20.656.153
Ester der Methacrylsäure	0	9.362	9.362	t	0	0	425	3.978.638
Terephthalsäure + Salze	0	629.387	629.387	t	2	1.258.775	300	188.816.190
Cholin + Salze	0	9.823	9.823	t	3	29.468	300	2.946.840
Amoxicillin und Salze	0	630	630	t	0	0	550	346.665
Azide	0	502	502	t	0	0	1000	502.200
Ester und Anhydride der Tetrabromphthalsäure	0	400	400	t	0	0	300	120.030
Cadmiumoxid	0	337	337	t	0	0	1000	336.800
Phenazon	0	325	325	t	0	0	300	97.620

Chemikalie / Chemikalien-gruppe	Produktions-menge	Importe	Gesamt-menge	Ein-heit	Ötox-Punkte/ Produkt	Ötox-Punkte/ Menge	Htox-Punkte/ Produkt	Htox-Punkte/ Menge
Nitro- und Nitrosogruppen enthaltende Kohlen-wasserstoffe	1.068.434	12.674	1.081.108	t	0	0	1000	1.081.108.000
(Thio)Harnstoffharz	910.095	0	910.095	t	0	0	300	273.028.500
organische grenzflächenaktive Substanzen, anionisch wirkend	572.960	38.862	611.822	t	0	0	300	183.546.660
organische grenzflächenaktive Substanzen, kationisch wirkend	150.152	18.393	168.545	t	0	0	400	67.418.040
organische grenzflächenaktive Substanzen, nichtionogen wirkend	438.480	114.340	552.820	t	0	0	300	165.846.060
organische grenzflächenaktive Substanzen, andere	141.833	20.519	162.352	t	0	0	300	48.705.690
aromatische Polyamine	411.137	24.193	435.330	t	0	0	1000	435.329.900
andere Öle der Destillation des Steinkohlenteers	350.158	0	350.158	t	0	0	750	262.618.500
Melaminharze	338.682	0	338.682	t	0	0	550	186.275.100
andere ungesättigte Chlorderivate der acyclischen Kohlenwasserstoffe	334.438	2.674	337.112	t	0	0	1000	337.112.200
andere Phenolharze	251.877	0	251.877	t	0	0	38	9.445.388
Phenolharze als Klebstoff	25.131	0	25.131	t	0	0	38	942.413
Phenolharze Formmassen	29.690	0	29.690	t	0	0	38	1.113.375
Additive für Zement, Mörtel, Beton	245.044	22.388	267.432	t	0	0	300	80.229.510
Alkydharze	242.474	0	242.474	t	13	3.052.748	400	96.989.600
andere	310.606	790.788	1.101.394	t	0	0	10	11.013.941

Chemikalie / Chemikalien-gruppe	Produktions-menge	Importe	Gesamt-menge	Ein-heit	Ötox-Punkte/ Produkt	Ötox-Punkte/ Menge	Htox-Punkte/ Produkt	Htox-Punkte/ Menge
Universalwaschmittel								
Gefrierschutzmittel	241.985	86.797	328.782	t	0	0	308	101.100.311
destillierte einbasische Fettsäuren	207.696	90.664	298.360	t	0	0	300	89.507.940
Spachtelmasse für Fußböden, mit Wasser abbindend	345.751	88.511	434.262	t	0	0	100	43.426.180
Spachtelmasse für Anstreicharbeiten	189.429	20.035	209.464	t	0	0	150	31.419.645
Antioxidationsmittel für Kunststoffe	179.441	50.438	229.879	t	0	0	275	63.216.780
andere Epoxidharze	176.724	0	176.724	t	10	1.802.585	300	53.017.200
Epoxidharz als Formmasse	101.298	0	101.298	t	10	1.033.240	300	30.389.400
Epoxidharz als Klebstoff	20.822	0	20.822	t	10	212.384	300	6.246.600
Silicium	35.902	189.392	225.294	t	0	0	300	67.588.260
Andere Erzeugnisse der chemischen Industrie	2.674.390	1.588.828	4.263.218	t	0	0	400	1.705.287.360
alles weitere	9.666.191	4.414.569	14.080.760	t	0	0	400	5.632.303.904
Zement	34.879.302	188.278	35.067.580	t	4	130.451.398	300	10.520.274.030
Calciumoxid	8.032.723	186	8.032.909	t	11	89.566.931	100	803.290.860

B Neue Bewertungsfaktoren zur Bewertung der Humantoxizität in der BASF Methode

B.1 Einführung

Wie in Kapitel 8.2.2.2 beschrieben, beruht die Bewertung der Humantoxizität auf der Klassifizierung der R-Sätze. Im Jahr 2010 tritt für Stoffe das *Global harmonisierte System zur Einstufung und Kennzeichnung von Chemikalien (*Globally Harmonized System of Classification and Labelling of Chemicals, GHS)[1] in Kraft.[2] Eine Bewertung von Chemikalien auf Basis der R-Sätze ist dann nicht mehr möglich. Die R-Sätze werden nicht wie zuvor in den Sicherheitsdatenblättern erfasst. Stattdessen gibt es eine neue Klassifikation und Kennzeichnung von Substanzen mit den sogenannten GHS-Gefährdungssymbolen (hazard pictograms) und den GHS Gefahrenklassen (hazard classes). Zudem werden die bisher bekannten R[3]- und S[4]-Sätze zu den hazard- und precautionary-statements (h- und p-statements) (UBA 2010). Diese neue Klassifikation gilt es auf das bisherige Toxizitäts-Bewertungssystem zu übertragen, sodass weiterhin eine Bewertung des Toxizitätspotenzials nach der BASF Methode erfolgen kann.

[1] entsprechend der Verordnung des europäischen Parlaments und des Rats über die Einstufung, Kennzeichnung und Verpackung von Stoffen und Gemischen sowie zur Änderung der Richtlinie 67/548/EWG und der Verordnung (EG) Nr. 1907/2006

[2] Dieses globalisierte System wurde notwendig, da unterschiedliche Gesetze zur Einstufung und Kennzeichnung von Chemikalien in verschiedenen Ländern gelten. Als Folge konnte ein Stoff in einem Land als giftig und in einem anderen als ungefährlich eingestuft werden. Das neue weltweit einheitliche System soll also Gefahren bei Produktion, Transport und Verwendung transparent darstellen, damit diese möglichst minimiert werden können. Daher hat die Konferenz der Vereinten Nationen über Umwelt und Entwicklung (UNCED) mit der 1992 verabschiedeten Agenda 21 den Anstoß für die Entwicklung des GHS gegeben.

[3] R-Satz = Risiko-Satz

[4] S-Satz = Sicherheits-Satz

B.2 Vorgehen

Es gibt zwei Möglichkeiten, die neue Klassifikation zu implementieren. Zum einen können die R-Sätze mit ihren dazugehörigen Wirkfaktoren (siehe Tab. 27) zu den neuen *h-statements* übersetzt werden. Damit bleibt das gesamte Bewertungssystem bestehen und es muss lediglich eine neue Tabelle in die bestehende Berechnungsdatenbank zur Toxizität eingefügt werden. Die zweite Möglichkeit wäre, dass neue Wirkfaktoren für die neue Klassifikation von Experten erstellt würden (entsprechend der TRGS 440, 2001). Anzunehmen ist, dass die TRGS 440 im Zuge von GHS aktualisiert wird. Daher wird übergangsweise der erste Ansatz verfolgt, bis von dritter Seite die TRGS 440 erstellt wird. Es wird empfohlen, dann die neuen Wirkfaktoren der TRGS 440 zu verwenden.

Übersetzung der R-Sätze zu H-Statements

Bei der Übersetzung der R-Sätze zu den H-statements wurden zwei Dokumente miteinander kombiniert. Das erste Dokument liefert eine vollständige Auflistung der R-Sätze und die neue Einstufung dieser in das neue GHS System, nach folgendem Schema:

- EU R- Satz (Z.B. R 20 oder R 21)
- Aggregatzustand (fest, flüssig, gasförmig)
- Kategorie der Gefährdung
- GHS Gefahrenklasse (z.B. akute Toxizität)
- GHS Gefahrenkategorie (z.B. 1-4)
- Expositionsroute (z.B. Inhalation, dermal, oral,..)

Dieses Dokument basiert auf der vorläufigen Version „Comparison between EU and GHS

7. Eye Irritation

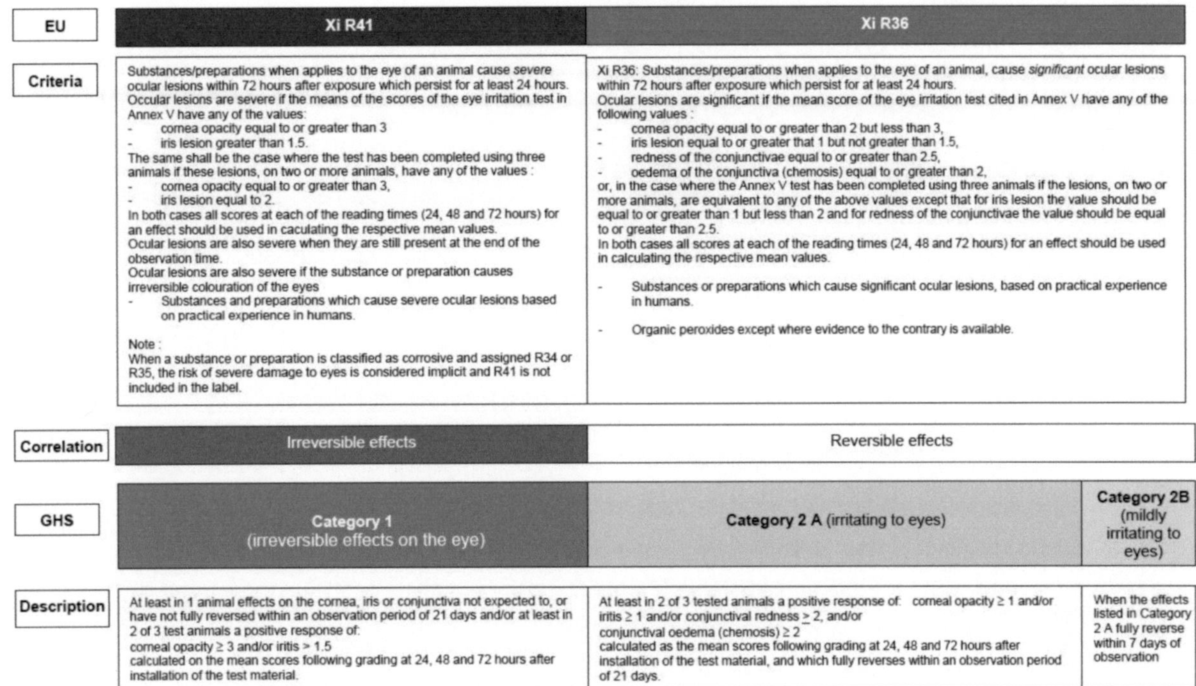

EU	Xi R41	Xi R36	
Criteria	Substances/preparations when applies to the eye of an animal cause *severe* ocular lesions within 72 hours after exposure which persist for at least 24 hours. Occular lesions are severe if the means of the scores of the eye irritation test in Annex V have any of the values: - cornea opacity equal to or greater than 3 - iris lesion greater than 1.5. The same shall be the case where the test has been completed using three animals if these lesions, on two or more animals, have any of the values : - cornea opacity equal to or greater than 3, - iris lesion equal to 2. In both cases all scores at each of the reading times (24, 48 and 72 hours) for an effect should be used in caculating the respective mean values. Ocular lesions are also severe when they are still present at the end of the observation time. Ocular lesions are also severe if the substance or preparation causes irreversible colouration of the eyes - Substances and preparations which cause severe ocular lesions based on practical experience in humans. Note : When a substance or preparation is classified as corrosive and assigned R34 or R35, the risk of severe damage to eyes is considered implicit and R41 is not included in the label.	Xi R36: Substances/preparations when applies to the eye of an animal, cause *significant* ocular lesions within 72 hours after exposure which persist for at least 24 hours. Ocular lesions are significant if the mean score of the eye irritation test cited in Annex V have any of the following values : - cornea opacity equal to or greater than 2 but less than 3, - iris lesion equal to or greater that 1 but not greater than 1.5, - redness of the conjunctivae equal to or greater than 2.5, - oedema of the conjunctiva (chemosis) equal to or greater than 2, or, in the case where the Annex V test has been completed using three animals if the lesions, on two or more animals, are equivalent to any of the above values except that for iris lesion the value should be equal to or greater than 1 but less than 2 and for redness of the conjunctivae the value should be equal to or greater than 2.5. In both cases all scores at each of the reading times (24, 48 and 72 hours) for an effect should be used in calculating the respective mean values. - Substances or preparations which cause significant ocular lesions, based on practical experience in humans. - Organic peroxides except where evidence to the contrary is available.	
Correlation	Irreversible effects	Reversible effects	
GHS	**Category 1** (irreversible effects on the eye)	**Category 2 A** (irritating to eyes)	**Category 2B** (mildly irritating to eyes)
Description	At least in 1 animal effects on the cornea, iris or conjunctiva not expected to, or have not fully reversed within an observation period of 21 days and/or at least in 2 of 3 test animals a positive response of: corneal opacity ≥ 3 and/or iritis > 1.5 calculated on the mean scores following grading at 24, 48 and 72 hours after installation of the test material.	At least in 2 of 3 tested animals a positive response of: corneal opacity ≥ 1 and/or iritis ≥ 1 and/or conjunctival redness ≥ 2, and/or conjunctival oedema (chemosis) ≥ 2 calculated as the mean scores following grading at 24, 48 and 72 hours after installation of the test material, and which fully reverses within an observation period of 21 days.	When the effects listed in Category 2 A fully reverse within 7 days of observation

Abb. 57: Vergleich zwischen EU und GHS Kriterien (GHS 2005)

Criteria Human Health and Environment" (GHS 2005). Der Ausschnitt in Abb. 57 zeigt am Beispiel des R41 und R36 die neue Einstufung nach der GHS Klassifizierung. Demnach sind Stoffe mit dem R-Satz R41 (Gefahr ernster Augenschäden), zukünftig als „irreversible effects on the eye" (irreversible Auswirkungen am Auge) und in Kategorie 1 eingestuft.

Das zweite Dokument liefert eine vollständige Auflistung der neuen GHS Klassifikation inklusive der H-Statements (ERLACH 2008). So ist beispielsweise „schwere Augenschäden" der Kategorie 1 dem H 318 zugewiesen. So kann eine direkte Beziehung zwischen den bestehenden R-Sätzen und den neuen H-statements hergestellt werden.

B.3 Ergebnis

Eine Zuordnung der R-Sätze zu den H-Statements konnte in den meisten Fällen eindeutig erfolgen. Die Auflistung ist in Tab. 51 zusammengefasst. Die Tabelle ist analog der früheren Tabelle aufgebaut (siehe Tab. 27), hier sind nun lediglich anstatt der R-Sätze die H-Statements aufgeführt. In einigen wenigen Fällen konnte, keine eindeutige Zuordnung erfolgen. Hierbei erfolgte dann eine Abschätzung, die in den jeweiligen Fußnoten kurz erläutert wird. Diese Abschätzungen wurden mit Frau Dr. Erlach (BASF SE, zuständig für GHS) diskutiert.

Tab. 51: Wirkfaktoren für H-Statements

Gruppe	Beschreibung	H-Statements	WF
1	schwache Auswirkungen	H 315, H316(9), H319, H320(10), H336,	100
2	lokale Auswirkungen	H302, H303(0), H304, H305(7), H312, H313(8), H314, H317, H318, H334, H335	300
3	akute, irreversible, toxische Auswirkungen	H301, H310, H311, H332, H333(11)	400
4	schwere irreversible Auswirkungen, reproduktionstoxisch	EU H301(3), EU H031(3), H300, H310, H330(1), H331(2), H341, H360(4), H361, H362, H370, H372, H373	550
5	kanzerogen	EU H032, H330(5), H340, H350, H351, H360(6)	750

(0) Keine eindeutige Zuordnung für H303 möglich, Worst Case Annahme: wird behandelt wie H302 (Gesundheitsschädlich bei Verschlucken).
(1) Einschränkung: gilt nur für Kategorie 2 von H330
(2) Einschränkung: gilt nur für Kategorie 3 von H331
(3) Erläuterung: EU H-Statements gelten nur auf EU Ebene
(4) Einschränkung: Gilt nur bei „may damage fertility“
(5) Einschränkung: gilt nur für Kategorie 1 von H330
(6) Einschränkung: Gilt nur bei „may damage the unborn child“
(7) Keine eindeutige Zuordnung für H305 möglich, Worst Case Annahme: wird behandelt wie H304 (Kann bei Verschlucken und Eindringen in die Atemwege tödlich sein).
(8) Keine eindeutige Zuordnung für H313 möglich, Worst Case Annahme: wird behandelt wie H312 (Gesundheitsschädlich bei Hautkontakt).
(9) Keine eindeutige Zuordnung für H316 möglich, Worst Case Annahme: wird behandelt wie H315 (Verursacht Hautreizungen).
(10) Keine eindeutige Zuordnung für H320 möglich, Worst Case Annahme: wird behandelt wie H319 (Verursacht schwere Augenreizung).
(11) Keine eindeutige Zuordnung für H333 möglich, Worst Case Annahme: wird behandelt wie H332 (Gesundheitsschädlich bei Einatmen).

Tab. 52: Liste der H-Statements (ERLACH 2008)

Code	H-Statement
300	Tödlich bei Verschlucken.
301	Giftig bei Verschlucken.
302	Gesundheitsschädlich bei Verschlucken.
303	Kann beim Verschlucken gesundheitsschädlich sein.
304	Kann bei Verschlucken und Eindringen in die Atemwege tödlich sein.
305	Kann gesundheitsschädlich beim Verschlucken und Eindringen in die Atemwege sein.
310	Tödlich bei Hautkontakt.
311	Giftig bei Hautkontakt.
312	Gesundheitsschädlich bei Hautkontakt.
313	Kann bei Hautkontakt schädlich sein.
314	Verursacht schwere Verätzungen der Haut und Augenschäden.
315	Verursacht Hautreizungen.
316	Verursacht leichte Hautirritation.
317	Kann allergische Hautreaktionen verursachen.
318	Verursacht schwere Augenschäden.
319	Verursacht schwere Augenreizung.
320	Verursacht Augenreizungen.

330	Tödlich bei Einatmen.
331	Giftig bei Einatmen.
332	Gesundheitsschädlich bei Einatmen.
333	Kann gesundheitsschädlich beim Einatmen sein.
334	Kann bei Einatmen Allergie, asthmaartige Symptome oder Atembeschwerden verursachen.
335	Kann die Atemwege reizen.
336	Kann Schläfrigkeit und Benommenheit verursachen.
340	Kann genetische Defekte verursachen *(Expositionsweg angeben, sofern schlüssig belegt ist, dass diese Gefahr bei keinem anderen Expositionsweg besteht).*
341	Kann vermutlich genetische Defekte verursachen *(Expositionsweg angeben, sofern schlüssig belegt ist, dass diese Gefahr bei keinem anderen Expositionsweg besteht).*
350	Kann Krebs verursachen *(Expositionsweg angeben, sofern schlüssig belegt ist, dass diese Gefahr bei keinem anderen Expositionsweg besteht).*
350	Kann beim Einatmen Krebs erzeugen.
351	Kann vermutlich Krebs verursachen (Expositionsweg angeben, sofern schlüssig belegt ist, dass diese Gefahr bei keinem anderen Expositionsweg besteht).
360	Kann die Fruchtbarkeit beeinträchtigen oder das Kind im Mutterleib schädigen (sofern bekannt, konkrete Wirkung angeben) (Expositionsweg angeben, sofern schlüssig belegt ist, dass die Gefährdung bei keinem anderen Expositionsweg besteht).
361	Kann vermutlich die Fruchtbarkeit beeinträchtigen oder das Kind im Mutterleib schädigen *(sofern bekannt, konkrete Wirkung angeben) (Expositionsweg angeben, sofern schlüssig belegt ist, dass die Gefährdung bei keinem anderen Expositionsweg besteht).*
362	Kann Säuglinge über die Muttermilch schädigen.
370	Schädigt die Organe *(oder alle betroffenen Organe nennen, sofern bekannt) (Expositionsweg angeben, sofern schlüssig belegt ist, dass diese Gefahr bei keinem anderen Expositionsweg besteht).*
371	Kann die Organe schädigen *(oder alle betroffenen Organe nennen, sofern bekannt) (Expositionsweg angeben, sofern schlüssig belegt ist, dass diese Gefahr bei keinem anderen Expositionsweg besteht).*
372	Schädigt die Organe *(alle betroffenen Organe nennen)* bei längerer oder wiederholter Exposition *(Expositionsweg angeben, wenn schlüssig belegt ist, dass diese Gefahr bei keinem anderen Expositionsweg besteht).*
373	Kann die Organe schädigen *(alle betroffenen Organe nennen)* bei längerer oder wiederholter Exposition *(Expositionsweg angeben, wenn schlüssig belegt ist, dass diese Gefahr bei keinem anderen Expositionsweg besteht).*

C Umfrage zur Gewichtung: Ökologische Kriterien

Bewertung von Umweltbelastungsfaktoren

In dieser kurzen Befragung soll es um bestimmte Belastungsfaktoren für Mensch und Umwelt gehen. In diesem Zusammenhang werden Ihnen nachfolgend 7 Mal nacheinander jeweils drei Bereiche vorgelegt und wir möchten Sie bitten, jeweils anzukreuzen, in welchen Bereichen eine Verringerung der Belastung aus Ihrer Sicht am wichtigsten bzw. am zweitwichtigsten wäre. Sie sollten also bei jeder Frage zwei Kreuze machen – jeweils einmal in der Spalte „am wichtigsten" und einmal in der Spalte „am zweitwichtigsten". Da es sich um ein experimentelles Design handelt, mit dem über alle Befragten eine Gesamtreihenfolge der Wichtigkeit der Merkmale ermittelt werden soll, werden Ihnen einige Aspekte mehrfach, aber in unterschiedlichen Kombinationen vorgelegt.

FRAGE 1

Bitte vergleichen Sie die nachfolgenden drei Faktoren und kreuzen Sie an, in welchem Bereich eine Reduzierung der Belastung für Mensch und Umwelt aus Ihrer Sicht am wichtigsten und in welchem Bereich am zweitwichtigsten wäre.

	Eine Reduzierung der Belastung wäre...	
	am wichtigsten	am zweitwichtigsten
Saurer Regen bzw. Waldsterben	☐	☐
Unfälle, wie z.B. Arbeitsunfälle oder sonstige Unfälle während der Herstellung und Nutzung von Produkten	☐	☐
Wasserverschmutzung natürlicher Gewässer	☐	☐

FRAGE 2

Bestimmen Sie nun auch für die folgenden Faktoren, in welchem Bereich Ihrer Meinung nach eine Verringerung der Belastung am wichtigsten und in welchem Bereich am zweitwichtigsten wäre.

	Eine Reduzierung der Belastung wäre...	
	am wichtigsten	am zweitwichtigsten
Verringerung von Naturflächen durch Bebauung	☐	☐
Haus-, Industrie- und Sonderabfälle	☐	☐
Energieverbrauch	☐	☐

FRAGE 3

Bestimmen Sie nun auch für die folgenden Faktoren, in welchem Bereich Ihrer Meinung nach eine Verringerung der Belastung am wichtigsten und in welchem Bereich am zweitwichtigsten wäre.

	Eine Reduzierung der Belastung wäre...	
	am wichtigsten	am zweitwichtigsten
Energieverbrauch	☐	☐
Treibhausgase bzw. globale Erwärmung	☐	☐
Verbrauch endlicher Rohstoffe, wie Erdöl, Kohle, Erze etc	☐	☐

FRAGE 4

Bestimmen Sie für die nachfolgenden Aspekte, in welchem Bereich eine Verringerung der Belastung für Mensch und Umwelt aus Ihrer Sicht am wichtigsten bzw. in welchem Bereich am zweitwichtigsten wäre.

	Eine Reduzierung der Belastung wäre...	
	am wichtigsten	am zweitwichtigsten
Verringerung von Naturflächen durch Bebauung	☐	☐
giftige Wirkungen auf Tiere und Pflanzen	☐	☐
gesundheitsgefährdende Wirkungen für den Menschen (z.B. durch Inhaltsstoffe oder giftige Substanzen)	☐	☐

FRAGE 5

Bitte vergleichen Sie die nachfolgenden Faktoren und kreuzen Sie wiederum an, wo eine Reduzierung der Belastung aus Ihrer Sicht am wichtigsten und wo am zweitwichtigsten wäre.

	Eine Reduzierung der Belastung wäre...	
	am wichtigsten	am zweitwichtigsten
Ozonloch	☐	☐
Saurer Regen bzw. Waldsterben	☐	☐
giftige Wirkungen auf Tiere und Pflanzen	☐	☐

FRAGE 6

Bitte vergleichen Sie auch die folgenden Bereiche und bestimmen Sie, wo eine Reduzierung der Belastung für Mensch und Umwelt aus Ihrer Sicht am wichtigsten und wo am zweitwichtigsten wäre.

	Eine Reduzierung der Belastung wäre...	
	am wichtigsten	am zweitwichtigsten
Wasserverschmutzung natürlicher Gewässer	☐	☐
Verbrauch endlicher Rohstoffe, wie Erdöl, Kohle, Erze etc.	☐	☐
gesundheitsgefährdende Wirkungen für den Menschen (z.B. durch Inhaltsstoffe oder giftige Substanzen)	☐	☐

FRAGE 7

Bestimmen Sie bitte auch für diese letzte Kombination, bei welchem Faktor eine Verringerung der Belastung am wichtigsten und bei welchem Faktor am zweitwichtigsten wäre.

	Eine Reduzierung der Belastung wäre...	
	am wichtigsten	am zweitwichtigsten
Unfälle, wie z.B. Arbeitsunfälle oder sonstige Unfälle während der Herstellung und Nutzung von Produkten	☐	☐
Haus-, Industrie- und Sonderabfälle	☐	☐
Sommersmog (Belastung der Luft durch Feinstaub und Ozon)	☐	☐

Herzlichen Dank für Ihre Teilnahme!

Bitte senden Sie den ausgefüllten Fragebogen per E-Mail an: andreas.henke@tns-infratest.com
Vielen Dank!

D Umfrage zur Gewichtung: Sozioökonomische Kriterien

Umfrage der Gesellschaftsfaktoren zu gesellschaftlichen und sozioökonomischen Aspekten
Die BASF setzt seit Jahren die SEEBALANCE ein, um Produkte und Verfahren hinsichtlich Ihrer Nachhaltigkeit zu bewerten. Dazu wird eine Vielzahl an gesellschaftlichen, ökologischen und ökonomischen Daten berechnet und ausgewertet. Diese Daten werden im Endergebnis aggregiert und in einem Portfolio anschaulich dargestellt. Dieses Vorgehen liefert ein eindeutiges Ergebnis der Analyse und erleichtert den sich anschließenden Entscheidungsprozess. Die Aggregation von Kategorien zu einem zusammengefassten Wert erfolgt mit Hilfe verschiedener Gewichtungsfaktoren. Ein wichtiger Teil dieser Faktoren ist die Einschätzung der Gesellschaft. Diese soll im Rahmen dieser Umfrage abgefragt werden. Die Ergebnisse wird die BASF verwenden, um weitere SEEBALANCE-Analysen mit aktuellen Umfragewerten erstellen zu können.

Wir sind also an Ihrer Meinung interessiert und freuen uns sehr, wenn Sie den Online-Fragebogen vollständig bis spätestens 31. Mai ausfüllen. Gerne können Sie auch Kollegen und anderen Interessierten diesen Link weiterleiten. Wenn Sie an den Ergebnissen der Studie interessiert sind, teilen Sie uns dies bitte mit (Link zu Kontaktformular) und wir werden Ihnen gerne eine Zusammenfassung zukommen lassen.

Wir möchten uns schon jetzt ganz herzlich für Ihre Kooperation und das Ausfüllen des Fragebogens bedanken!

Bitte beachten Sie, dass nur vollständig ausgefüllte Fragenbogen Berücksichtigung finden können. Dazu gehört auch die Beantwortung der Frage aus welcher Region Sie kommen.

In dieser Befragung soll es um bestimmte gesellschaftliche und sozioökonomische Auswirkungen auf ein Individuum oder die Gesellschaft gehen. In diesem Zusammenhang werden Ihnen nachfolgend nacheinander verschiedene Aspekte vorgelegt und wir möchten Sie bitten, diesen eine Wichtigkeit zuzuordnen. Aspekte, die Ihnen gleichwichtig erscheinen, weisen Sie einfach die gleiche Wertigkeit zu. In Relation dazu geben Sie bitte wichtigeren Aspekte eine entsprechende höhere Zahl und umgekehrt.

Aus welchem Land kommen Sie?	*Eingabe*
	Skala von ‚wichtig' bis ‚sehr wichtig' mit Punkten von 1 bis 10
Reduzierung der Anzahl der Arbeitsunfälle	*Eingabe*
Reduzierung der Anzahl tödlicher Arbeitsunfälle	*Eingabe*
Reduzierung der Anzahl von Berufskrankheiten	*Eingabe*
Reduzierung gesundheitsgefährdender Wirkungen auf Arbeitnehmer (z.B. durch giftige Substanzen)	*Eingabe*

Erhöhung der Löhne und Gehälter	*Eingabe*
Erhöhung der Ausgaben für berufliche Weiterbildung	*Eingabe*
Reduzierung von Streiks und Aussperrungen (als Indikator für Arbeitszufriedenheit)	*Eingabe*
Reduzierung gesundheitsgefährdender Wirkungen auf Konsumenten (z.B. durch giftige Substanzen)	*Eingabe*
Reduzierung von Produktrisiken auf den Konsumenten	*Eingabe*
Erhöhung der Beschäftigtenanzahl	*Eingabe*
Erhöhung der Anzahl der qualifizierten Beschäftigten (z.B. mit Ausbildung)	*Eingabe*
Verbesserung der Gleichberechtigung	*Eingabe*
Verbesserung der Integration (beispielsweise der Erhöhung der Anzahl von Behindertenarbeitsplätzen)	*Eingabe*
Erhöhung der Anzahl der Teilzeitbeschäftigten	*Eingabe*
Erhöhung der Familienunterstützung	*Eingabe*
Erhöhung der Anzahl der Auszubildenden	*Eingabe*
Erhöhung der Ausgaben für Forschung & Entwicklung	*Eingabe*
Erhöhung der Investitionen	*Eingabe*
Erhöhung der Aufwendungen für Vorsorge	*Eingabe*
Abschaffung der Kinderarbeit	*Eingabe*
Erhöhung der ausländischen Direktinvestitionen	*Eingabe*
Erhöhung der Importe aus Entwicklungsländern	*Eingabe*
Erhöhung des Umsatzes	*Eingabe*
Erhöhung der Bruttowertschöpfung	*Eingabe*
Erhöhung der Anzahl der Unternehmen (als Indikator ob ein Monopol vorhanden ist)	*Eingabe*
Erhöhung des effektiven Steuersatzes (aus Sicht des Staates)	*Eingabe*
Reduzierung der Subventionen	*Eingabe*
Erhöhung der Exporte	*Eingabe*
Erhöhung des Anteils der Exporte am weltweiten Export	*Eingabe*
Erhöhung des Exportwachstums	*Eingabe*

E Glossar

Ausschuss für sozioökonomische Analyse (SEAC)	„Der Ausschuss für sozioökonomische Analyse ist ein Agenturausschuss, der die Stellungnahmen der EChA zu Zulassungsanträgen, Vorschlägen zu Beschränkungen und allen anderen Fragen ausarbeitet, die sich aus der Anwendung dieser Verordnung in Bezug auf die sozioökonomischen Auswirkungen möglicher Rechtsvorschriften für Stoffe ergeben." (ECHA 2010)
Autorisierung	„Die REACH-Verordnung sieht ein Zulassungsverfahren vor, das eine angemessene Beherrschung von besonders besorgniserregenden Stoffen gewährleisten soll, die nach und nach durch sicherere Stoffe oder Technologien zu ersetzen sind oder nur eingesetzt werden dürfen, wenn ihr Einsatz für die Gesellschaft insgesamt von Nutzen ist. Diese Stoffe werden priorisiert und im Laufe der Zeit in Anhang XIV aufgenommen. Nach der Aufnahme in den Anhang muss die Industrie bei der EChA Anträge stellen und sich die weitere Verwendung dieser Stoffe genehmigen lassen." (ECHA 2010)
Antwortszenario	Das Antwortszenario (auch proposed restriction scenario oder non use scenario) bildet die möglichen Optionen ab, welche aus einer potenziellen Restriktion bzw. Zulassung resultieren würden. Das Antwortszenario kann je nach Substanz sehr unterschiedlich definiert sein. Es wird beispielsweise die Frage beantwortet, was passiert, wenn der untersuchte Stoff nicht mehr auf dem Markt wäre. Es sollen verschiedene Möglichkeiten in Betracht gezogen werden. (ECHA 2008a: 50).
Basisszenario	Das Basisszenario (auch baseline scenario oder applied for use scenario) bestimmt die Anwendung der Substanz, die in der Zulassung bzw. der Restriktion in Frage gestellt wird und Untersuchungsgegenstand der SEA ist. Das Basisszenario untersucht den betreffenden Stoff bzw. seine Anwendung so, als ob er nicht beschränkt werden soll. Dies spiegelt zwar nicht die aktuelle Situation wieder, bietet aber die Möglichkeit einer Vergleichsbasis für das Antwortszenario (ECHA 2008a: 50).
besonders besorgniserregender Stoff (SVHC)	„Besonders besorgniserregende Stoffe im Sinne der REACh-Verordnung sind 1. CMR-Stoffe der Kategorien 1 oder 2, 2. PBT- und vPvB-Stoffe, die die Kriterien aus Anhang XIII erfüllen, und 3. Stoffe — wie etwa solche mit endokrinen Eigenschaften oder solche mit persistenten, bioakkumulierbaren und toxischen Eigenschaften oder sehr persistenten und sehr bioakkumulierbaren Eigenschaften, die die Kriterien aus Anhang III nicht erfüllen —, die nach wissenschaftlichen Erkenntnissen wahrscheinlich schwerwiegende Wirkungen auf die menschliche Gesundheit oder auf die Umwelt haben, die ebenso besorgniserregend sind wie diejenigen anderer in den Punkten 1 und 2 aufgeführter Stoffe, und die im Einzelfall gemäß dem Verfahren des Artikels 59 ermittelt werden." (ECHA 2010)

Gesellschaftsfaktor	Siehe ‚Gewichtung'
Gewichtung	„Umwandlung und eventuelle Zusammenfassung der Indikatorwerte über Wirkungskategorien hinweg unter Verwendung numerischer Faktoren, die auf Werthaltungen beruhen" (ISO 14044:41). Ein Gewichtungsfaktor ist der entsprechende Faktor für die Gewichtung einer Wirkungskategorie.
Lebensweg (Life Cycle)	Der Lebensweg ist nach ISO 14044 (2006:8) als „aufeinander folgende und miteinander verbundene Stufen eines Produktsystems von der Rohstoffgewinnung oder Rohstofferzeugung bis zur endgültigen Beseitigung" definiert.
NACE	siehe ‚Wirtschaftszweig'
Nutzeneinheit (funktionelle Einheit)	Die funktionelle Einheit ist ein „quantifizierter Nutzen eines Produktsystems für die Verwendung als Vergleichseinheit" (ISO 14040:10)
Normierung	„Die Normierung ist die Berechnung der Größenordnung der Wirkungsindikatorwerte in Bezug auf Referenzdaten. Ziel der Normierung ist, ein besseres Verständnis der relativen Größenordnung jedes Indikatorwertes des zu untersuchenden Produktsystems zu erreichen." (ISO 14044:41). In der BASF-Methode wird der errechnete Wert synoym mit dem Begriff Relevanzfaktor verwendet.
Ökobilanz	„Zusammenstellung und Beurteilung der Input- und Outputflüsse und der potenziellen Umweltwirkungen eines Produktsystems im Verlauf seines Lebensweges" (ISO 14040:8)
R-Sätze	„Nach der Richtlinie 67/548/EWG weisen diese Standardsätze auf spezielle Risiken hin, die sich aus den Gefahren ergeben, die mit der Verwendung eines Stoffes oder einer Zubereitung verbunden sind." (ECHA 2010)
REACh-VO	„Die REACh-Verordnung ist am 1. Juni 2007 in Kraft getreten. Es handelt sich um eine neue EU-Chemikalienverordnung, die das bis dahin geltende Chemikalienrecht europaweit vereinheitlichen und zentralisieren soll. Die Abkürzung REACh steht für die wesentlichen Elemente der neuen Verordnung: Registrierung, Evaluierung, Zulassung von Chemikalien (Registration, Evaluation, Authorisation of Chemicals)." (ECHA 2010)
Relevanzfaktor	siehe ‚Normierung'
Sozioökonomische Analyse (SEA)	„Die sozioökonomische Analyse ist ein Verfahren zur Ermittlung von Kosten und Nutzen einer Maßnahme für die Gesellschaft. Dazu werden die Verhältnisse nach der Durchführung der Maßnahme mit denen verglichen, die sich ohne ihre Durchführung ergeben. Nach der REACh-Verordnung haben sozioökonomische Analysen Einfluss auf Entscheidungen über die Genehmigung von Stoffverwendungen und die Einführung von Beschränkungen" (ECHA 2010).
SEAC	siehe ‚Ausschuss für sozioökonomische Analyse'
SEEBALANCE	SEEBALANCE bezeichnet die von der BASF entwickelte Sozio-Ökoeffizienz-Analyse. Hierbei werden die drei Dimensionen der Nachhaltigkeit – Ökologie, Ökonomie und Gesellschaft – abgebildet: Es

	werden neben der Umweltbelastung und den Kosten auch die sozialen Auswirkungen von Produkten und Herstellverfahren bewertet.
Sozialprofil	Zusammenstellung und Beurteilung der Input- und Outputflüsse und der potenziellen sozioökonomischen Auswirkungen eines Produktsystems im Verlauf seines Lebensweges (abgeleitet von Sachbilanz in ISO 14040:7).
SVHC	siehe 'besonders besorgniserregender Stoff'
Leitlinie für Sozioökonomische Analyse (TGD)	Die Leitlinie für Sozioökonomische Analyse beschreibt, welche Anforderungen eine SEA unter REACh erfüllen soll.
Wirtschaftszweig	„Der Wirtschaftszweig bezeichnet die Bereiche der Wirtschaft (darunter auch private Haushalte und der öffentliche Bereich), in denen der Stoff verwendet wird. Grundlage dieser Kennzeichnung ist die NACE-Systematik“ (ECHA 2010).
Zulassung	Siehe ‚Autorisierung'